元素（非金属元素）　固体
元素（金属元素）　液体
元素（金属元素）　気体
（常温・常圧における単体の状態）

	9	10	11	12	13	14	15	16	17	18
										2 He ヘリウム 4.003
					5 B ホウ素 10.81	6 C 炭素 12.01	7 N 窒素 14.01	8 O 酸素 16.00	9 F フッ素 19.00	10 Ne ネオン 20.18
					13 Al アルミニウム 26.98	14 Si ケイ素 28.09	15 P リン 30.97	16 S 硫黄 32.07	17 Cl 塩素 35.45	18 Ar アルゴン 39.95
e	27 Co コバルト 58.93	28 Ni ニッケル 58.69	29 Cu 銅 63.55	30 Zn 亜鉛 65.38	31 Ga ガリウム 69.72	32 Ge ゲルマニウム 72.63	33 As ヒ素 74.92	34 Se セレン 78.97	35 Br 臭素 79.90	36 Kr クリプトン 83.80
u ム	45 Rh ロジウム 102.9	46 Pd パラジウム 106.4	47 Ag 銀 107.9	48 Cd カドミウム 112.4	49 In インジウム 114.8	50 Sn スズ 118.7	51 Sb アンチモン 121.8	52 Te テルル 127.6	53 I ヨウ素 126.9	54 Xe キセノン 131.3
s ム	77 Ir イリジウム 192.2	78 Pt 白金 195.1	79 Au 金 197.0	80 Hg 水銀 200.6	81 Tl タリウム 204.4	82 Pb 鉛 207.2	83 Bi ビスマス 209.0	84 Po ポロニウム —	85 At アスタチン —	86 Rn ラドン —
s ウム	109 Mt マイトネリウム —	110 Ds ダームスタチウム —	111 Rg レントゲニウム —	112 Cn コペルニシウム —	113 Nh ニホニウム —	114 Fl フレロビウム —	115 Mc モスコビウム —	116 Lv リバモリウム —	117 Ts テネシン —	118 Og オガネソン —

m ウム 4	63 Eu ユウロピウム 152.0	64 Gd ガドリニウム 157.3	65 Tb テルビウム 158.9	66 Dy ジスプロシウム 162.5	67 Ho ホルミウム 164.9	68 Er エルビウム 167.3	69 Tm ツリウム 168.9	70 Yb イッテルビウム 173.0	71 Lu ルテチウム 175.0	
u ウム	95 Am アメリシウム —	96 Cm キュリウム —	97 Bk バークリウム —	98 Cf カリホルニウム —	99 Es アインスタイニウム —	100 Fm フェルミウム —	101 Md メンデレビウム —	102 No ノーベリウム —	103 Lr ローレンシウム —	

の原子量をもとに，日本化学会原子量専門委員会で作成されたものである。ただし，元素の原子量が確定できないものは—で示した。

本書の構成と利用法

本書は，高等学校「化学基礎」の学習書として，高校化学の知識を体系的に理解するとともに，問題解決の技法を確実に体得できるよう，特に留意して編集してあります。

本書を平素の授業時間に教科書と併用することによって，学習効果を一層高めることができ，大学入試に備えて，着実な学力を養うための総仕上げ用としても有効に活用できます。また，必要に応じて，選択「化学」の関連する内容を取り上げていますので，効率的に学習を進められます。

知識・技能を問う問題には 知識，思考力・判断力・表現力を要する問題には 思考 を付しています。また，選択「化学」の学習内容を含む問題には 化学，それ以外の発展的な内容を含む問題には 発展，やや難しい問題には やや難，実験を扱った問題には 実験，論述問題には 論述，環境関連の問題には 環境，グラフの読み取りなどを扱った問題には グラフ を付し，利用しやすくしました。

まとめ　重要事項を図や表を用いて，わかりやすく整理しました。特に重要なポイントは赤色で示し，的確に把握できるようにしています。

▼

プロセス　用語の定義などの基礎的事項を確認するための空所補充問題を取り上げました。解答は下に示しています。　(50題)

▼

ドリル　基本的な計算問題など，反復練習の必要な学習内容を含む節に設けました。解答は別冊解答編に掲載しています。　(45題)

▼

基本例題　基本的な問題を取り上げ，「考え方」と「解答」を丁寧に示しました。また，どの問題に関連するものかを明示し，学習しやすくしました。　(21題)

▼

基本問題　授業で学習した事項の理解と定着に効果のある基本的な問題を取り上げました。すべて創作問題で構成しました。　(152題)

▼

セルフチェック　各章末に設けました。基本事項について，理解の到達目標を示していますので，習熟度の確認とともに，学習の指針を得ることができます。

▼

発展例題　やや発展的な問題を取り上げ，「考え方」と「解答」を丁寧に示しました。「基本例題」と同様に，問題との関連を示しました。　(15題)

▼

発展問題　大学入試問題で構成しています。必要に応じて，選択「化学」の学習内容を含むものも取り上げました。　(70題)

▼

共通テスト対策　各章末に設けました。過去のセンター試験の問題も取り上げています。　(15題)

▼

総合問題　各章末に，各節では取り上げにくい広範な内容を扱った大学入試問題を取り上げました。問題には，必要に応じて「ヒント」を添えています。　(12題)

▼

総合演習　巻末に設けました。大学入試問題で構成し，各節で扱っていない論述問題，長文読解問題を取り上げました。論述問題では，問題のレベルを★の数で示しています。　(25題)

▼

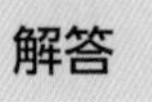

解答　別冊解答を用意し，すべての問題に詳しい「解説」を記しています。

（本書の大学入試問題の解答・解説は弊社で作成したものであり，大学から公表されたものではありません）

CONTENTS

■ 学習支援サイト「プラスウェブ」のご案内

スマートフォンやタブレット端末などを使用して，「大学入試問題の分析と対策」を閲覧することができます。また，基本例題や発展例題の解説動画を視聴することができます。　https://dg-w.jp/b/8e80001

［注意］コンテンツの利用に際しては，一般に，通信料が発生します。

問題に取り組むにあたって

1 指数

$a=a^1$, $a\times a=a^2$, $a\times a\times a=a^3$, ……のように，a を n 個かけ合わせたものを a^n（a の n 乗）と示し，n を a^n の指数という。指数は，正の整数のほか，0や負の整数の場合にも定められる。一般に，$a\neq0$ で，n を正の整数として，a^0 および a^{-n} を次のように定義する。

$a^0=1$　　$a^{-n}=\dfrac{1}{a^n}$　　〈例〉 $10^{-2}=\dfrac{1}{10^2}=0.01$

> $a\neq0$，$b\neq0$ で，m，n を整数として，次の関係が成立する。
>
> $a^m\times a^n=a^{m+n}$　　〈例〉 $10^2\times10^3=10^{2+3}=10^5$
>
> $a^m\div a^n=a^{m-n}$　　〈例〉 $10^5\div10^3=10^{5-3}=10^2$
>
> $(a^m)^n=a^{m\times n}$　　〈例〉 $(10^2)^3=10^{2\times3}=10^6$
>
> $(ab)^n=a^nb^n$　　〈例〉 $(2x)^3=2^3\times x^3=8x^3$

2 有効数字

測定で読み取った桁までの数字を有効数字という。図の場合，最小目盛り 0.1mL の 1/10 までを読み取り，測定値 5.78mL を得ることができる。このとき，5，7，8が有効数字であり，「有効数字は3桁である」という。有効数字の桁数を明らかにする場合，通常 $a\times10^n$ の形を用いる（$1\leqq a<10$）。

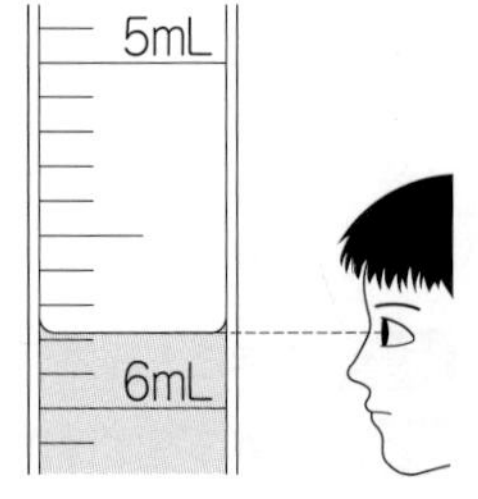

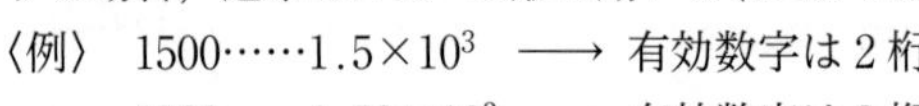

〈例〉 1500……1.5×10^3 ⟶ 有効数字は2桁

　　 1500……1.50×10^3 ⟶ 有効数字は3桁

●有効数字どうしの計算

①足し算や引き算では，和や差を求めたのちに，最も位取りの大きいものに合わせる。このとき，有効数字の桁数が変わる場合がある。

例　$\underset{\text{小数第1位}}{\underline{15.2}}+\underset{\text{2位}}{\underline{7.59}}=22.79=\underset{\text{1位}}{\underline{22.8}}$　　$\underset{\text{1位}}{\underline{5.2}}+\underset{\text{2位}}{\underline{7.59}}=12.79=\underset{\text{1位}}{\underline{12.8}}$ （有効数字3桁になる）

②かけ算や割り算では，途中計算で桁数の最も少ない有効数字よりも1桁多く求めたのち，最後に得られた数値を四捨五入して，有効数字の最も少ない桁数にそろえる。

例　$\underset{\text{3桁}}{\underline{6.02}}\times10^{23}\times\underset{\text{2桁}}{\underline{2.0}}=12.04\times10^{23}=\underset{\text{2桁}}{\underline{1.2}}\times10^{24}$　　$\underset{\text{2桁}}{\underline{80}}\div\underset{\text{3桁}}{\underline{22.4}}=3.57=\underset{\text{2桁}}{\underline{3.6}}$

本書における有効数字の取り扱い

・問題文で与えられた場合を除き，原子量概数は有効数字として取り扱わない。

・途中計算の数値は，有効数字よりも1桁多く取り，数値を求める際には，最後の桁の数値を切り捨てている。

例　有効数字2桁の場合の途中計算の数値　$2.0\div3.0=0.666\cancel{6\cdots}=0.666$（0.667としない）

3 単位の取り扱い

①単位は，表のような接頭辞をつけて表す場合もある。

例 $1\,\mathrm{kg}=10^3\,\mathrm{g}=1000\,\mathrm{g}$

$10\,\mathrm{mL}=10\times10^{-3}\,\mathrm{L}=0.010\,\mathrm{L}$

$1.4\,\mathrm{nm}=1.4\times10^{-9}\,\mathrm{m}=1.4\times10^{-7}\,\mathrm{cm}$

接頭辞	読み方	意味
M	メガ	10^6
k	キロ	10^3
h	ヘクト	10^2
d	デシ	10^{-1}
c	センチ	10^{-2}
m	ミリ	10^{-3}
μ	マイクロ	10^{-6}
n	ナノ	10^{-9}

②数値と同様に，単位どうしをかけ合わせたり，割ったりできる。

例 密度 $1.00\,\mathrm{g/cm^3}$ の水 $100\,\mathrm{cm^3}$ の質量〔g〕

$1.00\,\mathrm{g/cm^3}\times100\,\mathrm{cm^3}=100\,\mathrm{g}$

（単位についてみると，$\mathrm{g/cm^3}\times\mathrm{cm^3}=\mathrm{g}$）

$2.0\,\mathrm{L}$ の気体が $4.0\,\mathrm{g}$ であったときの密度〔g/L〕

$4.0\,\mathrm{g}\div2.0\,\mathrm{L}=2.0\,\mathrm{g/L}$（単位についてみると，$\mathrm{g}\div\mathrm{L}=\mathrm{g/L}$）

③足し算や引き算は，同じ単位どうしで行う。

例 $1.000\,\mathrm{kg}$ の水に $50\,\mathrm{g}$ の食塩を加えたときの質量〔g〕

$1.000\,\mathrm{kg}+50\,\mathrm{g}=1000\,\mathrm{g}+50\,\mathrm{g}=1050\,\mathrm{g}$

ドリル 次の各問いに答えよ。

A 次の指数計算をせよ。

(1) $10^2\times10^3$　(2) $10^4\div10^2$　(3) $(10^4)^2$　(4) $(2\times10^{-3})^2$

B 次の数値を（　）で示した有効数字で表せ。必要に応じて，$a\times10^n$ の形にせよ。

(1) 6.02214 （3桁）　(2) 100000 （4桁）　(3) 100000 （2桁）

(4) 96485 （3桁）　(5) 0.000328 （2桁）

C 有効数字に注意して，次の計算をせよ。

(1) 6.0×1.2　(2) $6.0\div1.2$　(3) $2.0\times10^2\times3.50$

(4) $5\times10^3\div2.5$　(5) $2.0+1.20$　(6) $2.0-1.20$

(7) $2.0+8.92$　(8) $22.4-22.26$

D 次の各問いに答えよ。

(1) 体積 $10\,\mathrm{cm^3}$ の物質の質量が $5.0\,\mathrm{g}$ のとき，その密度は何 $\mathrm{g/cm^3}$ か。

(2) 密度 $4.0\,\mathrm{g/cm^3}$ の物質が $2.0\,\mathrm{cm^3}$ あったとき，その質量は何 g か。

(3) 密度 $4.0\,\mathrm{g/cm^3}$ の物質が $2.0\,\mathrm{g}$ あったとき，その体積は何 $\mathrm{cm^3}$ か。

(4) 体積 $5.60\,\mathrm{L}$ の気体の質量が $14.0\,\mathrm{g}$ であったとき，その密度は何 g/L か。

(5) 密度 $1.25\,\mathrm{g/L}$ の気体が $2.40\,\mathrm{L}$ あったとき，その質量は何 g か。

(6) 密度 $1.25\,\mathrm{g/L}$ の気体が $2.40\,\mathrm{g}$ あったとき，その体積は何 L か。

ドリルの解答は別冊解答編に掲載しています。

第Ⅰ章　物質の構成

1 物質の成分と構成元素

1 物質の成分

❶混合物と純物質

物質
- 純物質……1種類の物質からなり，一定の融点・沸点・密度を示す。〈例〉酸素，水素，鉄，銅，水，エタノール，塩化ナトリウム
- 混合物……2種類以上の物質が混じり合っており，混合割合によって融点・沸点が変わる。〈例〉空気，海水，岩石，石油，塩酸，食塩水

❷混合物の分離・精製

混合物から目的物質を取り出す操作を分離，分離された物質をさらに純粋なものにする操作を精製という。

方法	操作	例
ろ過	液体中の不溶性物質を，ろ紙を用いて分離	砂を含む水溶液から砂を分離
蒸留	不揮発性の物質が溶けた溶液を加熱して，生じた揮発性の物質を冷却して分離	塩化ナトリウム水溶液から水を分離
分留	沸点の異なる2種類以上の液体混合物を加熱して，異なる温度で蒸留して分離	液体空気や石油を加熱して，各成分に分離
昇華法	昇華しやすい固体*を含む混合物を加熱し，昇華して生じた気体を冷却して分離	砂とヨウ素の混合物を加熱し，ヨウ素を昇華させて分離
再結晶	少量の不純物を含む固体を熱水に溶かし，これを冷却して目的の物質を分離	少量の硫酸銅(Ⅱ)五水和物を含む混合物から硝酸カリウムを分離
抽出	混合物に適切な液体(溶媒)を加え，目的物質だけを溶出させて分離	ヨウ素とヨウ化カリウムを含む水溶液からヨウ素を分離
クロマトグラフィー	ろ紙**などに対する吸着力の違いを利用して分離	水性インクをつけたろ紙の先端を水に浸し，各色素に分離

* ドライアイス(固体の二酸化炭素)，ヨウ素，ナフタレンなど

** ろ紙を用いる場合は，特にペーパークロマトグラフィーという。

◆ろ過

ガラス棒
❶
ろ紙
ろうと
ろうと台
❷
ろ液

❶ガラス棒に伝わらせて注ぐ。
❷ろうとの先(足)を内壁につける。

◆蒸留

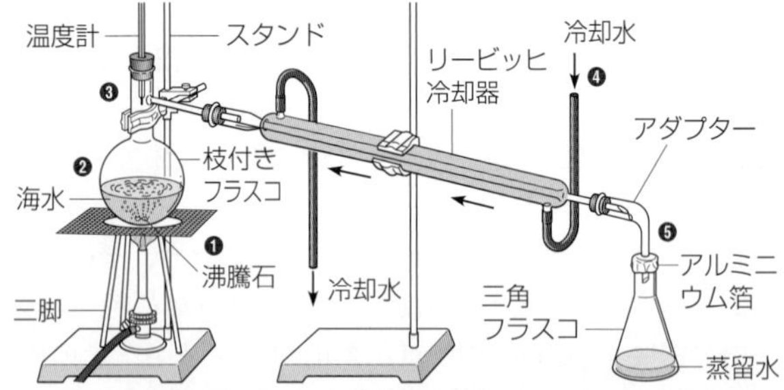

❶突沸(急激な沸騰)を防ぐために加える。　❷液量は容量の半分以下。
❸枝に向かう蒸気の温度をはかるため,温度計の球部は枝の付け根付近。
❹冷却水は冷却器の下方から上方へ。　❺密閉しない。

2 物質の構成元素

❶元素

物質を構成する基本的な成分。約120種類(約90種類が天然に存在)で，ラテン語名などの頭文字や，それに小文字を書き添えた元素記号で表される。

元素名	水素	炭素	窒素	酸素	ナトリウム	硫黄	リン	鉄	銅
元素記号	H	C	N	O	Na	S	P	Fe	Cu

❷単体と化合物

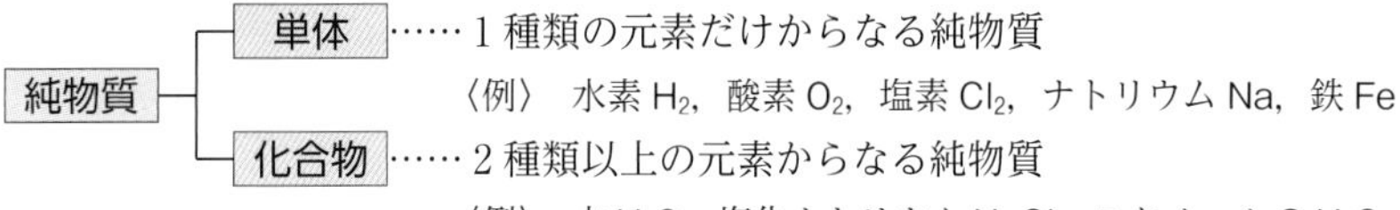

注「元素」と「単体」は同じ名称でよばれることが多い。

❸同素体　同じ元素からなる単体で，性質の異なる物質どうし。

構成元素	同素体の例
炭素C	ダイヤモンドC，黒鉛C，フラーレン C_{60}，カーボンナノチューブC
酸素O	酸素 O_2，オゾン O_3
リンP	黄リン P_4，赤リンP
硫黄S	斜方硫黄 S_8，単斜硫黄 S_8，ゴム状硫黄S

❹構成元素の確認

(a)　炎色反応　物質を炎の中に入れたとき，成分元素に特有の発色が見られる現象。

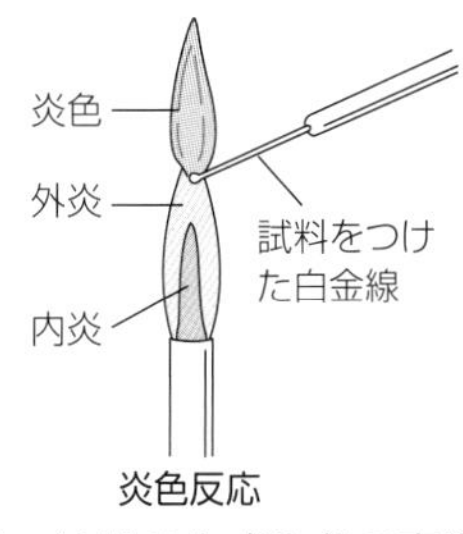

炎色反応

成分元素		炎色反応
リチウム	Li	赤
ナトリウム	Na	黄
カリウム	K	赤紫
カルシウム	Ca	橙赤
ストロンチウム	Sr	赤(紅(くれない))
バリウム	Ba	黄緑
銅	Cu	青緑

(b)　沈殿の生成や色の変化を伴う反応

元素	方法	結果
炭素C	二酸化炭素 CO_2 に変えたのち，石灰水(水酸化カルシウム $Ca(OH)_2$ の飽和水溶液)に通じる。	白濁する。 (炭酸カルシウム $CaCO_3$ が生成)
水素H	水 H_2O に変えたのち，白色の硫酸銅(Ⅱ)無水塩 $CuSO_4$ に触れさせる*。	青色になる。 (硫酸銅(Ⅱ)五水和物 $CuSO_4 \cdot 5H_2O$ が生成)
塩素Cl	塩化物イオン Cl^- に変え，硝酸銀 $AgNO_3$ 水溶液を加える。	白色沈殿が生じる。 (塩化銀 AgCl が生成)
硫黄S	硫化物イオン S^{2-} に変え，酢酸鉛(Ⅱ) $(CH_3COO)_2Pb$ 水溶液を加える。	黒色沈殿が生じる。 (硫化鉛(Ⅱ)PbS が生成)

＊H_2O の検出には青色の塩化コバルト紙も利用される。塩化コバルト紙は H_2O を吸収すると，赤変する。

3 状態変化と熱運動

❶物質の三態

物質がもつ，固体・液体・気体の３つの状態。温度や圧力によって状態が相互に変化する(状態変化)。状態変化は物理変化である。

気体（蒸発↑ ↓凝縮）液体（融解↑ ↓凝固）固体　昇華／凝華

- 気体…熱運動が激しく，粒子は自由に運動している。粒子間の引力は小さい。体積と形は一定していない。
- 液体…熱運動は激しいが，粒子は互いに引き合っている。一定の体積を保つが形は一定していない。
- 固体…粒子は一定の位置に固定されて振動(熱運動)している。粒子間に強い引力が働き，一定の体積と形を保つ。

❷熱運動

物質を構成する粒子の振動や直進などの運動。粒子が空間中に拡がる現象(拡散)は熱運動にもとづく。熱運動は，気体状態で最も激しく，同じ状態であれば，高温ほど激しくなる。

❸絶対温度 化学

熱運動のエネルギーの大きさを表す尺度。単位はケルビン〔K〕。

絶対零度(れいど)：熱運動が停止するとみなされる温度。これよりも低い温度は存在しない。

❹水の状態変化

1.013×10^5 Pa で一定量の氷に一定量の熱量を加え続けたときの状態変化は次のグラフのようになる。

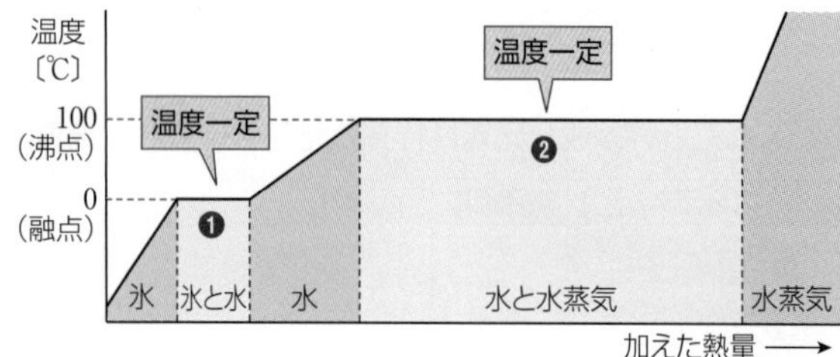

❶加えた熱が構成粒子の配列をくずすためだけに使われるため，すべてが液体になるまで温度は一定に保たれる。

❷加えた熱が構成粒子間の引力を振り切るためだけに使われるため，すべてが気体になるまで温度は一定に保たれる。

プロセス 次の文中の(　　)に適当な語句を入れよ。

1 物質は，酸素や水のように，１種類の物質からなる(　ア　)と，空気や海水のように，２種類以上の物質を含む(　イ　)とに分けられる。

2 物質を構成する基本的な成分を(　ウ　)といい，約120種類がある。純物質は，１種類の(ウ)からなる(　エ　)と，２種類以上の(ウ)からなる(　オ　)に分類される。

3 物質を炎の中に入れたとき，構成元素に特有の発色が見られる現象を(　カ　)という。

4 物質の構成粒子の振動や直進などの運動を(　キ　)という。物質が示す固体，液体，気体の３つの状態を物質の(　ク　)といい，構成粒子の(キ)は(　ケ　)の状態が最も激しい。

プロセスの解答

(ア) 純物質　(イ) 混合物　(ウ) 元素　(エ) 単体　(オ) 化合物　(カ) 炎色反応　(キ) 熱運動
(ク) 三態　(ケ) 気体

基本例題1 物質の分類と性質

➡問題 1·7

次の(ア)～(ク)の物質について，下の各問いに答えよ。

(ア) 酸素　(イ) 水　(ウ) オゾン　(エ) ヨウ素
(オ) 塩酸　(カ) 塩化ナトリウム　(キ) 石灰水　(ク) 鉄

(1) 混合物をすべて選び，記号で答えよ。
(2) 化合物をすべて選び，記号で答えよ。
(3) 同素体の関係にある物質を選び，記号で答えよ。
(4) 純物質のうち，昇華しやすいものを選び，記号で答えよ。

考え方

(1) 混合物は2種類以上の純物質を含む。水溶液は水と溶けている物質(溶質)の混合物である。
(2) 化合物は2種類以上の元素からなる純物質である。化学式で表したとき，2種類以上の元素が含まれれば化合物，1種類であれば単体である。
(3) 同素体は同じ元素からなる単体で，同素体どうしは性質が異なる。
(4) 純物質は酸素 O_2，水 H_2O，オゾン O_3，ヨウ素 I_2，塩化ナトリウム NaCl，鉄 Fe である。

解答

(1) 塩酸は塩化水素の水溶液，石灰水は水酸化カルシウムの飽和水溶液であり，混合物である。**(オ)，(キ)**
(2) 水 H_2O，塩化ナトリウム NaCl は2種類の元素からなり，化合物である。**(イ)，(カ)**
(3) 酸素 O_2 とオゾン O_3 は酸素Oの同素体である。**(ア)，(ウ)**
(4) ヨウ素 I_2 は昇華しやすい。**(エ)**

基本例題2 構成元素の確認

➡問題 8·9

炭酸水素ナトリウムを水に溶かし，①炎色反応を調べると，黄色の炎が見られた。また，粉末を図のように加熱し，生じた気体を②石灰水に通じると白濁した。試験管の管口付近の液体を③硫酸銅(Ⅱ)無水塩につけると青くなった。次の各問いに答えよ。

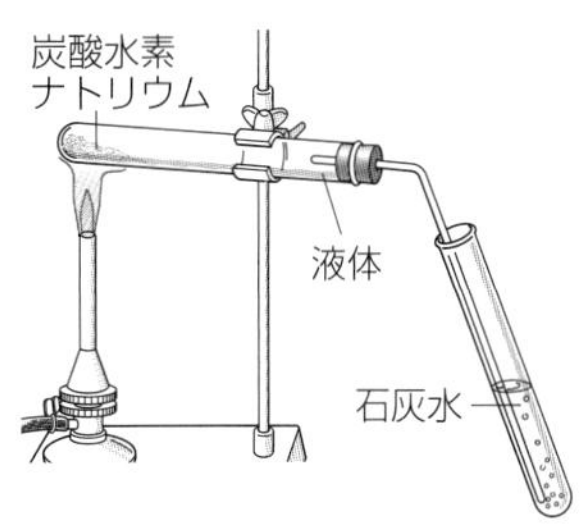

(1) 下線部①～③の結果から確認できる元素は，それぞれ何か。元素記号で記せ。
(2) 試験管口を水平よりも上側に位置させると，どのようなことがおこるか。

考え方

(1) 炎色反応の色で，含まれる元素を推測できる。ナトリウム Na は黄色の炎色反応を示す。②では，石灰水の白濁から，生じた気体が二酸化炭素 CO_2 であり，炭素Cが確認できる。③では，硫酸銅(Ⅱ)無水塩を青変させることから，生じた液体が水 H_2O であり，水素Hが確認できる。
(2) 試験管口を水平よりも上側にすると，管口付近に生じた水が，熱せられた試験管の底の方に移動し，試験管を破損する恐れがある。そのため，試験管の口は水平よりも下側に位置させる。

解答

(1) 下線部①：Na
下線部②：C
下線部③：H
(2) **生じた水が加熱された試験管の底の方へ移動し，試験管を破損する。**

例題
解説動画

基本問題

知識

1. 混合物と単体・化合物 次の(ア)～(ケ)の物質について，下の各問いに答えよ。

(ア) 塩素 (イ) メタン (ウ) 石油 (エ) ネオン (オ) 鉄
(カ) 黒鉛 (キ) 塩化水素 (ク) 硝酸カリウム (ケ) 塩酸

(1) 混合物をすべて選び，記号で記せ。

(2) 純物質のうち，単体，化合物をそれぞれすべて選び，記号で記せ。

知識 実験

2. ろ過 ろ過の方法で最も適当なものを，次の(ア)～(エ)のうちから選べ。

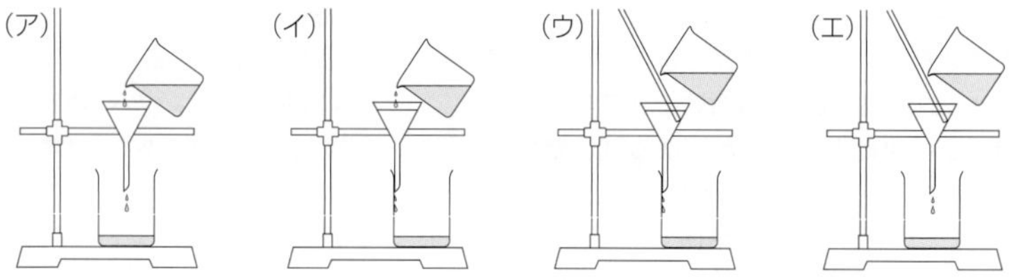

思考 実験 論述

3. 蒸留 図は，塩化ナトリウム水溶液を蒸留するための実験装置である。次の各問いに答えよ。

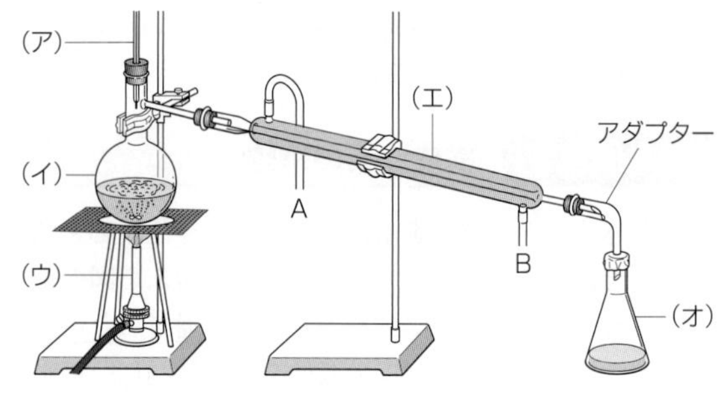

(1) 図中の(ア)～(オ)の器具の名称を記せ。

(2) 冷却水はどちら側から流し入れるか。AまたはBの記号で答えよ。

(3) 器具(イ)の底には沸騰石が加えてある。加える理由を10字程度で記せ。

(4) 器具(ア)の下端を器具(イ)の枝のつけ根の高さに位置させる理由を簡潔に述べよ。

知識 実験

4. 昇華法 ガラスの破片が混じったヨウ素から，ヨウ素の昇華性を利用して，できるだけ多くのヨウ素を集めたい。最も適当な分離法を，次の①～④のうちから1つ選べ。

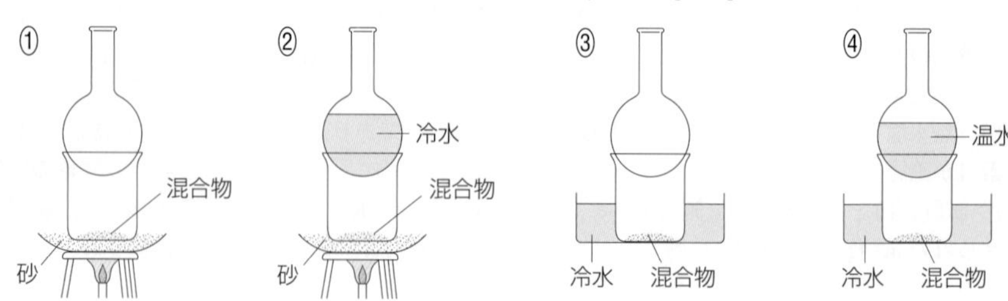

思考 実験

5. ヨウ素の分離 無色のヨウ化カリウム水溶液にヨウ素を溶かすと，褐色の溶液になる。この溶液を図のガラス器具に入れ，水と溶け合わないヘキサン(密度$0.65\,g/cm^3$の無色の液体)を加えてよく振り静置すると，図のように上層が赤紫色，下層がうすい褐色になった。ただし，この操作でヨウ化カリウムは水溶液から移動しない。

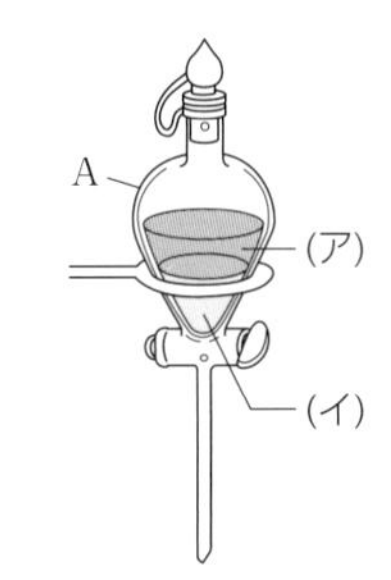

(1) この分離操作の名称と，ガラス器具Aの名称を記せ。

(2) ヘキサン層は，図中の(ア)，(イ)のいずれか。

(3) ヨウ素は，ヨウ化カリウム水溶液とヘキサンのいずれにより溶けやすいか。

思考

6. 混合物の分離 次の(1)～(5)に関連する分離法を，下の①～⑥から選べ。

(1) 少量の硫酸銅(Ⅱ)五水和物を含む硝酸カリウムから，硝酸カリウムの結晶だけを取り出す。

(2) 液体空気の温度を徐々に上げていき，窒素だけを気体として取り出す。

(3) 水性サインペンのインクをろ紙につけたのち，ろ紙の先端を水に浸し，インクに含まれる色素を分離する。

(4) 塩化銀の沈殿を含む水溶液から，塩化銀を取り出す。

(5) 茶葉に熱湯を加え，お茶に含まれる成分を湯に溶かし出す。

(分離法) ① ろ過　② 再結晶　③ クロマトグラフィー
④ 分留　⑤ 昇華法　⑥ 抽出

知識

7. 同素体 互いに同素体の関係にある組み合わせを，次のうちから2つ選べ。

(ア) ネオンとアルゴン　(イ) 一酸化炭素と二酸化炭素　(ウ) 黄リンと赤リン
(エ) 氷と水蒸気　(オ) 斜方硫黄と単斜硫黄　(カ) 鉛と亜鉛

知識

8. 炎色反応 次の(ア)～(エ)の各元素の炎色反応の色を下から選び，番号で答えよ。

(ア) リチウム Li　(イ) カルシウム Ca　(ウ) カリウム K　(エ) 銅 Cu

① 黄色　② 青緑色　③ 橙赤色　④ 赤紫色　⑤ 赤色

思考

9. 構成元素の確認 次の(a)，(b)の文を読み，化合物XおよびYに含まれる元素をそれぞれ下から選べ。

(a) ある化合物Xの水溶液の炎色反応を調べると，黄緑色を呈した。次に，この水溶液に硝酸銀水溶液を加えると，白色沈殿を生じた。

(b) ある化合物Yを加熱すると，無色の気体と無色の液体を生じ，白色の固体が残った。気体は石灰水を白濁し，液体は青色の塩化コバルト紙を赤変させた。また，白色の固体を水に溶かし，炎色反応を調べると，黄色を呈した。

(元素) H　C　Na　S　Cl　K　Ca　Ba

知識

10. 物質の三態と状態変化●図は，物質の三態と三態間の変化を示したものである。次の各問いに答えよ。

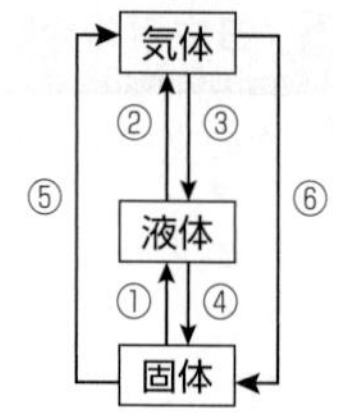

(1) ①〜⑥の状態変化の名称をそれぞれ記せ。

(2) ⑤，⑥の状態変化をしやすい物質の物質名を1つ記せ。

(3) 同じ質量，同じ圧力下にある固体・液体・気体のうち，密度が最も小さい状態はどれか。

思考

11. 三態間の変化●次の各記述の下線部と状態変化の名称の組み合わせで，正しいものをすべて選べ。

(ア) 池にはった氷が，昼にはなくなっていた。 ― 昇華

(イ) 戸外に干しておいた洗濯物が乾いた。 ― 蒸発

(ウ) アイスクリームの箱の中に入れておいたドライアイスがなくなった。 ― 融解

(エ) 熱いお茶を飲もうとしたら，眼鏡が曇(くも)った。 ― 凝縮

(オ) 冷凍庫の製氷皿に水でぬれた指で触れると，指がくっついた。 ― 凝固

知識

12. 熱運動●次の文中の(　　)に適当な語句，記号を入れよ。

粒子の振動や直進などの運動を(　ア　)という。固体，液体，気体のいずれの状態でも構成粒子は(ア)をしており，(ア)の激しさは(　イ　)の状態が最も激しい。構成粒子が，(ア)によって空間に拡がっていく現象を(　ウ　)という。

知識

13. 熱運動と状態変化●次の各記述について，誤りを含むものを2つ選べ。

① 物質中の粒子がもつ熱運動のエネルギーは，温度が高くなるほど大きくなる。

② 一定温度では，物質中の粒子がもつ熱運動のエネルギーはすべて同じである。

③ 固体の粒子は熱運動していないため，その位置が変わらない。

④ 液体の粒子は互いに引き合いながら運動し，位置を変えるため，形が一定しない。

⑤ 気体の粒子は激しく熱運動をし，粒子間の距離が長いため，引力があまり働かない。

思考 グラフ 論述

14. 状態変化と熱量●図は，ある量の氷を大気圧(1.013×10^5 Pa)下で加熱し続けたときの，加えた熱量と温度の関係を示したものである。次の各問いに答えよ。

(1) AB，BC および CD 間での物質の状態を氷，水，水蒸気の語句を用いて記せ。

(2) 温度 T_1，T_2 をそれぞれ何というか。

(3) AB 間で温度が上昇していないのはなぜか。簡潔に記せ。

(4) E点とF点では，どちらの体積が大きいか。

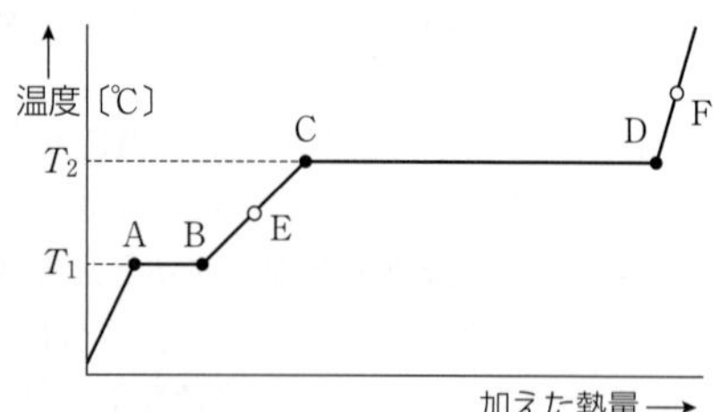

発展例題1 元素と単体

➡問題16

次の文中の下線部は，「元素」，「単体」のいずれの意味で用いられているか。

(1) 酸素は，水に溶けにくい。

(2) 食塩(塩化ナトリウム)には，ナトリウムと塩素が含まれている。

(3) 植物の生育には，窒素が欠かせない。

(4) 黄リンも赤リンも，リンの同素体である。

(5) 水を電気分解すると，水素と酸素を生じる。

考え方

元素と単体は同じ名称でよばれることが多い。「元素」は物質の構成成分を表し，具体的な性質を示さない。一方,「単体」は１種類の元素からなる物質を表し，具体的な性質を示す。

解答

(1)の酸素は，「水に溶けにくい」という具体的な性質を示すので，単体の酸素 O_2 を表す。(2)のナトリウム，(3)の窒素，(4)のリンは，それぞれ成分元素としてのナトリウム，窒素，リンを表す。(5)の酸素は，水の電気分解によって得られる単体の酸素を意味する。

(1) **単体** (2) **元素** (3) **元素** (4) **元素** (5) **単体**

発展問題

知識

15. 混合物の分離 物質を分離する操作に関する記述として下線部が正しいものを，次の①～⑤のうちから１つ選べ。

① 溶媒に対する溶けやすさの差を利用して，混合物から特定の物質を溶媒に溶かして分離する操作を抽出という。

② 沸点の差を利用して，液体の混合物から成分を分離する操作を昇華法という。

③ 固体と液体の混合物から，ろ紙などを用いて固体を分離する操作を再結晶という。

④ 不純物を含む固体を溶媒に溶かし，温度によって溶解度が異なることを利用して，より純粋な物質を析出させ分離する操作をろ過という。

⑤ 固体の混合物を加熱して，固体から直接気体になる成分を冷却して分離する操作を蒸留という。 (16 センター試験)

思考

16. 元素と単体 次の記述(ア)～(カ)のうち，下線部が元素ではなく単体のことを示しているものをすべて選び，記号で記せ。

(ア) 魚は水中の酸素を取り入れて呼吸している。

(イ) 水には，水素と酸素が含まれている。

(ウ) 水を電気分解すると，水素と酸素が得られる。

(エ) 酸素の融点は−218℃である。

(オ) 酸素とオゾンは，酸素の同素体である。

(カ) 負傷者が酸素吸入されながら，救急ヘリで運ばれた。 (20 日本医療科学大 改)

例題
解説動画

2 原子の構成と元素の周期表

1 原子の構成

❶原子　物質を構成する最小の粒子。原子は電気的に中性。元素記号で表される。

構成粒子		電荷	質量比
原子核	陽子 ⊕	+1	1
	中性子 ●	0	1
電子 ・		−1	1/1840

原子の半径	約 $1〜3\times10^{-10}$m（0.1〜0.3nm）
原子核の半径	約 $1〜8\times10^{-15}$m（$1〜8\times10^{-6}$nm）

- 陽子の数は，原子の種類によって決まっている。
- 陽子の数＝電子の数
- 陽子の質量≒中性子の質量
- 陽子 1 個のもつ電気量と電子 1 個のもつ電気量の絶対値は等しい（1.602×10^{-19}C）。

❷原子の構成表示　元素記号の左下に原子番号，左上に質量数を記す。

質量数＝陽子の数＋中性子の数
原子番号＝陽子の数（＝電子の数）

〈例〉　質量数………12　原子番号……6　$^{12}_{6}C$

- 中性子の数は質量数−原子番号で求められる。

❸同位体（アイソトープ）　原子番号が同じで質量数の異なる原子どうし。同位体どうしでは，陽子の数は同じであるが，中性子の数が異なる。化学的性質はほぼ同じ。

同位体	陽子の数	中性子の数	質量数	天然存在比〔%〕
$^{1}_{1}H$	1	0	1	99.9885
$^{2}_{1}H$	1	1	2	0.0115
$^{3}_{1}H$	1	2	3	極微量
$^{12}_{6}C$	6	6	12	98.93
$^{13}_{6}C$	6	7	13	1.07
$^{14}_{6}C$	6	8	14	極微量

- $^{1}_{1}H$だけは中性子をもたない。
- 天然に同位体の存在しない元素は，F，Na，Al，Pなど約20種類。

❹放射性同位体（ラジオアイソトープ）　放射線を放出する同位体。原子核が不安定で，放射線を放出して他の元素の原子に変わる（壊変，崩壊）。〈例〉　$^{3}_{1}H$，$^{14}_{6}C$ など

壊変	放射線	変化
α壊変	α線：ヘリウム $^{4}_{2}He$ の原子核の流れ	原子番号が 2，質量数が 4 減少。〈例〉 $^{226}_{88}Ra \longrightarrow {}^{222}_{86}Rn + {}^{4}_{2}He$
β壊変	β線：電子 e^{-} の流れ	中性子が陽子と電子に変化。原子番号が 1 増加，質量数は変化なし。〈例〉 $^{14}_{6}C \longrightarrow {}^{14}_{7}N + e^{-}$
γ壊変	γ線：高エネルギーの電磁波	原子番号も質量数も変化なし。

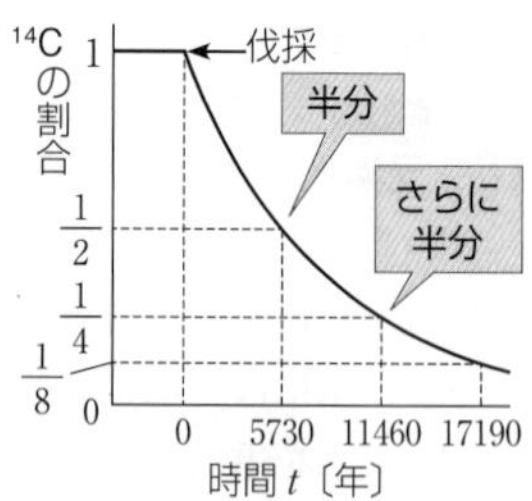

(a)　半減期　放射性同位体の量がもとの半分になるまでの時間。

〈例〉　^{14}Cの半減期：5730年…^{14}C の量（数）が半分になるまでに5730年かかる。

(b)　利用　医療分野（がん治療，画像診断など），品種改良，年代測定など。

2 電子配置

❶電子殻　電子はいくつかの電子殻に存在。電子殻は原子核に近い順に，K殻，L殻，M殻，N殻…とよばれる。外側の電子殻ほど，エネルギーが高い。

電子の最大収容数＝$2n^2$ (n＝1, 2, 3…)

(高)　N殻(32個)　M殻(18個)　L殻(8個)　K殻(2個)　(低)
エネルギー
n=4　n=3　n=2　n=1　原子核
ボーアの模型

❷電子配置　電子殻への電子の配分のされ方。一般に，電子はK殻，L殻，M殻…の順に収容される。

(a)　$_{1}$H～$_{20}$Ca の電子配置　　□：貴ガス(希ガス)型電子配置(安定な電子配置)

	$_{1}$H	$_{2}$He	$_{3}$Li	$_{4}$Be	$_{5}$B	$_{6}$C	$_{7}$N	$_{8}$O	$_{9}$F	$_{10}$Ne	$_{11}$Na	$_{12}$Mg	$_{13}$Al	$_{14}$Si	$_{15}$P	$_{16}$S	$_{17}$Cl	$_{18}$Ar	$_{19}$K	$_{20}$Ca
K殻	1	2	2	2	2	2	2	2	2	2	2	2	2	2	2	2	2	2	2	2
L殻			1	2	3	4	5	6	7	8	8	8	8	8	8	8	8	8	8	8
M殻											1	2	3	4	5	6	7	8	8	8
N殻																			1	2

注　$_{10}$Ne の電子配置(K殻に2個，L殻に8個)をK2，L8と表すこともある。

(b)　閉殻　最大数の電子が収容されている電子殻。

(c)　最外殻電子　最も外側の電子殻に存在する電子。

❸価電子　原子が他の原子と結合するときに重要な働きをする電子。一般に，最外殻電子が価電子として働く。価電子の数が等しい原子どうしは，化学的性質が似ている。

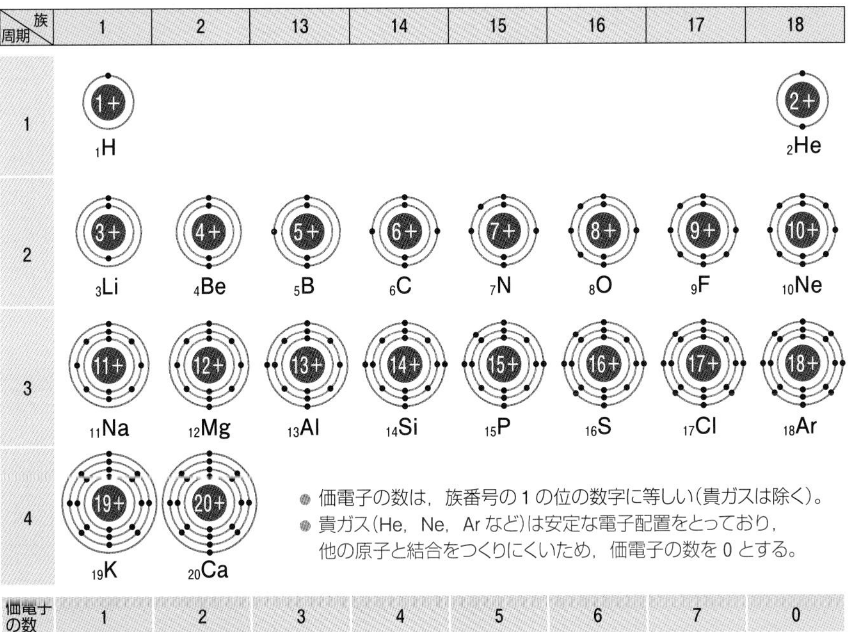

3 イオン

❶イオン　正または負の電気を帯びた粒子。

陽イオン：正の電荷をもつ　　陰イオン：負の電荷をもつ

❷イオンの生成　イオンは電荷と符号を添えた化学式(イオン式)で表す。

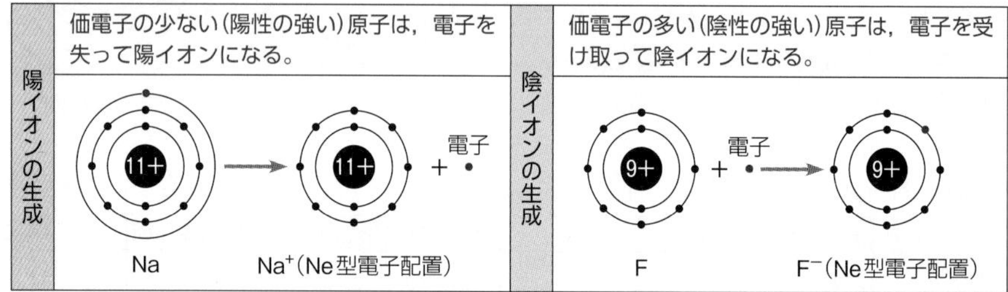

陽イオンの半径はもとの原子よりも小さい。陰イオンの半径はもとの原子よりも大きい。

❸イオンの分類　原子1個からなる単原子イオンと，2個以上からなる多原子イオンがある。イオンの電荷の絶対値をイオンの価数という。

価数	陽イオン	化学式	陰イオン	化学式
1価	水素イオン	H^+	フッ化物イオン	F^-
	ナトリウムイオン	Na^+	塩化物イオン	Cl^-
	オキソニウムイオン	[H_3O^+]	水酸化物イオン	[OH^-]
	アンモニウムイオン	[NH_4^+]	硝酸イオン	[NO_3^-]
2価	カルシウムイオン	Ca^{2+}	酸化物イオン	O^{2-}
	亜鉛イオン	Zn^{2+}	硫酸イオン	[SO_4^{2-}]
	銅(Ⅱ)イオン	Cu^{2+}	炭酸イオン	[CO_3^{2-}]
3価	アルミニウムイオン	Al^{3+}	リン酸イオン	[PO_4^{3-}]
	鉄(Ⅲ)イオン	Fe^{3+}	[ ]は多原子イオン	

❹イオンの生成とエネルギー

(a)　第1イオン化エネルギー　原子から電子1個を取り去って1価の陽イオンにするときに必要な最小のエネルギー〔kJ/mol〕。

(b)　電子親和力　原子が電子1個を受け取って1価の陰イオンになるときに放出されるエネルギー〔kJ/mol〕。

価電子の少ない原子 ──→ 第1イオン化エネルギー小 ──→ 陽イオンになりやすい

価電子の多い原子 ┬→ 第1イオン化エネルギー大 ──→ 陽イオンになりにくい
　　　　　　　　 └→ 電子親和力大 ──→ 陰イオンになりやすい

❺イオンの大きさ　単原子イオンの大きさ(イオン半径)は規則的に変化する。

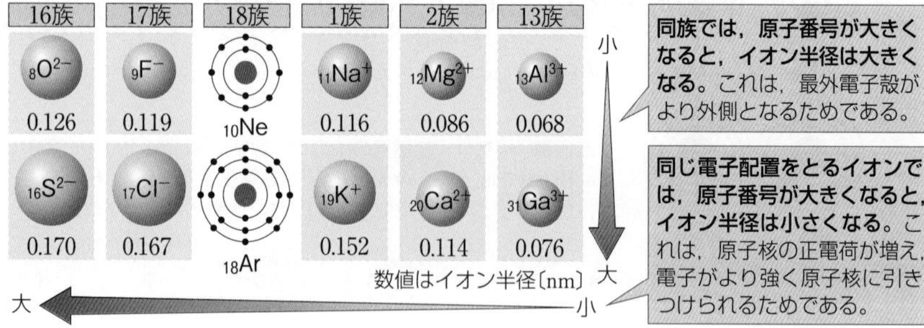

4 元素の相互関係

❶元素の周期律　元素を原子番号の順に並べると，その性質が周期的に変化。

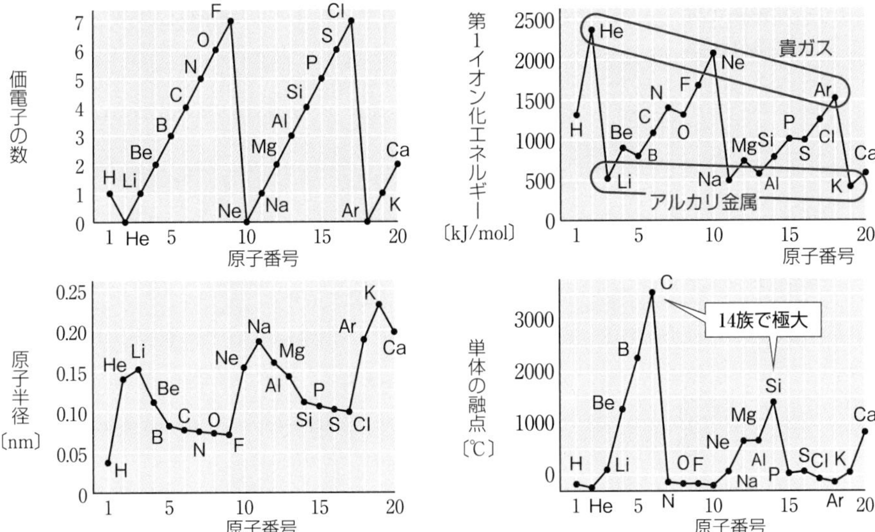

❷元素の周期表　元素の周期律にもとづいて，元素を原子番号の順に並べ，性質のよく似た元素が縦に並ぶように配列した表。元素の周期表の縦の列を族，横の行を周期という。同じ族に属する元素を同族元素といい，これらは互いに化学的性質が似ている。

●1869年，ロシアのメンデレーエフらが原子量(⇒p.48)の順に並べた周期表を発表し，その後，原子番号の順に変えられた。

周期＼族	1	2	3	4	5	6	7	8	9	10	11	12	13	14	15	16	17	18
1	H																	He
2	Li	Be											B	C	N	O	F	Ne
3	Na	Mg											Al	Si	P	S	Cl	Ar
4	K	Ca	Sc	Ti	V	Cr	Mn	Fe	Co	Ni	Cu	Zn	Ga	Ge	As	Se	Br	Kr
5	Rb	Sr	Y	Zr	Nb	Mo	Tc	Ru	Rh	Pd	Ag	Cd	In	Sn	Sb	Te	I	Xe
6	Cs	Ba	La～Lu	Hf	Ta	W	Re	Os	Ir	Pt	Au	Hg	Tl	Pb	Bi	Po	At	Rn
7	Fr	Ra	Ac～Lr	Rf	Db	Sg	Bh	Hs	Mt	Ds	Rg	Cn	Nh	Fl	Mc	Lv	Ts	Og

典型元素(非金属元素)　典型元素(金属元素)　遷移元素(金属元素)

アルカリ金属（1族）　アルカリ土類金属（2族）　ハロゲン（17族）　貴ガス（18族）

❸典型元素と遷移元素

(a)　典型元素　1，2および13～18族の元素群。価電子の数は族番号とともに変化し，同族元素は性質が類似。単体の密度は小さく，化合物は無色のものが多い。

(b)　遷移元素　第4周期以降の3～12族の元素群。最外殻電子の数は1～2で，同一周期でも互いに性質が類似。単体の密度は大きく，化合物は有色のものが多い。

❹金属元素と非金属元素

(a)　金属元素　　単体は金属で，一般に陽イオンになりやすい(陽性が強い)。

(b)　非金属元素　単体は分子からなるものが多く，16, 17族の原子は陰イオンになりやすい(陰性が強い)。

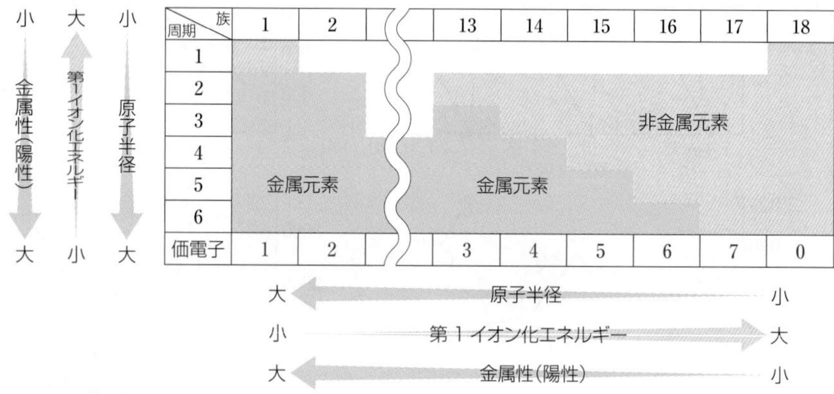

プロセス　次の文中の(　　)に適当な語句，数値，記号を入れよ。

1 原子は，中心にある(　ア　)と負の電荷をもつ(　イ　)からできている。(ア)は，正の電荷をもつ(　ウ　)と，電荷をもたない(　エ　)からできている。

2 原子では，原子核内の(　オ　)の数と，原子核のまわりを運動する(　カ　)の数とが等しく，原子は電気的に中性である。

3 原子番号が同じで，質量数の異なる原子どうしを(　キ　)という。(キ)では，原子核中の(　ク　)の数が同じで，(　ケ　)の数が異なっている。

4 同位体のうち，α線やβ線などの(　コ　)を放出して，他の元素の原子に変わるものを(　サ　)という。

5 電子はいくつかの層にわかれて存在し，この層を(　シ　)という。(シ)は，原子核に近いものから順に，(　ス　)殻，(　セ　)殻，M殻，…とよばれる。内側からn番目の(シ)の最大収容電子数は(　ソ　)と表される。

6 原子が電子を失うと(　タ　)イオン，電子を受け取ると(　チ　)イオンになる。

7 原子から電子を1個取り去って1価の(　ツ　)イオンにするのに必要な最小のエネルギーを(　テ　)という。また，原子が電子を1個受け取って1価の(　ト　)イオンになるときに放出するエネルギーは(　ナ　)とよばれる。

8 元素を原子番号の順に並べ，よく似た性質の元素が縦に並ぶように配置した表を元素の(　ニ　)という。(ニ)において，縦の列を(　ヌ　)，横の行を(　ネ　)という。

9 元素は，典型元素と(　ノ　)元素，非金属元素と金属元素などに分類される。(ノ)元素はすべて(　ハ　)元素である。

ドリル 次の各問いに答えよ。

A 元素の周期表の一部に，原子番号 1 ～20の元素の元素記号(上段)と名称(下段)を記せ。

周期＼族	1	2	13	14	15	16	17	18
1	1							2
2	3	4	5	6	7	8	9	10
3	11	12	13	14	15	16	17	18
4	19	20						

B 次の(1)～(5)には元素記号を，(6)～(10)には元素の名称を記せ。

(1) 鉄　(2) 銅　(3) 亜鉛　(4) 銀　(5) 白金

(6) Cr　(7) Mn　(8) Br　(9) I　(10) Pb

C 次の電子配置で示される原子の名称を記せ。

(1)　(2)

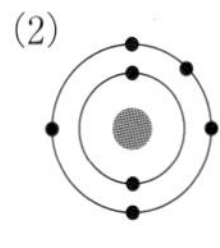

(3)

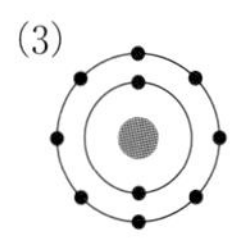

(4)

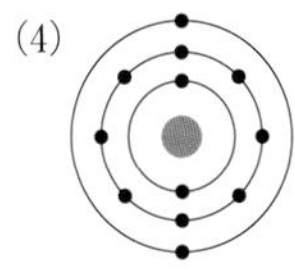

(5)

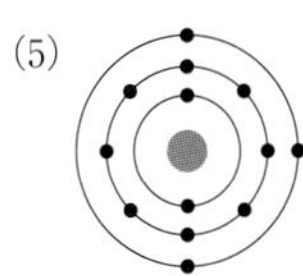

D 次の各原子の電子配置を例にならって記せ。　(例)　$_{17}Cl$：K2 L8 M7

(1) $_{1}H$　(2) $_{3}Li$　(3) $_{6}C$　(4) $_{8}O$　(5) $_{10}Ne$　(6) $_{11}Na$　(7) $_{16}S$

E 次の各原子の価電子の数を記せ。

(1) $_{1}H$　(2) $_{3}Li$　(3) $_{6}C$　(4) $_{8}O$　(5) $_{10}Ne$　(6) $_{11}Na$　(7) $_{16}S$

F 次のイオンの名称を答えよ。

(1) H^{+}　(2) NH_4^{+}　(3) Fe^{2+}　(4) OH^{-}　(5) HCO_3^{-}　(6) S^{2-}

G 次のイオンの化学式を示せ。

(1) 銀イオン　(2) 銅(Ⅱ)イオン　(3) 鉄(Ⅲ)イオン　(4) 硝酸イオン

(5) 酸化物イオン　(6) 塩化物イオン

プロセスの解答

(ア) 原子核　(イ) 電子　(ウ) 陽子　(エ) 中性子　(オ) 陽子　(カ) 電子　(キ) 同位体　(ク) 陽子
(ケ) 中性子　(コ) 放射線　(サ) 放射性同位体(ラジオアイソトープ)　(シ) 電子殻　(ス) K　(セ) L
(ソ) $2n^2$　(タ) 陽　(チ) 陰　(ツ) 陽　(テ) (第1)イオン化エネルギー　(ト) 陰　(ナ) 電子親和力
(ニ) 周期表　(ヌ) 族　(ネ) 周期　(ノ) 遷移　(ハ) 金属

ドリルの解答は別冊解答編に掲載しています。

基本例題3　原子の構成

➡問題 18・19

次の各原子について，下の各問いに答えよ。

(ア) $^{12}_{6}C$　(イ) $^{14}_{6}C$　(ウ) $^{16}_{8}O$　(エ) $^{32}_{16}S$　(オ) $^{40}_{20}Ca$

(1)　(ア)と(イ)のような原子を互いに何というか。

(2)　原子核中の中性子の数が等しい原子はどれとどれか。(ア)～(オ)の記号で記せ。

(3)　最も外側の電子殻がN殻である原子はどれか。(ア)～(オ)の記号で記せ。

(4)　価電子の数が最も少ない原子はどれか。(ア)～(オ)の記号で記せ。

考え方

(1)　原子番号は同じで，質量数が異なる原子どうしを互いに同位体という。

(2)　**中性子の数＝質量数－陽子の数(原子番号)**

(3)　N殻は内側から4番目の電子殻であり，最外殻がN殻になる原子は第4周期に属する。

(4)　貴ガス以外の典型元素の原子では，最外殻電子の数と価電子の数は等しい。貴ガスは安定であるため，価電子の数を0とする。

解答

(1)　**同位体**

(2)　中性子の数は，(ア)：6，(イ)：8，(ウ)：8，(エ)：16，(オ)：20である。　**(イ)と(ウ)**

(3)　$^{40}_{20}Ca$ は第4周期に属し，その電子配置は，K2，L8，M8，N2である。　**(オ)**

(4)　(ア)と(イ)の価電子の数は4，(ウ)は6，(エ)は6，(オ)は2である。**(オ)**

基本例題4　原子・イオンの電子配置

➡問題 22・24

次の(ア)～(オ)の電子配置をもつ粒子について，下の各問いに答えよ。

(ア)
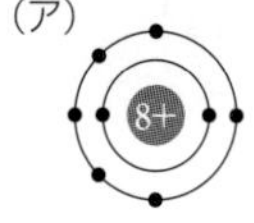

(イ)
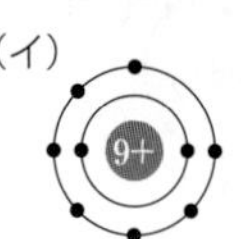

(ウ)
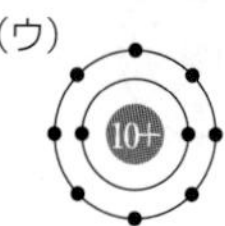

(エ)
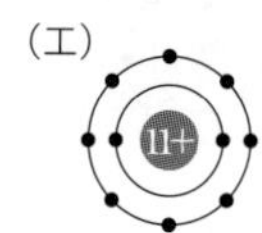

(オ)
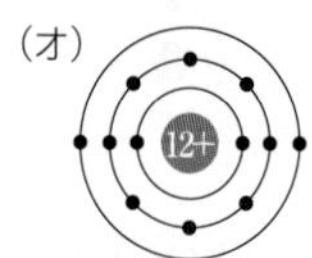

(1)　イオンはどれか，(ア)～(オ)の記号で記せ。また，そのイオンは，どの貴ガス原子と同じ電子配置か。元素記号を記せ。

(2)　原子のうち，周期表の第2周期に属するものをすべて選び，(ア)～(オ)の記号で記せ。

(3)　原子のうち，陽イオンになりやすいものはどれか。(ア)～(オ)の記号で記せ。

(4)　原子のうち，化学的に極めて安定なものはどれか。元素記号で記せ。

考え方

陽子の数＝原子番号なので，元素が決定できる。

(1)　陽子の数と電子の数が等しいものが原子，異なるものがイオンである。原子が安定な電子配置のイオンになると，原子番号が最も近い貴ガスと同じ電子配置になる。

(2)　第2周期に属する原子の最外電子殻は，すべて内側から2番目(n=2)のL殻である。

(3)　価電子の数が少ない原子は陽イオンになりやすい。

(4)　貴ガス原子は化学的に非常に安定な電子配置をとる。

解答

(ア)はO原子，(イ)はF原子，(ウ)はNe原子，(エ)はNa^{+}，(オ)はMg原子である。

(1)　**(エ)，Ne**

(2)　**(ア)，(イ)，(ウ)**

(3)　(オ)のMgは価電子を2個もつ。　**(オ)**

(4)　**Ne**

例題解説動画

基本問題

知識
17. 原子の構成 次の文中の(　　)に適当な語句を入れよ。

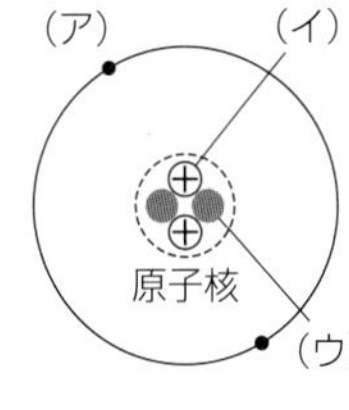

原子の中心には原子核があり，その周囲を負の電荷をもつ(　ア　)が取りまいている。原子核は，正の電荷をもつ(　イ　)と，電荷をもたない(　ウ　)からできている。各元素の原子では，原子核中の(イ)の数が決まっており，これを(　エ　)という。また，(イ)の数と(ウ)の数の和を(　オ　)という。

知識
18. 原子の構成表示 原子の構成を ${}^{A}_{Z}\mathrm{M}$ と表したとき，次の(1)～(4)は，AとZを用いてどのように表されるか。

(1)　質量数　(2)　陽子の数　(3)　電子の数　(4)　中性子の数

思考
19. 同位体 天然の酸素原子には ${}^{16}_{8}\mathrm{O}$，${}^{17}_{8}\mathrm{O}$，${}^{18}_{8}\mathrm{O}$ がある。次の各問いに答えよ。

(1)　これらの原子の関係を何というか。
(2)　${}^{16}_{8}\mathrm{O}$，${}^{17}_{8}\mathrm{O}$，${}^{18}_{8}\mathrm{O}$ について，陽子の数，中性子の数，電子の数をそれぞれ求めよ。
(3)　これらの3種類の酸素原子を組み合わせると，何種類の酸素分子 O_2 ができるか。

思考
20. 放射性同位体 次の文を読み，下の各問いに答えよ。

同位体には，原子核が不安定なものがあり，(　ア　)線を放出して，他の元素の原子に変わる。このような同位体を(　イ　)という。(ア)線には，(　ウ　)の原子核の流れであるα線や(　エ　)の流れであるβ線，高エネルギーの電磁波であるγ線などがある。

(1)　文中の(　　)に適当な語句を入れよ。
(2)　原子が(ア)線を放出して他の元素の原子に変わることを何というか。
(3)　炭素の同位体 ${}^{14}_{6}\mathrm{C}$ は，β線を放出して他の元素の原子に変化する。このとき生じる他の原子は何か。${}^{14}_{6}\mathrm{C}$ と同様に示せ。
(4)　ある遺跡から発掘された木片を調べると，${}^{14}_{6}\mathrm{C}$ の量がもとの $\frac{1}{8}$ であった。${}^{14}_{6}\mathrm{C}$ の半減期を5730年とすると，この木片は何年前まで生存していたと考えられるか。整数値で答えよ。

知識
21. 原子 原子に関する次の記述のうち，正しいものを2つ選び，番号で記せ。

①　原子の半径は，原子核の半径のおよそ100～1000倍である。
②　原子内の陽子の数と電子の数の和を質量数という。
③　中性子は，すべての原子の原子核に含まれる。
④　原子核中の陽子の数が等しい原子どうしは，同じ元素の原子である。
⑤　陽子，中性子，電子の質量は，ほぼ等しい。
⑥　原子には，天然に同位体が存在しないものもある。

知識

22. 原子の電子配置　次の電子配置をもつ原子について，下の各問いに答えよ。

(ア)
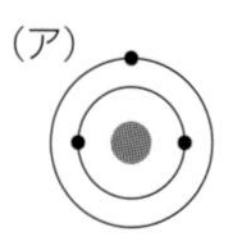
(イ)
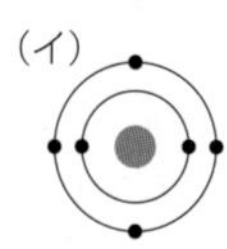
(ウ)
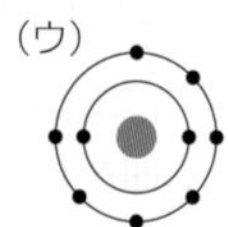
(エ)
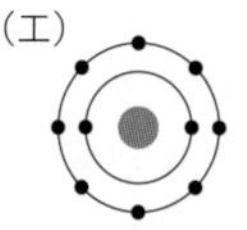
(オ)
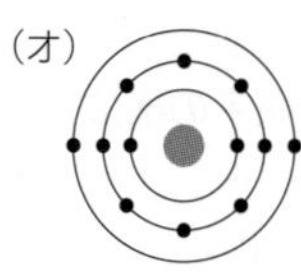

(1)　(ア)～(オ)の各原子の名称を記せ。また，各原子の価電子の数はいくらか。

(2)　(ウ)の原子の最外殻には，あと最大何個の電子を収容することができるか。

(3)　${}_{8}\mathrm{O}$ および ${}_{17}\mathrm{Cl}$ 原子について，その電子配置を図にならって示せ。

知識

23. イオンの生成　次の文中の(　　)に適当な語句，数字を入れよ。

原子が電子を失うと(　ア　)イオン，電子を受け取ると(　イ　)イオンとなる。たとえば，ナトリウム原子 ${}_{11}\mathrm{Na}$ は，価電子を(　ウ　)個もち，それを失って(　エ　)価の(ア)イオンとなる。このイオンは，貴ガスの(　オ　)と同じ電子配置である。一方，フッ素原子 ${}_{9}\mathrm{F}$ は価電子を(　カ　)個もち，他から電子を(　キ　)個受け取って，(　ク　)価の(イ)イオンとなる。このイオンは，貴ガスの(　ケ　)と同じ電子配置である。

知識

24. イオンの電子配置と名称　次の(ア)～(オ)のイオンの化学式と名称を記せ。また，各イオンは，どの貴ガス原子と同じ電子配置となっているか。貴ガスの名称を記せ。

(ア)
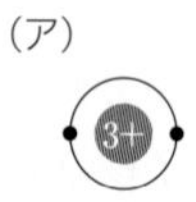

(イ)
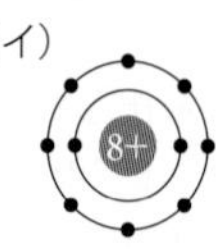

(ウ)
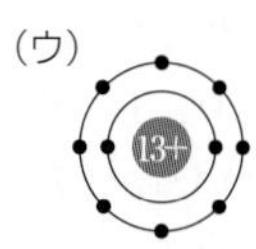

(エ)
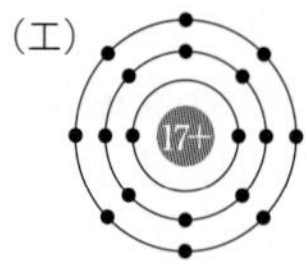

(オ)
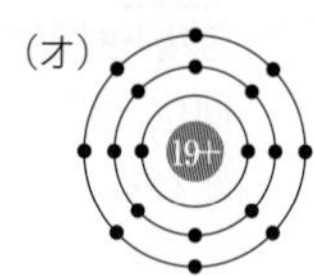

思考

25. 多原子イオン　次の(ア)～(ウ)の化学式，(エ)～(ク)の名称を記せ。また，(イ)および(エ)の多原子イオンに含まれる電子の総数を求めよ。

(ア)　アンモニウムイオン　　(イ)　オキソニウムイオン　　(ウ)　水酸化物イオン

(エ)　NO_3^-　　(オ)　CH_3COO^-　　(カ)　CO_3^{2-}　　(キ)　SO_4^{2-}　　(ク)　PO_4^{3-}

思考　論述　グラフ

26. イオン化エネルギーと電子親和力

図は，${}_{1}\mathrm{H}$～${}_{20}\mathrm{Ca}$ の第1イオン化エネルギーを示したものである。下の各問いに答えよ。

第1イオン化エネルギー
(a)　(b)　(c)
1　5　10　15　20
原子番号

(1)　グラフ中の原子のうち，最も1価の陽イオンになりやすい原子の名称を記せ。

(2)　原子(a)～(c)の第1イオン化エネルギーが順に小さくなる理由を簡潔に記せ。

(3)　同一周期に属する原子では，一般に，原子番号が大きいほど，第1イオン化エネルギーは大きくなる。この理由を簡潔に記せ。

(4)　${}_{3}\mathrm{Li}$ と ${}_{9}\mathrm{F}$ の電子親和力は，どちらの原子の方が大きいか。元素記号で示せ。

思考 論述

27. イオンの大きさ O^{2-}, F^-, Na^+, Mg^{2+} の大きさ(数値はイオン半径)を図に示す。下の各問いに答えよ。

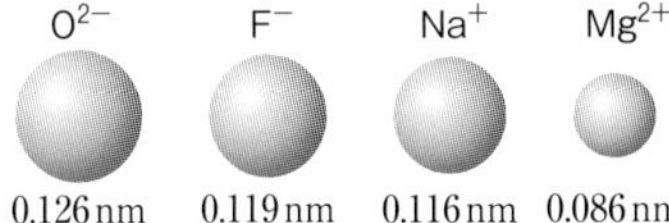

(1) 各イオンと同じ電子配置になっている貴ガス原子の名称を記せ。

(2) イオン半径が図のように小さくなる理由を，次の語句を用いて簡潔に述べよ。

(語句) 原子核，正電荷，電子，原子番号

(3) 同族のイオンである Na^+ と K^+ では，どちらのイオン半径が大きいか。また，その理由を簡潔に述べよ。

知識 グラフ

28. 元素の周期律 次のグラフは，原子番号1～20の元素の性質を示す数や量を表したものである。(ア)～(ウ)に該当するものを選択群の中から選び，番号で記せ。

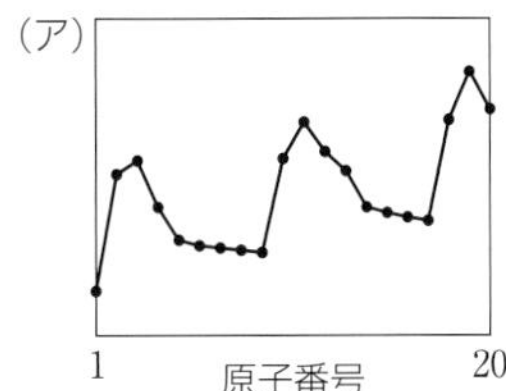

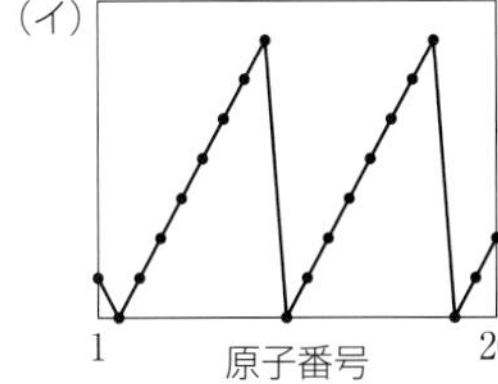

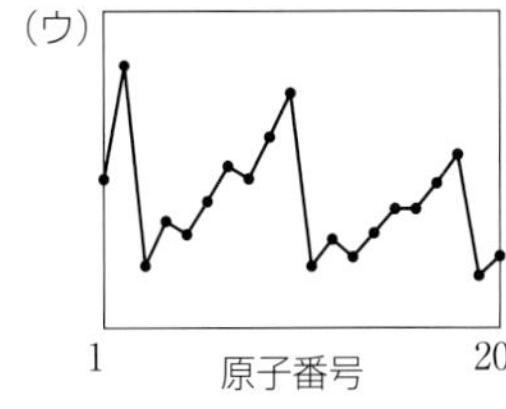

〔選択群〕 ① 電子の数 ② 価電子の数 ③ 原子半径 ④ 第1イオン化エネルギー

知識

29. 元素の周期表 元素の周期表の概略図を示す。下の(1)～(7)の各元素群にあてはまる領域をすべて選び，(ア)～(ク)の記号で示せ。ただし，領域は重複して選んでよい。

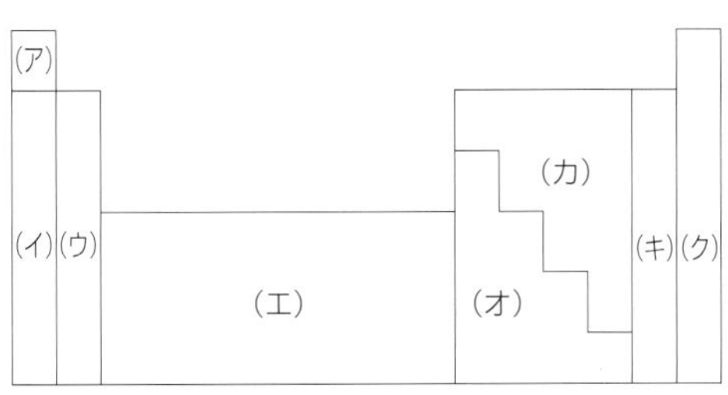

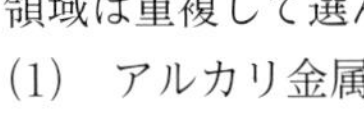

(1) アルカリ金属

(2) アルカリ土類金属

(3) 貴ガス (4) ハロゲン

(5) 遷移元素 (6) 金属元素 (7) 非金属元素

思考 論述

30. 元素の周期表 次の文中の(　　)に適当な語句を入れ，下の各問いに答えよ。

ロシアの(　ア　)は，1869年，元素を(　イ　)の小さい順に並べ，性質のよく似た元素が周期的に現れること，すなわち元素の(　ウ　)を発見し，周期表の原形をつくった。その後，周期表は改良され，現在では元素を(　エ　)の順に並べている。

(1) 同じ族にある典型元素の原子では，価電子の数はどのようになるか。

(2) 典型元素および遷移元素について，同一周期で，最外殻電子の数はどのように変化するかをそれぞれ記せ。

発展例題2 元素の周期表と性質

➡問題 34

次の元素の周期表(a～pは元素を示す)について，下の各問いに答えよ。

周期＼族	1	2	13	14	15	16	17	18
2	a	b	c	d	e	f	g	h
3	i	j	k	l	m	n	o	p

(1) M殻に価電子を6個もつ元素は何か。a～pから選び，記号と元素記号を記せ。
(2) 常温・常圧において，単体が気体として存在する元素は何種類か。
(3) 第1イオン化エネルギーが最大の元素と最小の元素を，それぞれa～pから選び，記号と元素記号を記せ。

考え方

(1) M殻($n=3$)に価電子をもつ原子は，第3周期に属する。典型元素では，価電子の数は族番号の1位の数字と同じである(18族の元素を除く)。
(2) 非金属元素の単体には，常温・常圧で気体のものが多い。18族の貴ガスはすべて気体である。
(3) 第1イオン化エネルギーは，同一周期では右にいくほど，同族では上に行くほど大きくなる。

解答

(1) 第3周期で価電子を6個もつ原子は16族の**n**，すなわち**S**である。
(2) eのN_2，fのO_2やO_3，gのF_2，hのNe，oのCl_2，pのArの**6種類**である。
(3) 最大は**h**のNe，最小は**i**のNaである。

発展問題

思考
31. 原子の構成 人工元素を合成する研究において，最近，日本の研究者が113番目の元素としてニホニウムNhの合成に成功している。1個のニホニウムNhは，亜鉛$^{70}_{30}Zn$とビスマス$^{209}_{83}Bi$の原子核を1個ずつ衝突させ，含まれている陽子数と中性子数は変わらずに1個の原子核にしたのち，中性子が1つ放出されることで合成される。合成されたニホニウムの陽子数，中性子数を答えよ。 (20 北海道大 改)

思考
32. 原子の電子配置 表に示された電子配置をもつ原子(ア)～(ク)について，(1)～(6)の記述にあてはまるものをすべて選び，元素記号を答えよ。

電子殻	K	L	M	N
(ア)	2			
(イ)	2	3		
(ウ)	2	7		
(エ)	2	8	1	
(オ)	2	8	2	
(カ)	2	8	7	
(キ)	2	8	8	
(ク)	2	8	8	2

(1) 貴ガスに分類される。
(2) 周期表第4周期に属する。
(3) アルミニウムと同族元素の原子。
(4) 1価の陰イオンになりやすい。
(5) 1価の陽イオンになると，ネオンと同じ電子配置になる。
(6) 第1イオン化エネルギーが最も大きい。 (22 東京理科大 改)

例題
解説動画

思考 グラフ

33. イオン化エネルギー 原子から電子1個を取り去って，1価の陽イオンにするのに必要なエネルギーを第1イオン化エネルギーとよぶが，1族元素の原子と比べて原子核が最外殻電子を引き寄せる力が強くなる結果，2族元素の原子の第1イオン化エネルギーは①(大きく・小さく)なり，原子の大きさは②(大きく・小さく)なる。

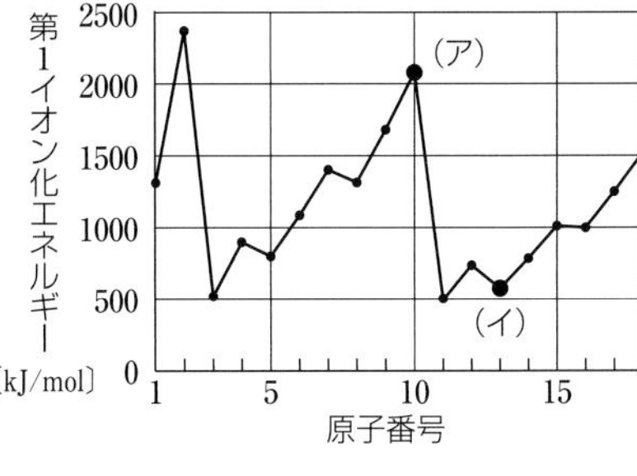

(1) 下線部①，②に示した選択肢のうち適切な語句を選べ。

(2) 図中の(ア)，(イ)で示された原子の最外殻電子数を答えよ。

(3) 1価の陽イオンを2価の陽イオンにするのに必要なエネルギーを第2イオン化エネルギーとよぶ。第2イオン化エネルギーを表す図として適切なものを下の図から選べ。

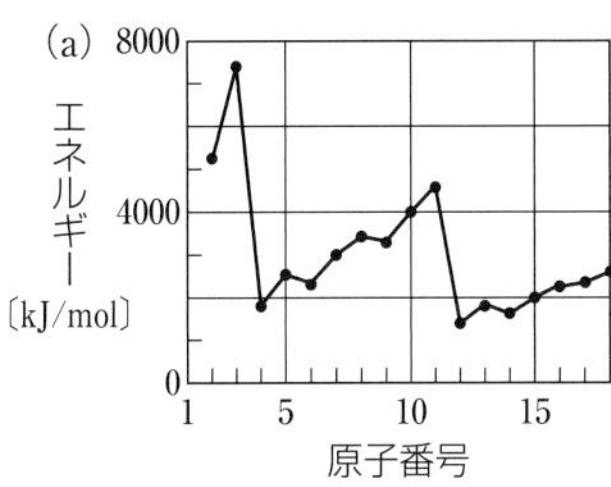

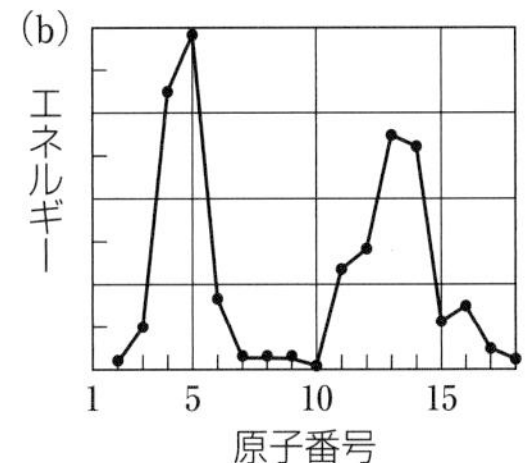

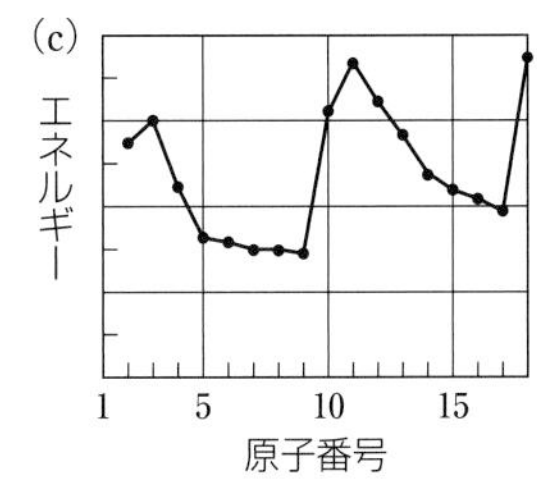

(17 横浜国立大 改)

思考

34. 元素の周期表 次の表は，元素の周期表の抜粋である。下の各問いに答えよ。

周期＼族	1	2	3	4	5	6	7	8	9	10	11	12	13	14	15	16	17	18
2	Li	Be											B	C	N	O	F	Ne
3	Na	Mg											Al	Si	P	S	Cl	Ar
4	K	Ca	Sc	Ti	V	Cr	Mn	Fe	Co	Ni	Cu	Zn	Ga	Ge	As	Se	Br	Kr

(1) 表中の非金属元素の数を答えよ。

(2) 第3周期の元素で，第1イオン化エネルギーが最小のものを元素記号で記せ。

(3) 炭素原子には，質量数が12，13，14の3種類の同位体が存在する。この中で質量数13の炭素原子の中性子の数を答えよ。

(4) 表中の元素のうち，次にあてはまるものをそれぞれ選び，元素記号で記せ。

① M殻に3個の価電子をもつ　② 陽性が最も強い

③ 単体が常温・常圧で液体である　④ アルカリ土類金属

(5) 次の文中の(ア)と(イ)に適切な記号または数値を答えよ。

原子番号25番の元素であるマンガンの電子配置では，最外殻に2個の電子が存在する。最外殻のすぐ内側の電子殻は(　ア　)殻で，(　イ　)個の電子が存在する。

(15 九州大 改)

3 化学結合

1 イオン結合とイオン結晶

❶イオン結合　陽イオンと陰イオンの静電気力(クーロン力)による結合。金属元素と非金属元素からなる物質にみられる。

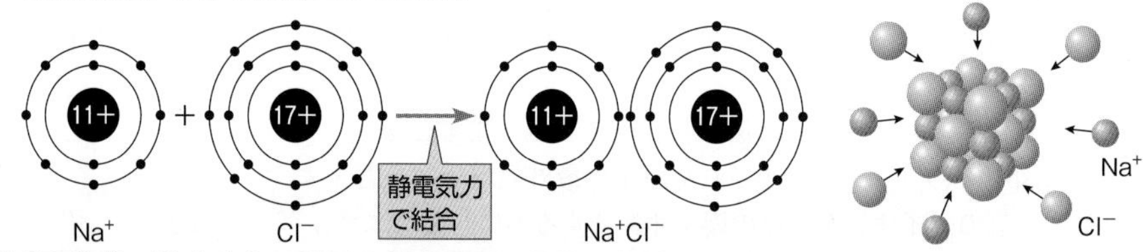

❷組成式　構成元素の種類と割合を最も簡単な整数比で表した式。

陽イオンの価数×陽イオンの数＝陰イオンの価数×陰イオンの数

	Cl^-	SO_4^{2-}	PO_4^{3-}
Na^+	$NaCl$	Na_2SO_4	Na_3PO_4
Ca^{2+}	$CaCl_2$	$CaSO_4$	$Ca_3(PO_4)_2$
Al^{3+}	$AlCl_3$	$Al_2(SO_4)_3$	$AlPO_4$

組成式は，陽イオン，陰イオンの順に書く。多原子イオンが2個以上のときは，(　　)でくくり，その数を右下に添える。物質の名称は，陰イオン，陽イオンの順に示す。その際，「～イオン」「～物イオン」は省略する。

❸イオン結晶　多数の陽イオンと陰イオンがイオン結合で規則正しく配列した結晶。

(性質)　①かたいが割れやすい。　②融点が高い。　③水に溶けやすいものが多い。
④固体は電気を導かないが，融解した液体(融解液)や水溶液は電気を導く。

❹電解質と非電解質

電離：水に溶けて陽イオンと陰イオンに分かれる現象

電解質：水に溶けて電離する物質

- 強電解質：電離する割合が大きい物質　〈例〉塩化ナトリウム $NaCl$，塩化水素 HCl
- 弱電解質：電離する割合が小さい物質　〈例〉酢酸 CH_3COOH，アンモニア NH_3

非電解質：水に溶けても電離しない物質　〈例〉スクロース $C_{12}H_{22}O_{11}$，エタノール C_2H_5OH

❺イオン結晶と単位格子 化学　結晶の粒子配列を示したものを結晶格子，その最小の単位を単位格子という。また，1つの粒子に隣接する他の粒子の数を配位数という。

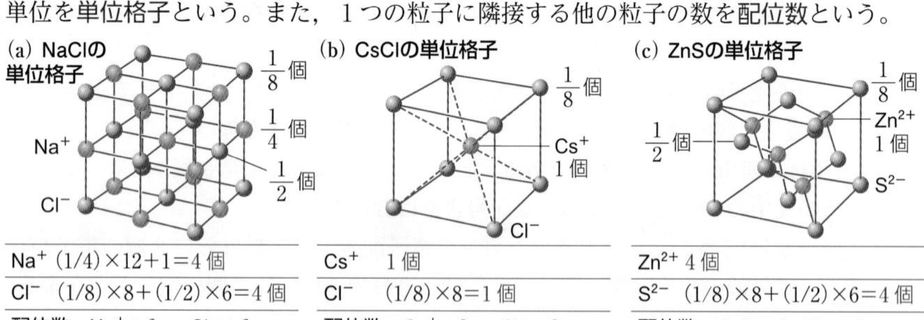

(a) NaCl	
Na^+	$(1/4)\times12+1=4$ 個
Cl^-	$(1/8)\times8+(1/2)\times6=4$ 個
配位数	Na^+：6　Cl^-：6

(b) CsCl	
Cs^+	1個
Cl^-	$(1/8)\times8=1$ 個
配位数	Cs^+：8　Cl^-：8

(c) ZnS	
Zn^{2+}	4個
S^{2-}	$(1/8)\times8+(1/2)\times6=4$ 個
配位数	Zn^{2+}：4　S^{2-}：4

2 分子と共有結合

❶共有結合と分子

(a) **共有結合**　原子が互いの電子を共有する結合。非金属元素の原子間に生じやすい。

(b) **分子**　原子の共有結合で生じた粒子で，分子式などで表す。

単原子分子	ヘリウム He，ネオン Ne，アルゴン Ar
二原子分子	水素 H_2，酸素 O_2，塩化水素 HCl，フッ化水素 HF
多原子分子	水 H_2O，オゾン O_3，二酸化炭素 CO_2，アンモニア NH_3
高分子	ポリエチレン $\left[CH_2-CH_2\right]_n$

多原子分子(原子 3 個以上)は，原子の数に応じて，三原子分子，四原子分子，…ともよばれる。極めて多数の原子からなる分子を**高分子**という。

❷電子式　元素記号に最外殻電子を点(・)で書き添えた式。

周期＼族	1	2	13	14	15	16	17	18
1	H•							He:
2	Li•	•Be•	•B•	•C•	•N•	:O•	:F•	:Ne:
3	Na•	•Mg•	•Al•	•Si•	•P•	:S•	:Cl•	:Ar:
4	K•	•Ca•	He の電子式は例外的に電子対で示す。					

●**電子対**……対になっている電子。
●**不対電子**…対になっていない電子で，結合に関与。

N　電子対　O
不対電子

❸分子の形成と電子式　各原子は不対電子を共有して，分子を形成する。

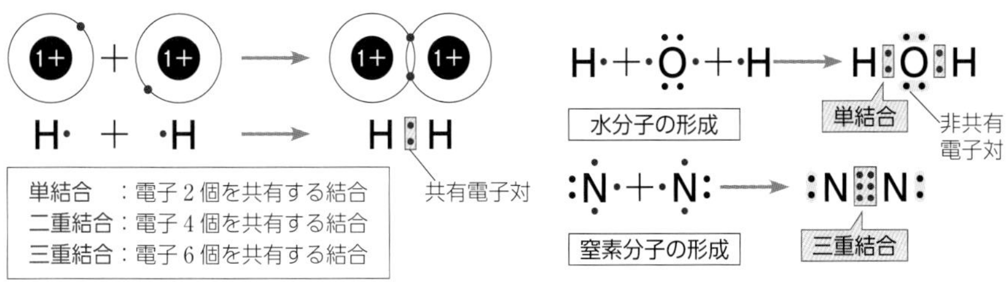

(a) **構造式**　1 組(2 個)の電子による結合を 1 本の線(**価標**)で表した式。構造式において，原子から出る線の数を原子の**原子価**という。

原子	H− Cl−	−C−	−N−	−O− −S−
原子価	1	4	3	2

(b) **分子の形状と電子対の反発**　分子の形状は，中心にある原子の共有電子対，非共有電子対の反発が最小になる構造をとると考えて説明できる(原子価殻電子対反発則)。

分子	メタン CH_4	アンモニア NH_3	水 H_2O	二酸化炭素 CO_2	窒素 N_2
電子式	H:C:H（上下に H） 共有電子対	H:N:H（下に H）	H:O:H 非共有電子対	:O::C::O: 二重結合	:N⋮N: 三重結合
構造式❶	H−C−H（上下に H）	H−N−H（下に H）	H−O−H	O=C=O	N≡N
形状	正四面体形	三角錐形	折れ線形(V 字形)	直線形	直線形

❶構造式は原子の結びつきのようすを示すものであり，分子の形状までも示したものではない。

❹配位結合と錯イオン

(a)　配位結合　一方の原子から供与された非共有電子対を共有して生じる共有結合。

〈例〉

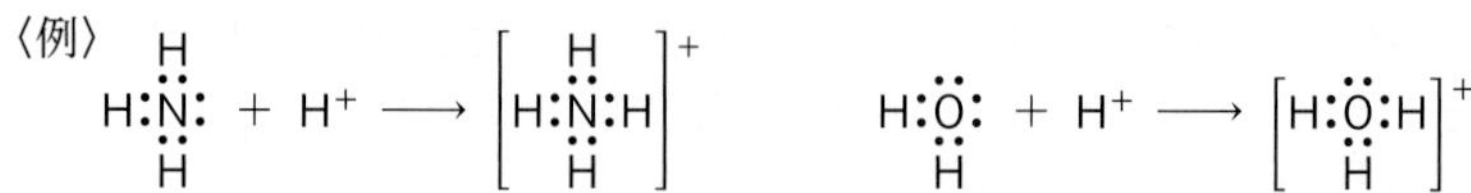

アンモニア分子　アンモニウムイオン　　水分子　　　オキソニウムイオン

(b)　錯イオン　非共有電子対をもつ分子やイオンが金属イオンと配位結合を形成して生じるイオン。配位する分子やイオンを配位子，その数を配位数という。

錯イオン	名称	配位子	配位数	形状	水溶液の色
$[Ag(NH_3)_2]^+$	ジアンミン銀(Ⅰ)イオン	NH_3	2	直線形	無色
$[Cu(NH_3)_4]^{2+}$	テトラアンミン銅(Ⅱ)イオン	NH_3	4	正方形	深青色
$[Zn(NH_3)_4]^{2+}$	テトラアンミン亜鉛(Ⅱ)イオン	NH_3	4	正四面体形	無色
$[Fe(CN)_6]^{3-}$	ヘキサシアニド鉄(Ⅲ)酸イオン	CN^-	6	正八面体形	黄色

配位子の名称　NH_3：アンミン　H_2O：アクア　OH^-：ヒドロキシド　CN^-：シアニド

❺電気陰性度

原子の共有電子対を引き寄せる強さの尺度を表す数値。電気陰性度の値が大きいほど，共有電子対を引き寄せやすい。元素の周期表で，貴ガスを除き，右上の元素ほど大きい(フッ素が最大)。

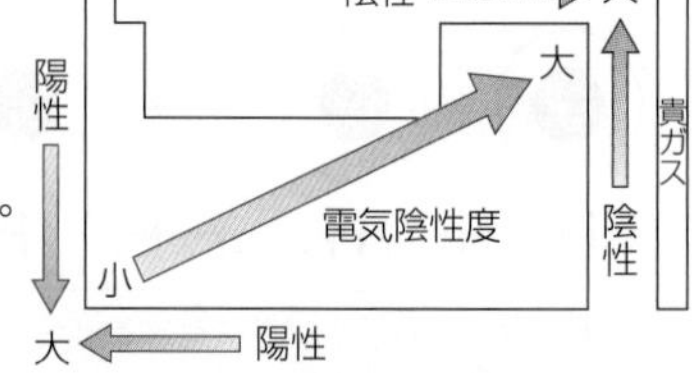

2原子間の電気陰性度の差 → 大：イオン結合
2原子間の電気陰性度の差 → 小：共有結合

❻結合の極性

共有結合では，電気陰性度の大きい原子の方へ共有電子対が引き寄せられ，電気的なかたよりを生じる(結合の極性)。電気陰性度の大きい原子がやや負，小さい原子がやや正の電荷を帯びる。

〈例〉　$\overset{\delta-}{O}-\overset{\delta+}{H}$　$\overset{\delta-}{N}-\overset{\delta+}{H}$　$\overset{\delta-}{F}-\overset{\delta+}{H}$　$\overset{\delta-}{C}-\overset{\delta+}{H}$　$\overset{\delta+}{C}-\overset{\delta-}{O}$

$\delta-$，$\delta+$は電荷のわずかなかたよりを表す。

❼分子の極性

(a)　極性分子　　分子全体で極性を示す分子。

(b)　無極性分子　分子全体で極性を示さない分子。

●二原子分子の極性

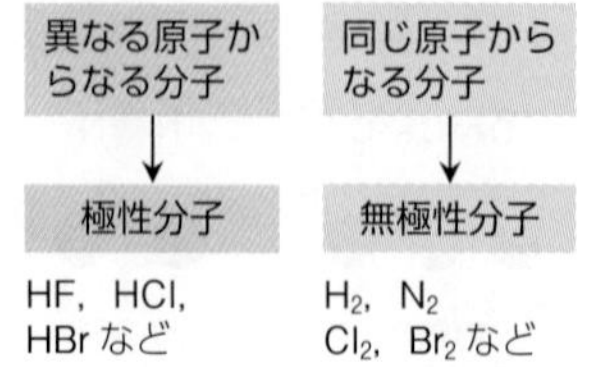

●多原子分子の極性　分子の形状を考慮する。

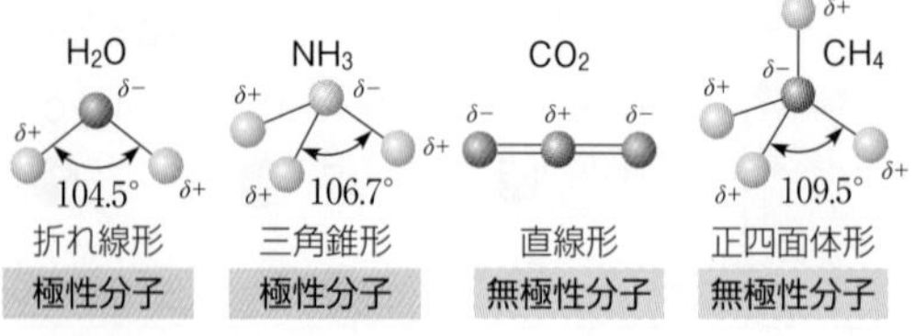

結合の極性が打ち消し合わず，極性分子となる。

結合の極性が打ち消し合い，無極性分子となる。

❽極性と物質の溶解性

(a) **極性分子の液体**(水など) イオン結晶や極性の大きい分子を溶解しやすい。

(b) **無極性分子の液体**(ベンゼン，ヘキサンなど) 無極性分子を溶解しやすい。

❾分子結晶 多数の分子が弱い引力(分子間力)で集合し，規則正しく配列した固体。

(性質) ①やわらかく，くだけやすい。 ②融点の低いものが多い。 ③電気を導かない。 ④昇華しやすいものがある(ドライアイス，ヨウ素など)。

❿分子間力 化学 分子間に働く弱い引力や相互作用の総称。

(a) **ファンデルワールス力** すべての分子間に働く弱い引力。分子の質量(分子量)が大きいほど強く作用する。

(b) **極性分子間に働く静電気的な引力** ファンデルワールス力よりも強い。ファンデルワールス力に分類されることもある。

(c) **水素結合** 電気陰性度の大きいF，O，Nの原子間に水素原子が介在し，静電気的な引力によって生じる結合。分子間力の中で最も強い。

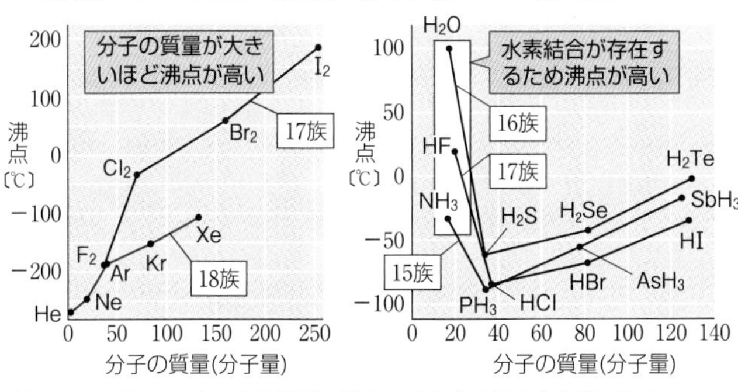

(d) ファンデルワールス力と物質の沸点　(e) 水素結合と物質の沸点

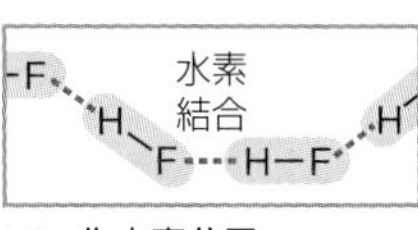

フッ化水素分子

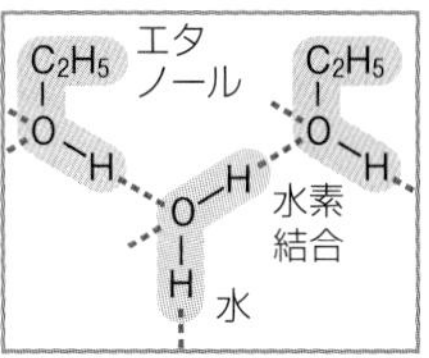

水分子とエタノール分子

⓫共有結合の結晶

すべての原子が共有結合によって結びつき，規則正しく配列した固体。巨大分子ともよばれる。

(性質) ①非常にかたい。 ②融点が非常に高い。 ③水に溶けにくい。 ④電気を導きにくい。

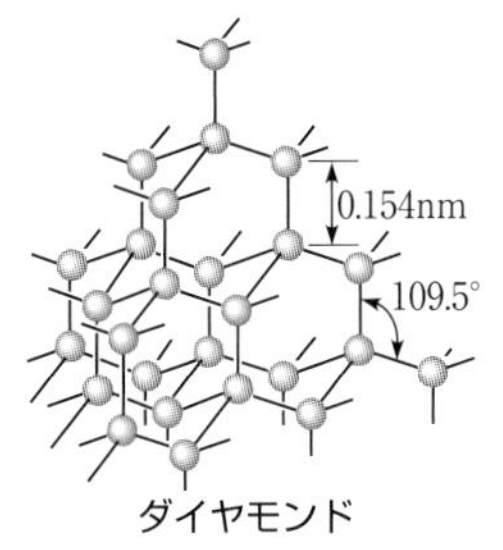

ダイヤモンド

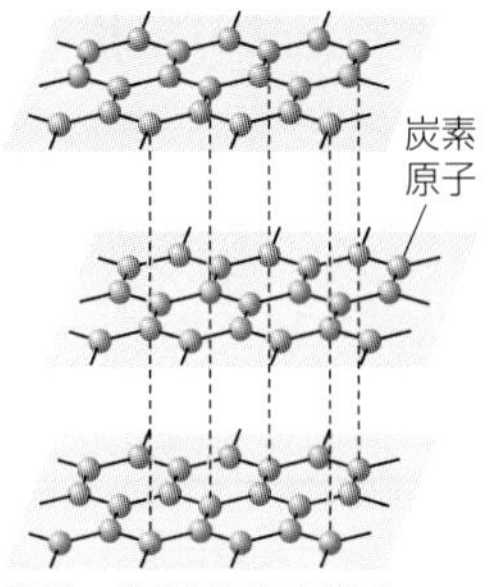

黒鉛 黒鉛は電気を導く。

3 金属と金属結合

❶金属結合 金属原子の価電子が自由電子として金属内を動きまわり，金属原子を互いに結びつける結合。

❷金属結晶 金属結合によって，金属原子が規則正しく配列した固体。

(性質) ①金属光沢を示す。 ②電気や熱をよく導く。 ③展性・延性に富む。 ④融点は低い～高い。

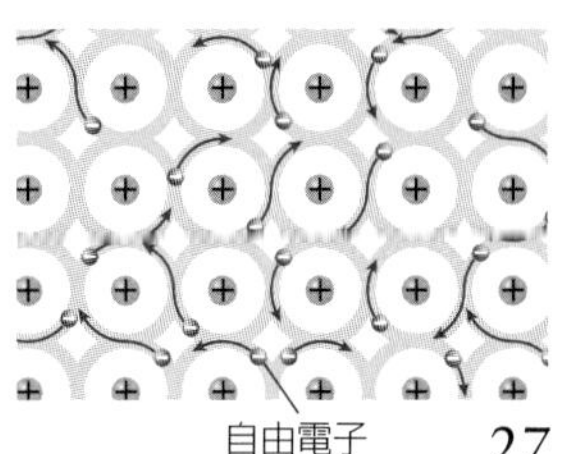

❸金属の結晶格子 化学

単位格子（六方最密構造は赤の部分）	（例）Li Na Fe	（例）Al Cu Ag	（例）Mg Zn Co
格子名	体心立方格子	面心立方格子	六方最密構造
含まれる粒子数	(1/8)×8+1=2	(1/8)×8+(1/2)×6=4	6(単位格子：2)
配位数	8	12	12
充填率❶	68%	74%(最密充填)	74%(最密充填)

❶単位格子の体積に占める金属原子の体積の割合〔%〕を**充填率**という。面心立方格子（立方最密構造）と六方最密構造は，いずれも最密構造であるが，層の重なり方が異なっている。

❹単位格子と原子半径・充填率 化学

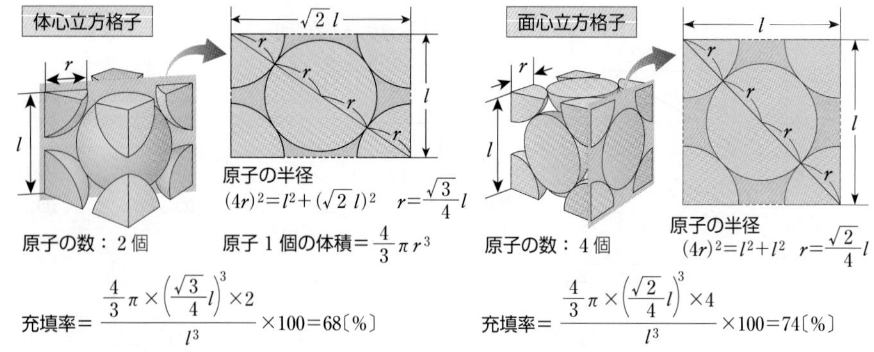

4 結晶の比較

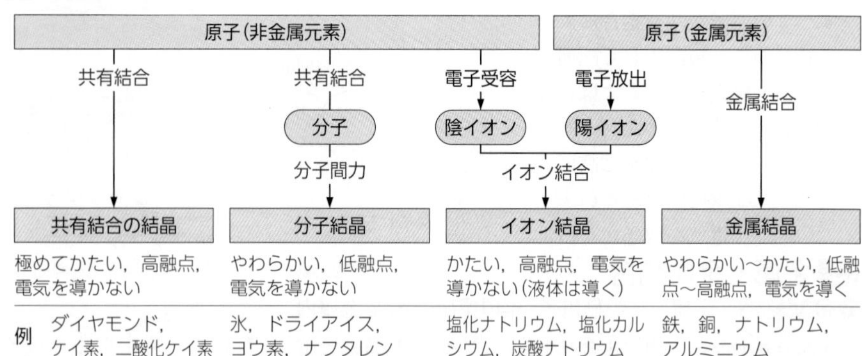

注 結合力の強さは，一般に，共有結合＞イオン結合＞金属結合≫水素結合＞極性分子間に働く引力＞ファンデルワールス力の順である。一般に，結合力が強いほど，結晶はかたく，融点・沸点も高くなる。

プロセス 次の文中の(　　)に適当な語句を入れよ。

1 陽イオンと陰イオンの(　ア　)力による結合を(　イ　)結合という。

2 イオン結晶は，(　ウ　)体の状態では電気を導かないが，(　エ　)体の状態や水溶液にすると電気を導くようになる。

3 水に溶けて電離する物質を(　オ　)，水に溶けても電離しない物質を(　カ　)という。

4 一般に，非金属元素の原子どうしは，互いの電子を共有し合って結びつく。このような結合を(　キ　)結合といい，(キ)結合によって生じた粒子を(　ク　)という。(ク)結晶には，ヨウ素やドライアイスのように(　ケ　)しやすいものがある。

5 一方の原子から供与された非共有電子対を共有して生じる結合を(　コ　)結合という。また，非共有電子対をもつ分子やイオンが，金属イオンと(コ)結合を形成して生じるイオンを(　サ　)という。

6 原子が共有電子対を引き寄せる強さの尺度を表す数値を(　シ　)という。(シ)は，元素の周期表で，貴ガスを除き，(　ス　)に位置する元素ほど大きい。

7 固体の金属では，原子は(　セ　)電子によって結びつき，(　ソ　)結合を形成している。また，金属結晶は熱や電気をよく導き，うすく広げることができる(　タ　)や，引き延ばすことができる(　チ　)を示す。

8 分子は分子式で表されるが，イオンからなる物質や金属などは(　ツ　)で表される。

ドリル 次の各問いに答えよ。

A 次のイオンの組み合わせで生じる物質の組成式を示せ。

(1)　Na^{+}，Cl^{-}　(2)　K^{+}，OH^{-}　(3)　Ca^{2+}，O^{2-}　(4)　Na^{+}，SO_4^{2-}
(5)　Ca^{2+}，OH^{-}　(6)　Al^{3+}，O^{2-}　(7)　NH_4^{+}，Cl^{-}

B 次の組成式で示される物質の名称を示せ。

(1)　KCl　(2)　NaOH　(3)　$CaCO_3$　(4)　Na_2CO_3　(5)　$NaHCO_3$
(6)　$FeSO_4$　(7)　$Fe_2(SO_4)_3$

C 次の各原子の電子式を記せ。

(1)　${}_{1}H$　(2)　${}_{6}C$　(3)　${}_{7}N$　(4)　${}_{8}O$　(5)　${}_{10}Ne$　(6)　${}_{11}Na$　(7)　${}_{12}Mg$
(8)　${}_{16}S$　(9)　${}_{17}Cl$

D 次の分子を分子式で表せ。

(1)　酸素　(2)　窒素　(3)　水　(4)　アンモニア　(5)　メタン
(6)　二酸化炭素　(7)　塩化水素

プロセスの解答

(ア) 静電気(クーロン)　(イ) イオン　(ウ) 固　(エ) 液　(オ) 電解質　(カ) 非電解質　(キ) 共有
(ク) 分子　(ケ) 昇華　(コ) 配位　(サ) 錯イオン　(シ) 電気陰性度　(ス) 右上　(セ) 自由　(ソ) 金属
(タ) 展性　(チ) 延性　(ツ) 組成式

基本例題5 分子と電子式，構造式

➡問題 41・42・43

次の(ア)～(カ)の分子について，下の各問いに答えよ。

(ア) H_2　(イ) N_2　(ウ) CO_2　(エ) NH_3　(オ) CH_4　(カ) HCN

(1) (ア)～(カ)の分子のうち，三原子分子はどれか。記号で記せ。
(2) (オ)の分子中の炭素原子は，どの貴ガス原子の電子配置に似ているか。元素記号で示せ。
(3) (ア)，(ウ)，(エ)の電子式を示し，これらの分子中の非共有電子対の数を記せ。
(4) (イ)，(オ)，(カ)を構造式で示せ。

考え方

(2) 炭素原子(電子配置：K2，L4)は，周囲の4個の水素原子と電子を共有している。

(3)，(4) 各原子の電子式および原子価は，それぞれ次のようになる。

電子式　H·　·C·（C：上下左右に不対電子各1個）　·N·（N：上に非共有電子対1組，左右・下に不対電子各1個）　·O·（O：上下に非共有電子対各1組，左右に不対電子各1個）

原子価　H 1　C 4　N 3　O 2

構造式は各原子の原子価を満たすように書く。

解答

(1) **(ウ)，(カ)**

(2) メタン分子中の炭素原子はK2，L8に似た電子配置をとる。　**Ne**

(3) (ア) H:H　**0組**

(ウ) :Ö::C::Ö:　**4組**

(エ) H:N̈:H（Nの下にH）　**1組**

(4) (イ) N≡N　(オ) H−C−H（Cの上下にH）

(カ) H−C≡N

基本例題6 分子の極性

➡問題 48

次の各分子を極性分子，無極性分子に分類せよ。(　　)は分子の形を表す。

(ア) H_2(直線形)　(イ) HCl(直線形)　(ウ) H_2O(折れ線形)　(エ) CO_2(直線形)

考え方

同種の原子間に形成される共有結合には極性がなく，異種の原子間に形成される共有結合には極性がある。結合の極性を共有電子対が引き寄せられる向きに矢印(ベクトル)で示すと，次のようになる。

(ア) H−H　(イ) $\overset{\delta+}{H}$−$\overset{\delta-}{Cl}$ （→）

(ウ) $\overset{\delta-}{O}$−$\overset{\delta+}{H}$ （←）　(エ) $\overset{\delta+}{C}$=$\overset{\delta-}{O}$ （→）

分子の極性は，分子の立体構造にもとづいて，この矢印を合成して判断する。

解答

各分子の形状と結合の極性は，次のようになる。

(ア) H_2　H−H (直線形)　(イ) HCl　H−Cl (直線形)

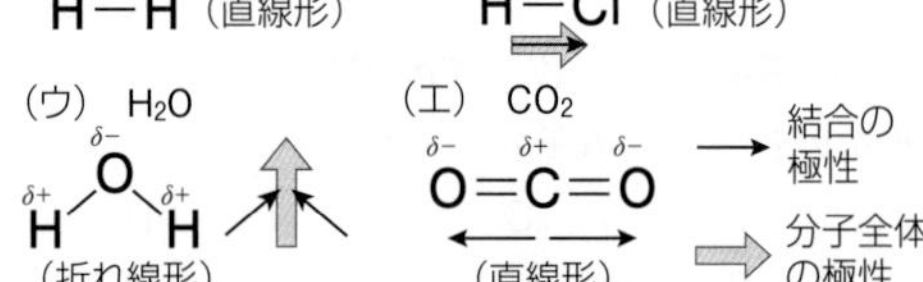

H_2は結合に極性がなく，無極性分子となる。HClは結合に極性があり，極性分子となる。H_2Oの場合，各分子における結合の極性は互いに打ち消し合わず，H_2Oは極性分子となる。CO_2では，結合の極性の大きさが同じで，その向きが逆なので，これらは互いに打ち消し合い，CO_2は無極性分子となる。

(ア) **無極性分子**　(イ) **極性分子**

(ウ) **極性分子**　(エ) **無極性分子**

例題解説動画

基本問題

知識
35. イオン結合 次の文中の(　　)にあてはまる語句を下の選択肢から選べ。

陽性の強い(　ア　)元素の原子は陽イオンになりやすく，陰性の強い(　イ　)元素の原子は陰イオンになりやすい。生じた陽イオンと陰イオンは，(　ウ　)力によって結びつく。このような結合を(　エ　)という。

(選択肢)　① 金属　② 非金属　③ ファンデルワールス
④ 静電気　⑤ 共有結合　⑥ イオン結合　⑦ 金属結合

知識
36. イオン結合 次の各原子の組み合わせで，イオン結合を形成するものをすべて選び，生じる陽イオンと陰イオンの化学式をそれぞれ示せ。

① Li と Na　② Na と O　③ O と S　④ Ca と Cl

知識
37. 組成式と名称 次の表の空欄に適当な名称や組成式を記せ。

陽イオン＼陰イオン	Cl^- 塩化物イオン	OH^- (　ア　)	SO_4^{2-} (　イ　)	PO_4^{3-} リン酸イオン
K^+ カリウムイオン	(例)　KCl 塩化カリウム	(　ウ　) (　エ　)	(　オ　) (　カ　)	(　キ　) (　ク　)
Fe^{2+} (　ケ　)	(　コ　) (　サ　)	$Fe(OH)_2$ (　シ　)	(　ス　) (　セ　)	(　ソ　) (　タ　)
Al^{3+} アルミニウムイオン	(　チ　) (　ツ　)	(　テ　) (　ト　)	(　ナ　) (　ニ　)	$AlPO_4$ リン酸アルミニウム

知識
38. イオン結晶の性質 イオン結晶の性質について，(ア)～(エ)に適する語句を選べ。

- 一般に，(　ア　かたく／やわらかく　)，強い力を加えると割れる。
- 融点が(　イ　高い／低い　)ものが多い。
- 固体の状態では電気を(　ウ　導く／導かない　)が，液体にしたり，水溶液にしたりすると，電気を(　エ　導くように／導かなくなる　)なる。

知識
39. 電解質と非電解質 次の(ア)～(オ)の物質を電解質，非電解質に分類せよ。

(ア)　塩化ナトリウム NaCl　(イ)　硝酸カリウム KNO_3
(ウ)　エタノール C_2H_5OH　(エ)　スクロース $C_{12}H_{22}O_{11}$　(オ)　塩化水素 HCl

知識
40. 原子の電子式 次の(ア)～(エ)の原子について，各問いに答えよ。

(ア)　リチウム原子 $_3Li$　(イ)　窒素原子 $_7N$
(ウ)　ネオン原子 $_{10}Ne$　(エ)　塩素原子 $_{17}Cl$

(1)　各原子の電子配置，電子式を例にならって記せ。
(2)　各原子の不対電子の数はいくらか。

例　炭素原子 $_6C$
電子配置
電子式　・C・

知識

41. 共有結合と分子●次の文中の(　　)に適当な語句を入れ，下の各問いに答えよ。

水素原子Hとフッ素原子Fが結合を形成するようすを，原子の電子配置や電子式を用いて表すと，図のようになる。

電子式において，HやF中の•印の電子は(　ア　)とよばれる。HとFはこの電子を共有し合って結びつく。このような結合を(　イ　)結合という。フッ化水素分子HF中のFの電子配置は，貴ガスの(　ウ　)の電子配置に似ている。

(1)　HF 1分子中に含まれる電子の総数はいくらか。

(2)　次の各分子中の下線部の原子は，どの貴ガス原子と電子配置が似ているか。

(a)　$\underline{Cl}_2$　　(b)　$H_2\underline{O}$　　(c)　$C\underline{H}_4$　　(d)　$\underline{N}H_3$

知識

42. 分子の電子式●次の(ア)～(オ)の各分子について，下の各問いに答えよ。

(ア)　F_2　　(イ)　H_2S　　(ウ)　CO_2　　(エ)　CH_4　　(オ)　C_2H_4

(1)　各分子を電子式で示せ。

(2)　1分子中に含まれる共有電子対および非共有電子対の数をそれぞれ求めよ。ただし，非共有電子対がない場合は，0と記せ。

思考

43. 分子●次の(ア)～(オ)の分子について，下の各問いに答えよ。

(ア)　塩素 Cl_2　　(イ)　シアン化水素 HCN　　(ウ)　二硫化炭素 CS_2

(エ)　エチレン C_2H_4　　(オ)　エタン C_2H_6

(1)　各分子の構造式を記せ。

(2)　単結合を最も多く含む分子を選び，(ア)～(オ)の記号で記せ。

(3)　二重結合を含む分子を2つ選び，それぞれ(ア)～(オ)の記号で記せ。

(4)　三重結合を含む分子を1つ選び，(ア)～(オ)の記号で記せ。

思考

44. 分子の形状と電子対の反発●次の文中の(　　)に適当な語句や数値を記し，下の(問)に答えよ。

分子は，それぞれ固有の形状をしている。分子の形状は，含まれる共有電子対，非共有電子対の反発によって説明されることがある。

たとえば，メタン分子 CH_4 には，共有電子対が(　ア　)組含まれる。これらは互いに反発するが，(　イ　)形の頂点方向に位置するとき，最も反発が小さくなる。したがって，メタン分子は(イ)形となる。

同様に，アンモニア分子 NH_3 には，(　ウ　)組の共有電子対と(　エ　)組の非共有電子対があり，これらが互いに反発して(イ)形をとろうとする。したがって，アンモニア分子の窒素原子と水素原子の配置は，(　オ　)形となる。

(問)　同様に考えると，水分子 H_2O はどのような形になると予想されるか。

思考

45. 分子の形状 次の(ア)～(カ)の分子の形状を下の①～⑤から選び，番号で示せ。

(ア) 塩化水素 HCl　(イ) 二酸化炭素 CO_2　(ウ) メタン CH_4

(エ) 水 H_2O　(オ) アンモニア NH_3　(カ) 窒素 N_2

① 直線形　② 折れ線形(V字形)　③ 三角錐形

④ 正四面体形　⑤ 正八面体形

知識

46. 配位結合 次の文中の(　)に適当な語句を記せ。

アンモニウムイオン NH_4^+ は，アンモニア分子 NH_3 と水素イオン H^+ が結合して生じたイオンである。これは，NH_3 中の窒素原子Nの(ア)電子対が H^+ に供与され，結合を形成したものである。このような結合を(イ)結合という。(イ)結合で生じた結合は，他のN−H間の(ウ)結合と同等で，区別ができない。(イ)結合は，オキソニウムイオン H_3O^+ の形成や $[Cu(NH_3)_4]^{2+}$ のような錯イオンの形成時にもみられる。

知識

47. 電気陰性度と結合の極性 次の文中の(　)に適当な語句を入れ，各問いに答えよ。

原子が(ア)電子対を引き寄せる強さの尺度を電気陰性度という。電気陰性度は，一般に，周期表の同一周期では18族を除き，原子番号の大きい原子ほど(イ)くなり，同族元素の原子では，原子番号が大きいほど，(ウ)くなる。

電気陰性度の異なる2原子間の共有結合では，電気陰性度の(エ)原子の方に電子対が引き寄せられるため，その原子はわずかに(オ)の電荷をもち，他方の原子はわずかに(カ)の電荷をもつ。このように，結合した2原子間に電荷のかたよりがあることを，結合に(キ)があるという。

(1) 次の①～④に示す2つの原子のうち，電気陰性度の大きい原子はどちらか。

① LiとO　② AlとCl　③ FとCl　④ SとF

(2) 次の①～④に示す結合のうち，結合の極性が最も大きいものはどれか。ただし，各原子の電気陰性度は，O=3.4，H=2.2，N=3.0，F=4.0である。

① O−H　② N−H　③ F−H　④ F−F

思考

48. 分子の極性 次の文中の(　)に適当な語句を入れ，下の(問)に答えよ。

分子が極性分子になるか，無極性分子になるかは，結合の極性と分子の形によって決まる。たとえば，メタン分子 CH_4 の形は(ア)形であり，4つのC−H結合のそれぞれに極性があるが，互いに打ち消し合うため，CH_4 は(イ)分子である。

(問) 次の①～⑥の分子を極性分子，無極性分子に分類せよ。ただし，(　)内は分子の形状を示している。

① フッ素 F_2 (直線形)　② フッ化水素 HF (直線形)

③ 二酸化炭素 CO_2 (直線形)　④ 硫化水素 H_2S (折れ線形)

⑤ アンモニア NH_3 (三角錐形)　⑥ 塩化メチル CH_3Cl (四面体形)

知識

49. 物質の溶解性●次の組み合わせのうち，互いに溶け合うものを3つ選べ。

(ア) ヨウ素とヘキサン　(イ) 塩化ナトリウムとヘキサン　(ウ) ヨウ素と水
(エ) スクロースと水　(オ) 塩化水素と水　(カ) 水とヘキサン

知識

50. 分子結晶の性質●分子結晶に関する次の記述のうち，正しいものを1つ選べ。

① 分子結晶では，多数の分子が共有結合で結びつき，規則正しく配列している。
② 分子結晶は，やわらかく，融点は極めて高いものが多い。
③ 分子結晶には，電気をよく導くものが多い。
④ 分子結晶には，ドライアイスなどのように，昇華しやすいものがある。

知識 化学

51. 分子間力●次の文中の(　　)に適当な語句を記入せよ。

分子間力には，すべての分子間に働く(　ア　)力，極性分子間に働く弱い静電気的な引力，電気陰性度の大きいフッ素原子，酸素原子，窒素原子などの原子間に(　イ　)原子が介在し，静電気的な引力によって生じる(　ウ　)結合などがある。

知識

52. 共有結合の結晶●次の文中の(　　)に適当な語句を入れよ。

共有結合の結晶は，すべての原子が(　ア　)結合で結びつき，規則正しく配列した固体である。共有結合の結晶は，(　イ　)式で表され，炭素原子やケイ素原子が正四面体状に結合した形の(　ウ　)やケイ素，炭化ケイ素などがある。共有結合の結晶は，かたく，電気を導きにくい。また，融点は極めて(　エ　)い。

知識

53. 金属●金属に関する次の記述のうち，正しいものを2つ選べ。

① 金属結晶中には，自由に動きまわることができる自由電子が存在する。
② 金属の単体は，常温ですべて固体の状態にある。
③ 典型元素からなる金属の融点は，一般に，遷移元素からなる金属よりも高い。
④ 金属結晶が強い力を受けてもくだけにくいのは，金属結合が保たれるためである。
⑤ 金属は，電気伝導性はよいが，熱伝導性はよくない。

思考

54. 結晶の比較●結晶は，(ア) イオン結晶，(イ) 分子結晶，(ウ) 共有結合の結晶，(エ) 金属結晶に分類される。(ア)～(エ)の結晶の性質を1つずつ，結晶の例を2つずつ下の選択肢から選び，番号および記号で答えよ。

(性質)　① 引き延ばして細い線にできる。　② 非常にかたく，融点が極めて高い。
　　　　③ やわらかく，融点の低いものが多い。　④ かたいが，割れやすい。

(例)　(a) 硝酸カリウム　(b) 銀　(c) ドライアイス　(d) ダイヤモンド
　　　(e) ナフタレン　(f) ケイ素　(g) ナトリウム　(h) 炭酸カルシウム

発展例題3 原子の結合と結合の種類

➡問題 55

下の(a)～(d)は，原子の電子配置を示している。これらの原子について，次の(1)～(5)の結合を考えるとき，生じる結合はそれぞれ何結合か。また，それぞれで生じる物質の化学式を記せ。

(1) 多数の(a)原子どうし
(2) (b)原子1個と(c)原子2個
(3) 多数の(b)原子どうし
(4) (b)原子1個と(d)原子4個
(5) 多数の(a)原子と多数の(d)原子

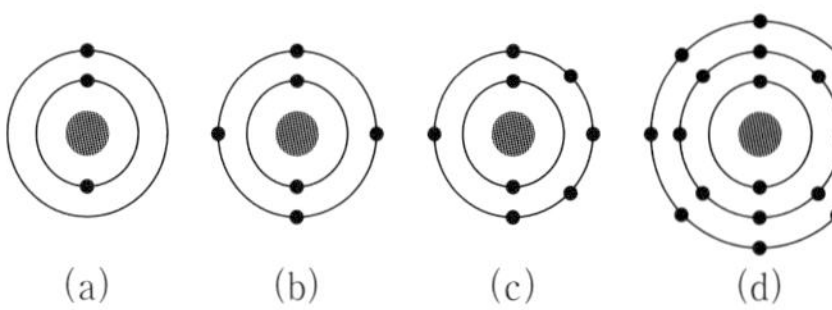

考え方

電子配置から，(a)はリチウム原子 ${}_{3}Li$，(b)は炭素原子 ${}_{6}C$，(c)は酸素原子 ${}_{8}O$，(d)は塩素原子 ${}_{17}Cl$ である。(a)は金属元素の原子，(b)，(c)，(d)は非金属元素の原子である。

一般に，非金属元素の原子どうしは共有結合，金属元素の原子どうしは金属結合，非金属元素の原子と金属元素の原子はイオン結合を形成する。

分子をつくる(2)と(4)は分子式，それ以外は組成式で表す。

(2) :Ö::C::Ö:

O=C=O

(4) 電子式 :C̈l:C:C̈l: （C のまわりに Cl 4個）　構造式 Cl−C−Cl（上下に Cl）

解答

	(結合)	(化学式)
(1)	金属結合	Li
(2)	共有結合	CO_2
(3)	共有結合	C
(4)	共有結合	CCl_4
(5)	イオン結合	$LiCl$

発展例題4 沸点の高低 化学

➡問題 59

次の(1)～(3)の物質の組み合わせについて，それぞれ沸点が最も高いと考えられる物質はどれか。化学式を示し，その理由を簡潔に記せ。

(1) F_2，Cl_2，Br_2　(2) HF，HCl，HBr　(3) Cl_2，HCl，$NaCl$

考え方

沸点の高低は，一般に，粒子間の結合力や引力の強弱に関係する。

一般に，共有結合＞イオン結合＞金属結合≫水素結合＞極性分子間に働く引力＞ファンデルワールス力の順である。

解答

(1) いずれも無極性分子からなる物質であり，臭素分子 Br_2 の質量が最も大きい。構造のよく似た分子では，分子の質量(分子量)が大きいほどファンデルワールス力が強く働く。

Br_2，分子の質量が大きく，ファンデルワールス力が強く働くため。

(2) いずれも極性分子からなる物質であるが，HF は分子間に水素結合を形成する。**HF，水素結合を形成するため。**

(3) Cl_2 と HCl は分子であり，分子間力で結合しているが，NaCl は結合力の強いイオン結合で結合している。

NaCl，イオン結合を形成するため。

例題
解説動画

発展問題

思考

55. 原子の電子配置と化学結合 5種の原子の電子配置を図に示す。次の各問いに答えよ。

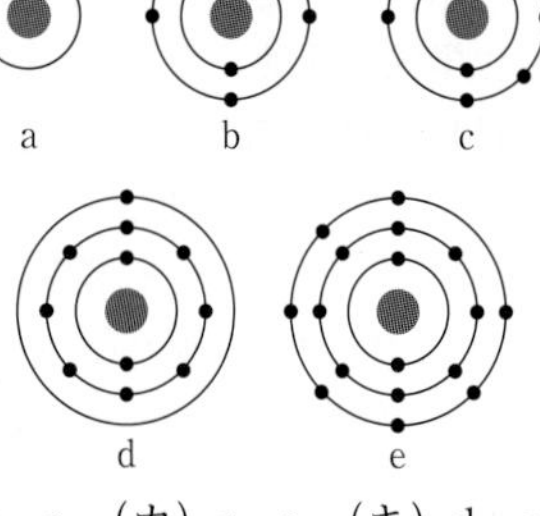

(1) 組成比が1：1のイオン結合をつくる原子の組み合わせを，下から1つ選べ。

(2) 組成比が1：4の共有結合をつくる原子の組み合わせを，下から2つ選べ。

(3) 組成比が1：2で，二重結合を2つもつ分子をつくる原子の組み合わせを，下から1つ選べ。

(ア) a，b (イ) a，c (ウ) a，e (エ) b，c (オ) b，e (カ) c，e (キ) d，e

(10 大妻女子大 改)

思考

56. イオンと分子 ①～④はイオンまたは分子を表しており，Hは水素，a，b，d，eは水素以外の原子を表す。①は正四面体構造をもつ1価の陽イオンで，aH_3 と H^+ との反応で生成する。aは最外殻のL殻に5個の電子をもつ。bの2価の陰イオン b^{2-} は，アルゴンと同じ電子配置をとる。dの単体には，ダイヤモンドがある。④は平面構造をしており，eはbと同族であり，元素の周期表で1つ上の周期の原子である。

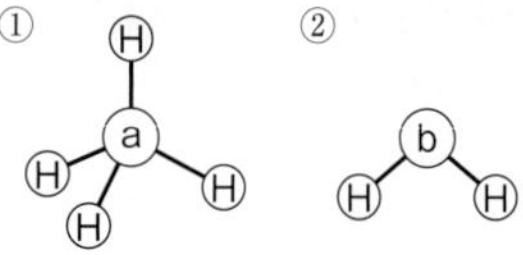

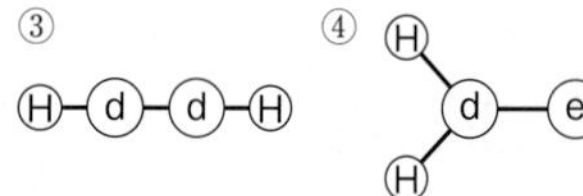

原子間を結ぶ線は，結合の種類を表すものではない。

(1) a，b，d，eの元素名を記せ。

(2) 二重結合および三重結合をもつものはどれか。それぞれ番号で示せ。

(3) 下線部のように，非共有電子対を与えて形成される結合を何というか。

(09 群馬大 改)

思考

57. 化学結合 次の文中の空欄に当てはまる語句を記入し，下の各問いに答えよ。

水分子中では，水素原子と酸素原子がそれぞれ不対電子を出し合って(ア)電子対をつくり，(ア)結合している。(a)水分子中の酸素原子は(イ)電子対をもち，これを水素イオンに供与して(ア)結合を形成し，オキソニウムイオンとなる。このようにしてできる結合を，特に(ウ)結合という。一般に，異なる原子間で(ア)結合が形成されると，電子対は一方の原子の方により引きつけられる。この電子対を引きつける強さを示す尺度を原子の(エ)といい，結合している原子間に電荷の偏りがあることを結合に極性があるという。(b)分子中の結合に極性があっても，分子全体では極性が打ち消し合って，極性をもたない分子もある。

(1) 下線部(a)について，オキソニウムイオンの電子式を記せ。

(2) 下線部(b)に対応する分子の例を2つ選べ。また，それぞれの構造式を記せ。

① 塩化水素　② メタン　③ アンモニア
④ 二酸化炭素　⑤ メタノール　⑥ ジクロロメタン

(16 群馬大)

思考
58. **分子の構造と極性** 次の文中の(ア)～(オ)に当てはまる最も適切な語句を，下の解答群の中から1つずつ選べ。

水素原子Hと酸素原子Oの間に(　ア　)の差があるため，水分子中の共有電子対はOの方にいくらか引き寄せられて電荷のかたよりを生じる。水分子は形状が(　イ　)形の構造であり，2つのO−H結合の極性の向きは打ち消し合うことなく，分子全体として極性を示す。一方，炭素原子Cを含む三原子分子である二酸化炭素はC=O結合に電荷のかたよりはあるが，(　ウ　)形の構造であるために分子全体として極性をもたない。四原子分子のアンモニアは(　エ　)形の構造であるために極性分子になるが，硫黄原子Sを含む気体の三酸化硫黄 SO_3 は(　オ　)形の構造であるため，無極性分子になる。

(ア)の解答群　① 原子半径　② 原子量　③ 原子番号　④ 電気陰性度
(イ)～(オ)の解答群　① 直線　② 平面正三角　③ 平面正四角　④ 正四面体　⑤ 三角錐　⑥ 折れ線

(20　東京理科大　改)

思考 化学 論述 グラフ
59. **分子間力** 次の文中の空欄に適切な語句を入れ，下の各問いに答えよ。

分子からできている物質では，状態変化をおこす温度は分子間力に大きく依存している。分子間力のうち，すべての分子に働く弱い引力を(　A　)とよぶ。14～17族の水素化合物の分子量(分子の質量の相対値)と沸点の関係を図に示す。14族の水素化合物のように，構造のよく似ている分子では，(A)と沸点の間に一定の傾向がある。

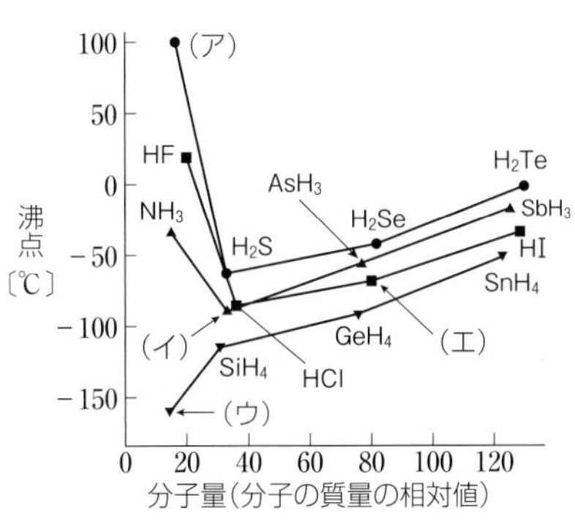

(1) 図中の(ア)～(エ)の化合物は何か。それぞれ化学式で記せ。
(2) 下線部について，一定の傾向とはどのようなものか。30字程度で記せ。
(3) SiH_4 と HCl の分子量はほぼ同じであるが，沸点は HCl の方が高い。その理由を，極性分子，無極性分子などの用語を用いて簡潔に記せ。
(4) HF，NH_3 の沸点が同族の水素化合物に比べて異常に高い理由を20字程度で記せ。

(広島工業大　改)

思考
60. **結晶と化学結合** 次の(ア)～(カ)の結晶について，下の各問いに答えよ。

(ア) 二酸化炭素　(イ) 塩化アンモニウム　(ウ) ヨウ化カリウム
(エ) ダイヤモンド　(オ) アルミニウム　(カ) 二酸化ケイ素

(1) (ア)～(カ)の結晶は，次の(a)～(d)のどれにあてはまるか。
(a) 分子結晶　(b) イオン結晶　(c) 金属結晶　(d) 共有結合の結晶

(2) (ア)～(カ)の結晶中に働いている力や結合の種類を，次の(a)～(e)からすべて選べ。
(a) イオン結合　(b) 分子間力　(c) 共有結合
(d) 金属結合　(e) 配位結合

(21　関西医療大　改)

特集 化学結合と結晶 化学

発展例題5 イオン結晶と組成式 ➡問題 63

図に，陽イオンAと陰イオンBからできたイオン結晶の単位格子(a)と(b)を示す。次の各問いに答えよ。

(1) 単位格子(a)と(b)に含まれる陽イオンAと陰イオンBの個数は，それぞれいくらか。

(2) 単位格子(a)，(b)をもつイオン結晶の組成式を，それぞれ求めよ。

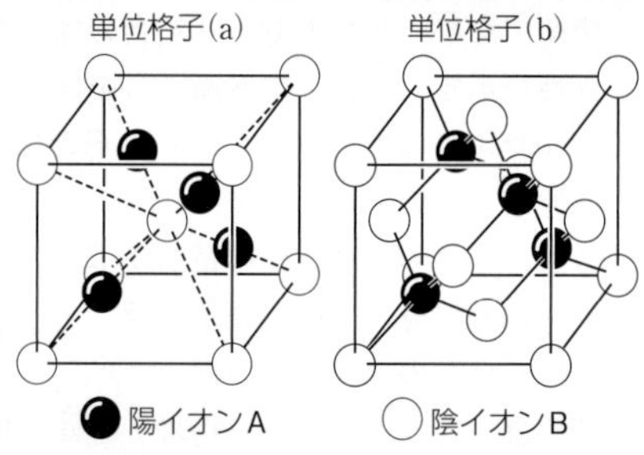

考え方

(1) 各頂点に位置するイオンは1/8個，面の中心に位置するイオンは1/2個，格子内のイオンは1個ずつ，単位格子に含まれる。

(2) 単位格子に含まれる各イオンの数の比と，組成式で表される各イオンの数の比は等しい。

解答

(1) (a)では，Aは4個，Bは $\frac{1}{8}$ 個×8+1=2個，(b)では，Aは4個，Bは $\frac{1}{8}$ 個×8+$\frac{1}{2}$ 個×6=4個含まれる。

(a) **A：4個　B：2個**　(b) **A：4個　B：4個**

(2) (a)はA：B=4：2=2：1であり，組成式は A_2B，(b)はA：B=4：4=1：1であり，組成式はABとなる。

(a) **A_2B**　(b) **AB**

知識

61. 金属の結晶格子 金属結晶には，図の(a)～(c)のような結晶格子がある。次の各問いに答えよ。

(1) (a)，(b)，(c)の名称を記せ。

(2) (a)，(b)，(c)における原子の配位数はいくらか。

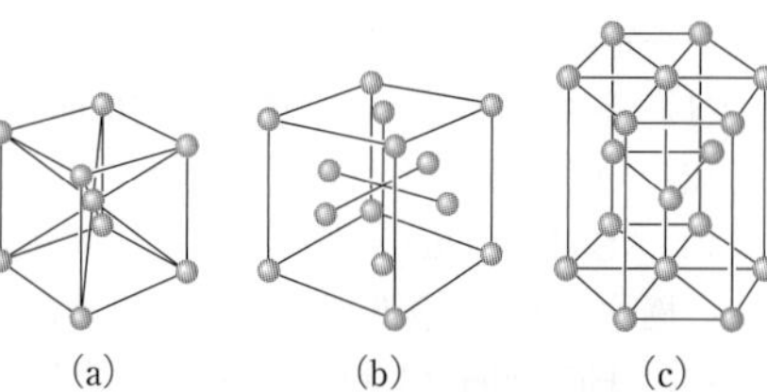

思考

62. 金属の単位格子 図の(a)，(b)で表される金属結晶の単位格子について，次の各問いに答えよ。

(1) (a)，(b)に含まれる原子の数を求めよ。

(2) (a)，(b)の単位格子の一辺の長さを l としたときの原子半径 r を，l を用いて表せ。ただし，$\sqrt{\ }$ はそのまま用いてよい。

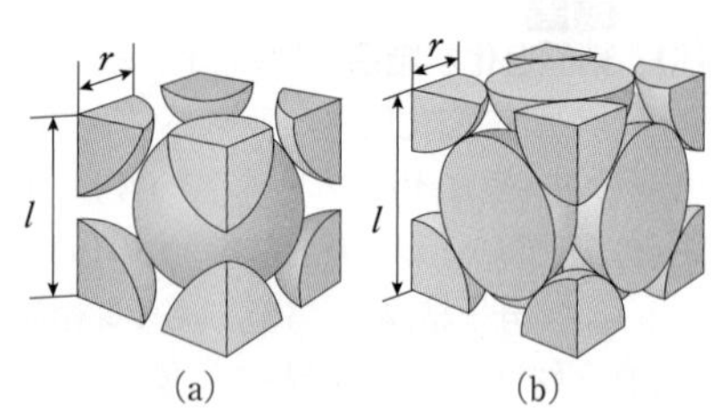

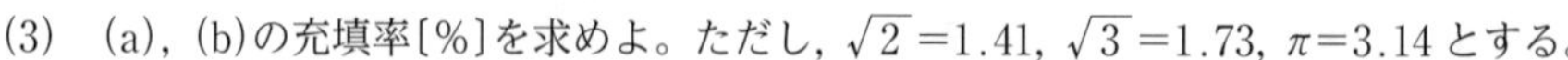

(3) (a)，(b)の充填率[%]を求めよ。ただし，$\sqrt{2}=1.41$，$\sqrt{3}=1.73$，$\pi=3.14$ とする。

例題解説動画

思考

63. **イオン結晶と組成式** 次の(ア)～(オ)は，Aイオン●とBイオン○からなるイオン結晶の単位格子である。これらの単位格子のうち，AB_2 の組成式で表されるものを選び，記号で記せ。

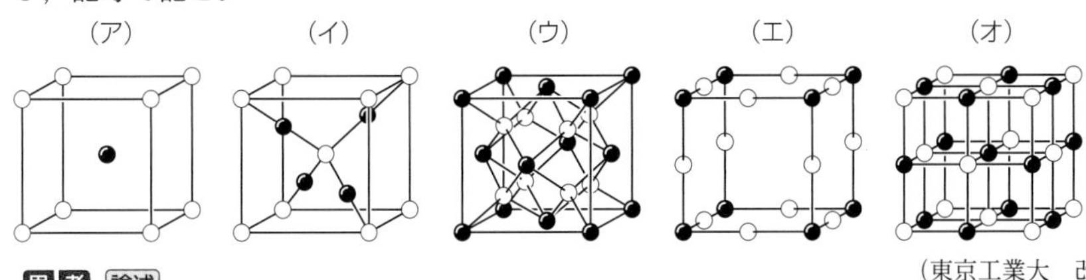

（東京工業大　改）

思考 論述

64. **イオン結晶** 図のように，ナトリウム Na の塩化物は塩化ナトリウム型，セシウム Cs の塩化物は塩化セシウム型の結晶構造をとる。次の各問いに答えよ。

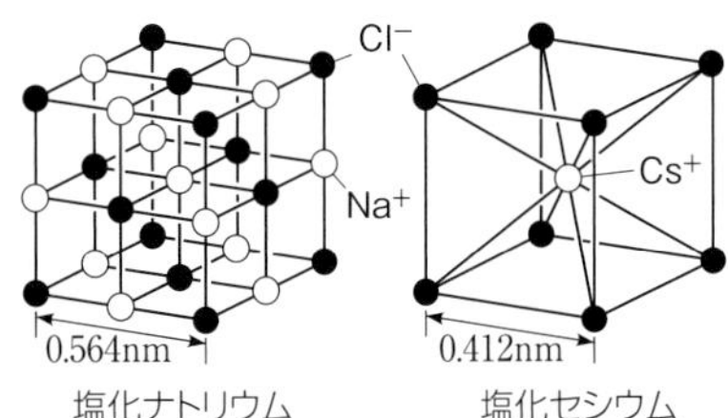

(1)　塩化ナトリウムの結晶における，Na^+，Cl^- の配位数をそれぞれ記せ。

(2)　NaCl の単位格子に含まれる Na^+，Cl^- の数をそれぞれ求めよ。

(3)　Na^+, Cs^+ のイオン半径をそれぞれ求めよ。ただし, Cl^- のイオン半径は 0.167 nm, $\sqrt{3}=1.73$ とする。

(4)　フッ化ナトリウム NaF とフッ化セシウム CsF の融点は，それぞれ993℃，684℃である。CsF の融点が NaF の融点よりも低くなる理由を60字程度で記せ。ただし，NaF，CsF はともに塩化ナトリウム型の結晶構造をとる。　（10　東北大　改）

思考

65. **ダイヤモンドの結晶** ダイヤモンドの単位格子は，一辺の長さが $a=3.6\times10^{-8}$ cm の立方体である。単位格子中の原子は，図のように，単位格子の頂点に炭素原子○，各面の中央に炭素原子◎が並び，さらにその立方体を8等分してできた小立方体の1つおきに中心炭素原子●がある。この小立方体に着目すると，炭素原子●を中心に4個の炭素原子が正四面体の頂点方向に共有結合した構造をもつ。

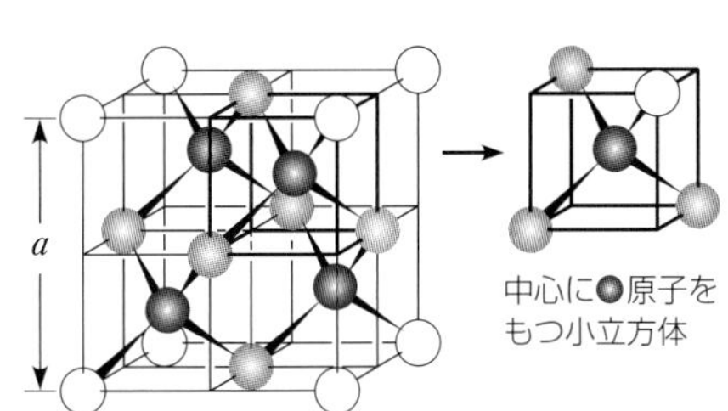

(1)　図の単位格子には，炭素原子が何個含まれるか。

(2)　0.50 cm^3 のダイヤモンドに含まれる炭素原子は何個か。$3.6^3=47$ として有効数字2桁で答えよ。

(3)　最も近い炭素原子間の距離(中心間距離)を，単位格子の一辺の長さ a を用いて表せ。必要であれば，$\sqrt{\ }$ を用いてよい。　（22　防衛医科大）

第Ⅰ章 共通テスト対策問題

1 **純物質と混合物**◆純物質・混合物に関する記述として**誤りを含むもの**を，次の①～⑤のうちから1つ選べ。

① ドライアイスは純物質である。
② 塩化ナトリウムは純物質である。
③ 塩酸は混合物である。
④ 純物質を構成する元素の組成は，常に一定である。
⑤ 互いに同素体である酸素とオゾンからなる気体は，純物質である。

（11 センター試験 追試）

2 **混合物の分離と状態変化**◆次の記述a～cに関連する現象または操作の組み合わせとして最も適当なものを，①～⑧のうちから1つ選べ。

a ナフタレンからできている防虫剤を洋服ダンスの中に入れておくと徐々に小さくなる。
b ティーバッグに湯を注いで，紅茶を入れる。
c ぶどう酒から，アルコール濃度のより高いブランデーがつくられている。（18 試行テスト）

	a	b	c
①	蒸発	抽出	蒸留
②	蒸発	蒸留	ろ過
③	蒸発	蒸留	抽出
④	蒸発	中和	蒸留
⑤	昇華	抽出	ろ過
⑥	昇華	蒸留	抽出
⑦	昇華	抽出	蒸留
⑧	昇華	中和	ろ過

3 **蒸留**◆図に示す器具**ア**～**オ**と穴のあいたゴム栓をすべて組み合わせて，塩化ナトリウム水溶液の蒸留を行うための装置を組み立てた。この装置の組み立て方，および，蒸留の操作に関する記述として下線部に**誤りを含むもの**を，下の①～⑤のうちから1つ選べ。ただし，スタンドや冷却水用のゴム管，ガスバーナーなどは省略してある。

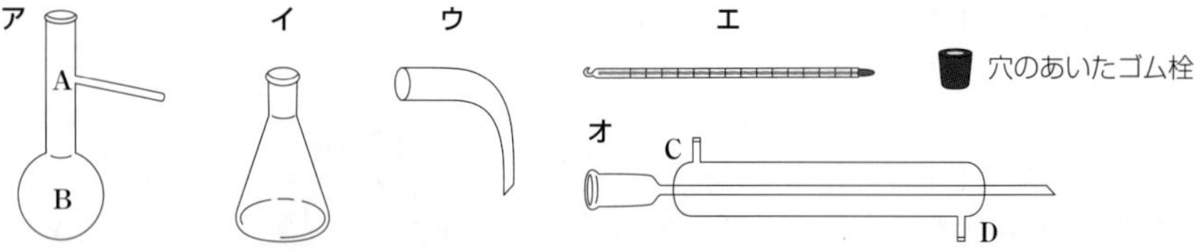

① **ア**～**オ**の5つの器具を正しく接続して組み立てたとき，穴のあいたゴム栓は最低でも4個必要である。
② 器具**ア**に入れる塩化ナトリウム水溶液の量はフラスコの半分以下にし，フラスコに沸騰石を入れる。
③ 器具**ア**と器具**エ**を接続するとき，器具**エ**の先端部は，図中の器具**ア**のAとBのうち，Aの位置に合わせるように調整する。
④ 器具**オ**に冷却水を流す方向は，図のDからCの方向にする。
⑤ 塩化ナトリウム水溶液の代わりに，硝酸カリウム水溶液を用いて蒸留を行っても，得られる液体は同じ物質になる。

4 **最外殻電子の数**◆電子が入っている最も外側の電子殻の電子数が**同じでない**原子やイオンの組み合わせを，次の①～⑥のうちから１つ選べ。

① H と Li　　② He と Ne　　③ O と S
④ Ar と K^+　　⑤ F^- と Na^+　　⑥ S^{2-} と Cl^-　　(13 センター試験 追試)

5 **イオン**◆イオンに関する記述として**誤りを含むもの**を，次の①～⑤のうちから１つ選べ。

① イオン化エネルギー(第１イオン化エネルギー)は，原子から電子を１個取り去って陽イオンにするのに必要な最小のエネルギーである。
② イオン結晶に含まれる陽イオンの数と陰イオンの数は，必ず等しい。
③ 塩素原子は，電子を受け取って１価の陰イオンになりやすい。
④ ナトリウムイオンは，ネオン原子と同じ電子配置をもつ。
⑤ イオン結合は，陽イオンと陰イオンの静電気的な引力による結合である。

(09 センター試験)

6 **イオン・分子の構造**◆次の記述(a・b)にあてはまる分子またはイオンとして最も適当なものを，下の①～⑥のうちから１つずつ選べ。ただし，同じものを選んでもよい。

a　非共有電子対が存在しない
b　共有電子対が２組だけ存在する

① H_2O　　② OH^-　　③ NH_3
④ NH_4^+　　⑤ HCl　　⑥ Cl_2　　(16 センター試験)

7 **原子の性質**◆図の**ア**～**オ**は，原子の電子配置の模式図である(◯は原子核，●は電子)。**ア**～**オ**の原子に関する記述として**誤りを含むもの**を，下の①～⑤のうちから１つ選べ。

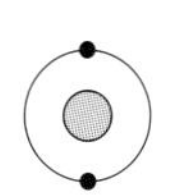
ア

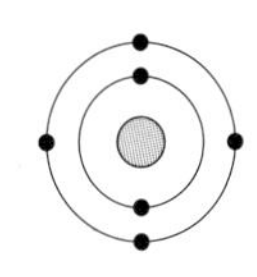
イ

ウ

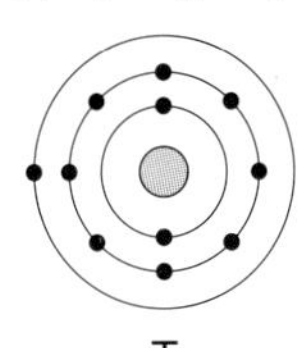
エ

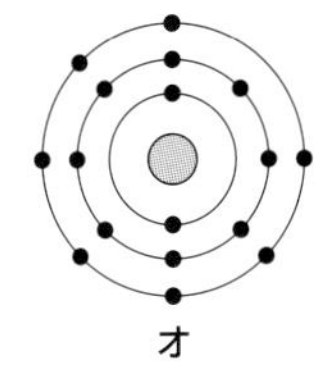
オ

① **ア**の電子配置をもつ原子は，他の原子と結合をつくりにくい。
② **イ**の電子配置をもつ原子は，他の原子と結合をつくる際，単結合だけでなく二重結合や三重結合もつくることができる。
③ **ウ**の電子配置をもつ原子は，常温・常圧で気体として存在する。
④ **エ**の電子配置をもつ原子は，**オ**の電子配置をもつ原子と比べてイオン化エネルギーが大きい。
⑤ **オ**の電子配置をもつ原子は，水素原子と共有結合をつくることができる。

(21 共通テスト)

8 **化学結合**◆化学結合に関する記述として**誤りを含むもの**を，次の①～⑤のうちから1つ選べ。

① 無極性分子を構成する化学結合の中には，極性が存在するものもある。

② 塩化ナトリウムの結晶では，ナトリウムイオン Na^{+} と塩化物イオン Cl^{-} が静電気的な力で結合している。

③ 金属が展性・延性を示すのは，原子どうしが自由電子によって結合しているからである。

④ 2つの原子が電子を出し合って生じる結合は，共有結合である。

⑤ オキソニウムイオン H_3O^{+} の3つのO－H結合のうち，1つは配位結合であり，他の2つの結合とは性質が異なる。

(16 センター試験)

9 **結晶の性質**◆身のまわりにある固体に関する記述として**誤りを含むもの**を，次の①～⑤のうちから1つ選べ。

① 食塩(塩化ナトリウム)はイオン結合の結晶であり，融点が高い。

② 金は金属結合の結晶であり，たたいて金箔にできる。

③ ケイ素の単体は金属結合の結晶であり，半導体の材料として用いられる。

④ 銅は自由電子をもち，電気や熱をよく伝える。

⑤ ナフタレンは分子どうしを結びつける力が弱く，昇華性がある。

(13 センター試験 追試)

10 **結晶の性質**◆結晶の電気伝導性に関する次の文章中の［ア］～［ウ］に当てはまる語句の組み合わせとして最も適当なものを，下の①～⑥のうちから1つ選べ。

結晶の電気伝導性には，結晶内で自由に動くことのできる電子が重要な役割を果たす。たとえば，［ア］結晶は自由電子をもち電気をよく通すが，ナフタレンの結晶のような［イ］結晶は，一般に自由電子をもたず電気を通さない。また［ウ］結晶は電気を通さないものが多いが，［ウ］結晶の1つである黒鉛は，炭素原子がつくる網目状の平面構造の中を自由に動く電子があるために電気をよく通す。

	ア	イ	ウ
①	共有結合の	金属	分子
②	共有結合の	分子	金属
③	分子	金属	共有結合の
④	分子	共有結合の	金属
⑤	金属	分子	共有結合の
⑥	金属	共有結合の	分子

(21 共通テスト)

11 飲料水とその性質◆ヒトのからだは，成人で体重の約60％を水が占めており，体重50kgの人なら約30Lの水が体内に存在する。こうした水によって，生命活動に必要な電解質の濃度が維持されている。また，点滴などに用いられている生理食塩水は，塩化ナトリウムを水に溶かしたもので，ヒトの体液と塩分濃度がほぼ等しい水溶液であり，10 mLの生理食塩水にはナトリウムイオンが35mg含まれている。一方，ヒトは1日あたり約2Lの水を体外に排出するので，それを食物や(a)<u>飲料</u>などで補給している。

問1　生理食塩水に関する記述として**誤りを含むもの**を，次の①～④のうちから1つ選べ。

① 純粋な水と同じ温度で凍る。

② 硝酸銀水溶液を加えると，白色の沈殿を生じる。

③ ナトリウムイオンと塩化物イオンの数は等しい。

④ 黄色の炎色反応を示す。

問2　下線部(a)に関連して，図1のラベルが貼ってある3種類の飲料水X～Zのいずれかが，コップⅠ～Ⅲにそれぞれ入っている。どのコップにどの飲料水が入っているかを見分けるために，BTB（ブロモチモールブルー）溶液と図2の装置を用いて実験を行った。その結果を表1に示す。

飲料水X

名称：ボトルドウォーター 原材料名：水（鉱水）	
栄養成分（100mLあたり）	
エネルギー	0 kcal
たんぱく質・脂質・炭水化物	0 g
ナトリウム	0.8mg
カルシウム	1.3mg
マグネシウム	0.64mg
カリウム	0.16mg
pH値 8.8～9.4　硬度 59mg/L	

飲料水Y

名称：ミネラルウォーター 原材料名：水（鉱水）	
栄養成分（100mLあたり）	
エネルギー	0 kcal
たんぱく質・脂質・炭水化物	0 g
ナトリウム	0.4～1.0 mg
カルシウム	0.6～1.5 mg
マグネシウム	0.1～0.3 mg
カリウム	0.1～0.5 mg
pH値 約7　硬度 約30mg/L	

飲料水Z

名称：ミネラルウォーター 原材料名：水（鉱水）	
栄養成分（100mLあたり）	
たんぱく質・脂質・炭水化物	0 g
ナトリウム	1.42 mg
カルシウム	54.9 mg
マグネシウム	11.9 mg
カリウム	0.41 mg
pH値 7.2　硬度 約1849mg/L	

図1

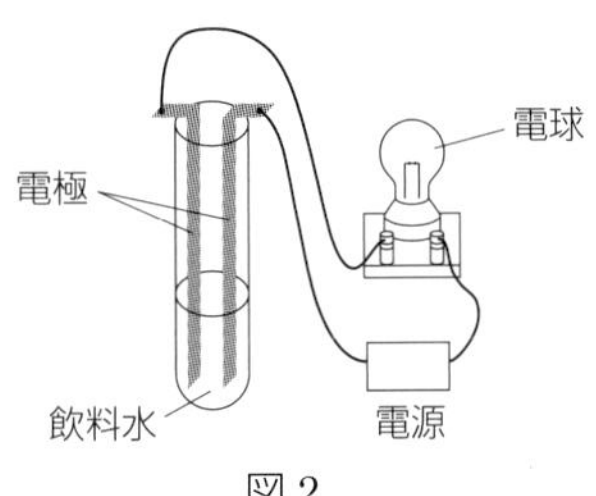

図2

表1　実験操作とその結果

	BTB溶液を加えて色を調べた結果	図2の装置を用いて電球がつくか調べた結果
コップⅠ	緑	ついた
コップⅡ	緑	つかなかった
コップⅢ	青	つかなかった

コップⅠ～Ⅲに入っている飲料水として最も適当なものを，次の①～③のうちからそれぞれ選べ。ただし，飲料水X～Zに含まれる陽イオンはラベルに示されている元素のイオンだけとし，水素イオンや水酸化物イオンの量は無視できるものとする。

① X　　② Y　　③ Z

（18 試行テスト 改）

総合問題

実験 論述

66. 混合物の分離・精製 次の文中の(　　)に適する語句を記入し，下の各問いに答えよ。

一般に，温度や圧力を変えると，同じ物質でもまったく異なった状態になる。これを物質の三態といい，(　ア　)，(　イ　)，気体の間で状態変化する。(ア)から(イ)への変化を融解，その逆を(　ウ　)，(イ)から気体への変化を蒸発，その逆を(　エ　)という。また，(ア)から直接気体になる変化を(　オ　)という。

砂粒が混入した物質Aがある。物質Aは，①17族元素の単体であり，室温では(オ)性のある固体である。②丸底フラスコ，ビーカー，砂皿，三脚，ガスバーナー，冷水を準備し，砂粒から物質Aの分離・精製を行った。分離・精製された物質Aを③ある水溶液に溶解して(　カ　)水溶液を加えると，青紫色になった。

(1)　下線部①は何と総称されるか。また，それらの原子の価電子の数を答えよ。

(2)　下線部②の実験装置を図示し，物質Aが分離・精製されるようすを説明せよ。

(3)　物質Aは水には溶けにくいが，下線部③のように特定の水溶液には溶ける。下線部③に用いることができる水溶液は何か。

(4)　物質Aは何か。化学式で答えよ。　(10　弘前大)

67. 元素の周期表 次の図は元素の周期表の第4周期までを示したものである。ア～ウは領域，①～⑤は元素を示している。次の各問いに答えよ。

周期＼族	1	2	3	4	5	6	7	8	9	10	11	12	13	14	15	16	17	18
1	H																	
2	ア												①	イ		O	ウ	
3																S		
4		②	Sc	Ti	V	Cr	Mn	③	Co	Ni	④	⑤	Ga	Ge	As	Se		

(1)　領域アの元素のうち，炎色反応を示さないものの元素記号をすべて答えよ。

(2)　領域イの元素のうち，M殻に5個の価電子をもつ原子を元素記号で答えよ。また，この元素の同素体のうち，ろう状の固体で，空気中で自然発火するものの名称を記せ。

(3)　領域ア～ウの元素のうち，電気陰性度が最も大きい原子が含まれる領域をア～ウから選べ。また，その原子の元素記号を答えよ。

(4)　領域ウの元素のうち，イオン化エネルギー(第1イオン化エネルギー)が最も大きい原子の元素記号を答えよ。

(5)　常温・常圧で単体が液体である元素を含む領域をア～ウから選べ。

(6)　①～⑤の元素の元素記号を Ag，B，Br，Ca，Cu，F，Fe，K，Pb，Zn から選べ。

(20　昭和薬科大　改)

ヒント　66 (2) 砂粒と物質Aの混合物を加熱し，冷水を入れた丸底フラスコで冷却する。
67 (1) 2族元素には炎色反応を示さないものもある。

68. 原子の電子配置と化学結合 図は，4種類の元素a～dについて，原子の電子配置を模式的に示したものである。ここで，●は原子核，○は電子，点線の円は，電子が入る電子殻を表している。次の各問いに答えよ。

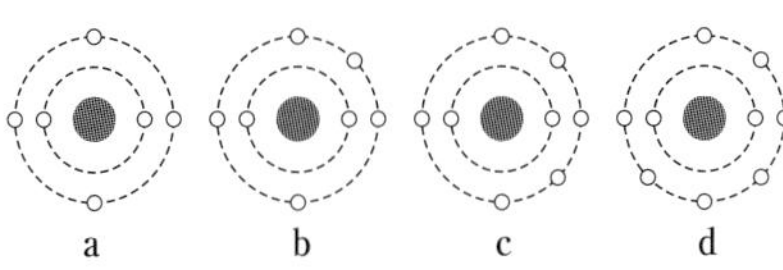

(1) 4種類の元素a～dの名称をそれぞれ記せ。

(2) 元素dは，化学結合に関与する共有電子対を引きつける力が最も強い。この強さを表す尺度を何というか。

(3) 4種類の元素と同じ周期に属する元素で，第1イオン化エネルギーが最小である元素および電子親和力が最大である元素は何か。それぞれ元素記号で答えよ。

(4) 4種類の元素a～dの原子1個が水素と共有結合を形成してそれぞれ生じる化合物A～Dについて，名称，電子式，分子の形(次の①～⑧)および分子の極性の有無についてそれぞれ答えよ。

分子の形：① 直線形　② 折れ線形　③ 正方形　④ 三角錐形　⑤ 四角錐形　⑥ 正四面体形　⑦ 立方体形　⑧ 正八面体形

(10 金沢大)

グラフ

69. 電気陰性度と化学結合 化学結合の種類は，元素間の電気陰性度の差を縦軸，電気陰性度の平均を横軸にプロットした図1を用いて判別できる。たとえば，NaCl は図1の三角形の頂点側，NO は三角形の右下側に位置し，それぞれイオン結合，共有結合を形成する。イオン結合と共有結合との領域の境界を点線で示す。この三角形を右から左へたどると，物質中の化学結合に関与する電子に対して，その物質中の原子が束縛する強度が徐々に弱まり，その電子は(　ア　)電子とよばれるようになる。つまり，図1の三角形の左下側に位置する物質内の結合は金属結合の特徴をもつ。ただし，金属結合と共有結合との境界に位置する物質は両方の特徴をあわせもつことも多い。たとえば，金属のゲルマニウム Ge の電気陰性度の差と平均値は0.0と1.99で，境界付近に位置し，伝導体と絶縁体の中間の性質を示す(　イ　)となる。

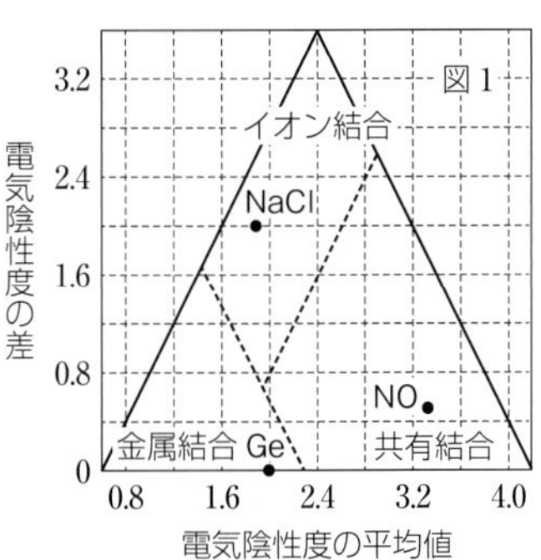

原子	電気陰性度
Na	0.87
Cl	2.87
N	3.07
O	3.61
Ge	1.99
Sn	1.82
Mg	1.29
Br	2.69
Ga	1.76
As	2.21
C	2.54
S	2.59
Si	1.92

(1) (ア)，(イ)に当てはまる語句を記せ。

(2) (イ)に属すると考えられる物質を(a)～(e)から1つ選べ。

(a) Mg_3N_2　(b) $SnBr_4$　(c) GaAs　(d) CS_2　(e) SiC

(19 札幌医科大　改)

ヒント 68 (4) 極性の有無は，構成原子間の結合の極性が分子の形状によって互いに打ち消し合うかどうかによって判断する。

論述

70. 炭素の同素体　次の文中の(　　)に，適する語句を記入し，下の各問いに答えよ。

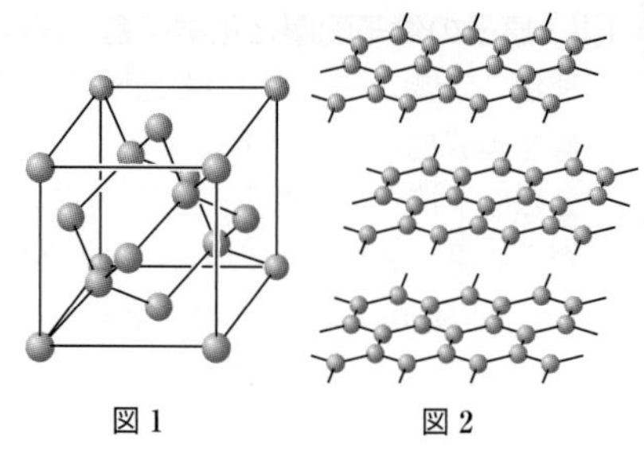

図1　　図2

炭素の単体の結晶であるダイヤモンド結晶は，面心立方格子を基本とした単位格子の構造をもつ(図1)。また，同じような立方格子をもち，(　A　)結合からなる塩化ナトリウムと異なり，ダイヤモンドは(　B　)結合をもつ結晶であり，塩化ナトリウムに比べて非常にかたく，融点が高い。

一方，黒鉛は，炭素の価電子の一部が他の炭素との間で(　B　)結合して，正六角形からなる網目構造の層をつくる(図2)。この層は分子間力によって結合している。この構造の違いは，<u>黒鉛がダイヤモンドと異なり，電気の良導体であることに関係する。</u>

(1)　次の(ア)～(エ)の文章について正しいものを2つ選び，記号で答えよ。

(ア)　カーボンナノチューブと黒鉛は同位体である。

(イ)　フラーレンは炭素の同素体の1つである。

(ウ)　黒鉛がダイヤモンドと異なりもろいのは，色の違いによるためである。

(エ)　ダイヤモンドは非常にかたく，熱をよく伝える。

(2)　下線部について，黒鉛が電気の良導体である理由を45字以内で説明せよ。

(10　東北大)

論述

71. 分子の構造　次の文中の(　　)に適切な語句または数値を入れ，下の問いに答えよ。

非共有電子対
N
H　H
H

分子の構造を推定するとき，電子対は互いに反発し合うため，その反発力が最小となる分子構造をとると仮定する。

アンモニア分子は，窒素原子のまわりに3組の共有電子対と1組の非共有電子対が存在するので，図のように，4組の電子対が窒素原子を中心とする四面体形の頂点方向に位置する。そのため，分子構造は三角錐形となる。水の場合，酸素原子のまわりに(　ア　)組の共有電子対と(　イ　)組の非共有電子対が存在するので，分子構造は(　ウ　)形となる。また，二重結合や三重結合をもつ分子の構造を推測するときには，これらの結合は1組の電子対とみなしてよく，たとえば，二酸化炭素では，炭素原子のまわりに非共有電子対がなく，二重結合が(　エ　)組存在することから，分子構造は(　オ　)形となることが予想できる。

(問)　オゾン分子 O_3 の電子式が右のように表されるとすると，分子はどのような構造をしていると推定できるか。簡潔に説明せよ。

:Ö::Ö:Ö:

(09　京都大　改)

70 (2) 黒鉛の構造(図2)および炭素の価電子の状態を考慮する。
71 (問) オゾン分子の中心の酸素原子に着目する。

第 I 章・基本事項 セルフチェックシート

節	目標	関連問題	チェック
①	物質を純物質と混合物に分類できる。	1	
	純物質を単体と化合物に分類できる。	1	
	ろ過，蒸留，昇華法の違いを説明できる。	2・3・4	
	蒸留における注意点を3つ以上挙げることができる。	3	
	再結晶，分留，クロマトグラフィーを理解している。	6	
	同素体の例を4つ挙げることができる。	7	
	Li，Na，K，Ca，Ba，Cuの炎色反応の色を示すことができる。	8・9	
	炭素，水素，塩素の各元素の確認法を示すことができる。	9	
	三態変化の名称を6つすべていえる。	10	
	気体の熱運動と温度の関係を理解している。	12	
②	原子番号・質量数と，陽子・中性子・電子の数の関係がわかる。	17	
	原子番号1～20までの元素の元素記号を示すことができる。	ドリル A	
	同位体どうしの共通点と相違点を示すことができる。	19	
	α 壊変，β 壊変を適切に理解している。	20	
	各元素の原子の電子配置をボーアモデルで示すことができる。	22	
	第1イオン化エネルギーの周期的な変化を理解している。	23	
	単原子イオンの生成を，ボーアモデルで説明できる。	23	
	ボーアモデルを見て，原子かイオンかを判断できる。	22・24	
	同族元素について，第1イオン化エネルギーの変化の傾向を説明できる。	26	
	イオン化エネルギーと電子親和力の違いを説明できる。	26	
	イオンの大きさについて，周期表との関係を説明できる。	27	
	元素の周期表における1，2，17，18族の総称をすべていえる。	29	
	遷移元素，典型元素の位置を元素の周期表上に示すことができる。	29	
③	イオン結合の成り立ちを説明できる。	35・36	
	Al^{3+} と SO_4^{2-} からなる物質の組成式と名称を示すことができる。	37	
	イオン結晶の性質を3つ挙げられる。	38	
	水に溶ける物質を電解質，非電解質に分類できる。	39	
	原子番号1～20までの原子の電子式を示すことができる。	40	
	分子に含まれる電子の総数を求めることができる。	41	
	分子の電子式を示すことができる。	42	
	分子の構造式を示すことができる。	43	
	分子の形状を示すことができる。	45	
	配位結合の成り立ちを説明できる。	46	
	電気陰性度と結合の極性の関係について答えられる。	47	
	結合の極性と分子の形状から分子の極性を判断できる。	48	
	分子の極性から，ヨウ素が水とヘキサンのどちらに溶けやすいか判断できる。	49	
	分子結晶の性質を3つ挙げられる。	50	
	金属結晶の性質を3つ挙げられる。	53	
	結晶の性質から，イオン結晶，分子結晶，金属結晶などに分類できる。	54	

4 物質量と濃度

1 原子量・分子量・式量と物質量

❶原子量・分子量・式量

原子	原子1個の質量	原子の相対質量
$^{12}_{6}C$	1.993×10^{-23} g	12
$^{35}_{17}Cl$	5.807×10^{-23} g	34.97

(a)　原子の相対質量　質量数12の炭素原子 ^{12}C の質量を基準(12)とした相対値。

(b)　元素の原子量　各同位体の天然存在比から求めた相対質量の平均値。天然に同位体が存在しない元素の原子量は，原子の相対質量に一致する。

原子	相対質量	天然存在比
^{35}Cl	34.97	75.77％
^{37}Cl	36.97	24.23％

塩素の原子量

$$=34.97\times\frac{75.77}{100}+36.97\times\frac{24.23}{100}=35.45$$

(c)　分子量　分子を構成している原子の原子量の総和。〈例〉 $NH_3=14+1.0\times3=17$

(d)　式量　イオンの式量…イオンを構成している原子の原子量の総和*。

〈例〉 $Na^+=23$，$OH^-=16+1.0=17$

＊電子の質量は陽子や中性子の質量に比べて極めて小さいので，無視できる。

組成式の式量…組成式を構成している原子の原子量の総和。

〈例〉 $NaCl=23+35.5=58.5$，$Mg(OH)_2=24+(16+1.0)\times2=58$

❷物質量

(a)　アボガドロ定数　N_A：**6.02×10^{23}/mol**　物質1 molあたりの構成粒子の数。

(b)　**1 mol**　原子，分子，イオンなどの 6.02×10^{23} 個の集団。

(c)　モル質量　物質1 molの質量。原子量，分子量，式量などにg/molをつけて示す。

	化学式	化学式量	粒子1 molの個数	モル質量
水素原子	H	1.0	H原子　6.02×10^{23} 個	1.0 g/mol
水素分子	H_2	2.0	H_2 分子　6.02×10^{23} 個	2.0 g/mol
塩化物イオン	Cl^-	35.5	Cl^- イオン　6.02×10^{23} 個	35.5 g/mol
塩化ナトリウム	NaCl	58.5	Na^+，Cl^- それぞれ 6.02×10^{23} 個	58.5 g/mol

(d)　**気体1 molの体積**　0℃，1.013×10^5 Pa(標準状態)の気体分子1 molあたりの占める体積(モル体積)は，気体の種類によらず，22.4 L/molである。

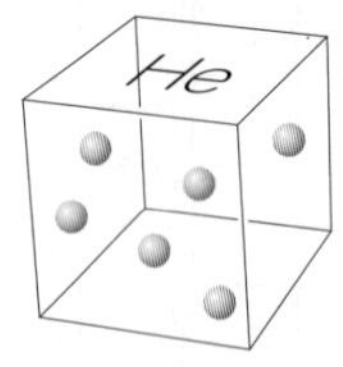

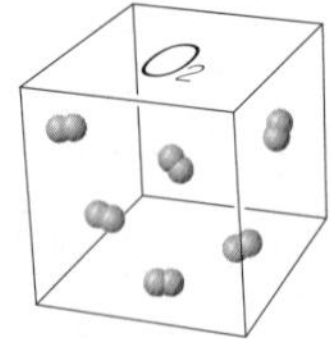

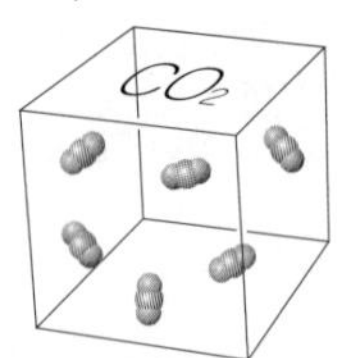

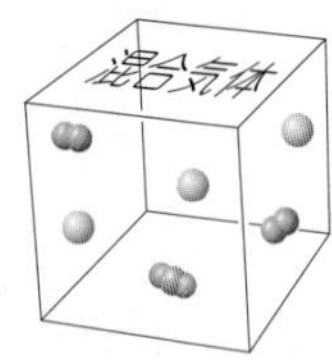

すべての気体は，同温・同圧下で同数の分子を含んでいる(**アボガドロの法則**)。

(e)　**気体の密度と分子量**　0 ℃，1.013×10^5 Pa における密度が d〔g/L〕の気体のモル質量は，密度とモル体積 V_m〔L/mol〕から，次のように求められる。

　密度×モル体積＝d〔g/L〕×V_m〔L/mol〕＝dV_m〔g/mol〕

〈例〉　密度が 1.25 g/L の気体の分子量(0 ℃，1.013×10^5 Pa)

1.25 g/L×22.4 L/mol＝28.0 g/mol　　　したがって，分子量は28.0

(f)　**混合気体の平均分子量(見かけの分子量)**　成分気体の分子量(モル質量)と混合比から求める。

〈例〉　空気の平均分子量(空気を N_2 と O_2 が 4：1 (物質量比)で混合した気体とする)

$$\underbrace{28\,\mathrm{g/mol}}_{N_2\text{のモル質量}} \times \underbrace{\frac{4}{4+1}}_{N_2\text{の混合割合}} + \underbrace{32\,\mathrm{g/mol}}_{O_2\text{のモル質量}} \times \underbrace{\frac{1}{4+1}}_{O_2\text{の混合割合}} = 28.8\,\mathrm{g/mol}$$

したがって，空気の平均分子量は28.8となる。

(g)　**物質量と粒子の数，質量，気体の体積の関係**

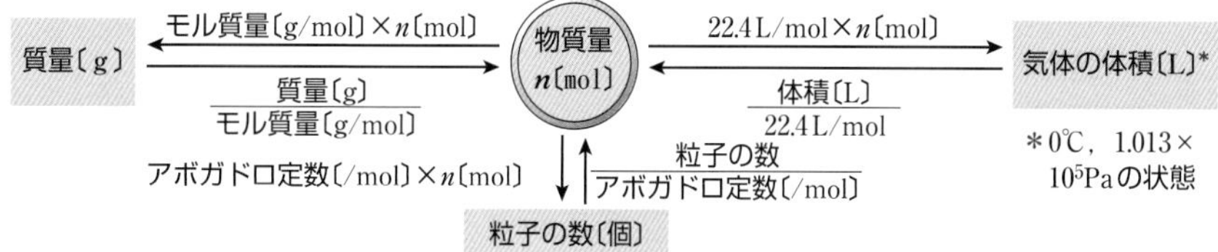

注　単位は，次のように数値と同じように計算することができる。

　g/mol×mol＝g

また，アボガドロ定数は 1 mol あたりの構成粒子の個数を表し，単位は /mol である。この単位に「個」は示さないが，個/mol のように「個」を補うと，物質量と粒子の個数の関係を考えやすくなる。

2 溶液の濃度

❶溶解と溶液　物質が水などに溶けて均一な状態になる現象を溶解といい，生じた液体を溶液という。溶媒が水の場合は水溶液という。

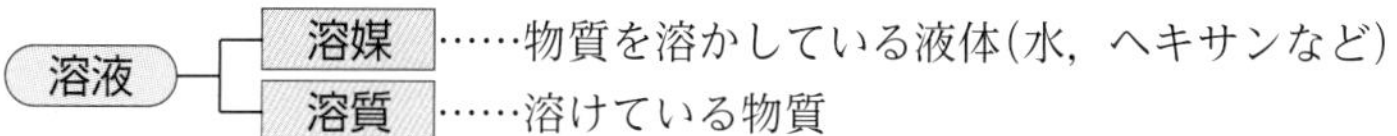

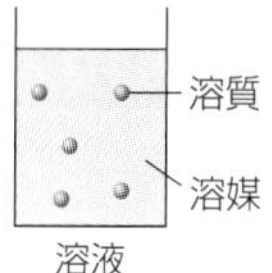

❷溶液の濃度　正確なモル濃度の溶液を調製する際はメスフラスコを用いる。

(a)　質量パーセント濃度〔%〕	(b)　モル濃度〔mol/L〕
溶液の質量に対する溶質の質量の割合	溶液 1 L あたりに含まれる溶質の物質量
$\dfrac{\text{溶質〔g〕}}{\text{溶液〔g〕}}\times100=\dfrac{\text{溶質〔g〕}}{\text{溶媒〔g〕}+\text{溶質〔g〕}}\times100$	$\dfrac{\text{溶質〔mol〕}}{\text{溶液〔L〕}}$

質量モル濃度〔mol/kg〕…溶媒 1 kg あたりに含まれる溶質の物質量〔mol〕

● モル濃度 c〔mol/L〕の水溶液 V〔L〕に含まれる溶質の物質量

c〔mol/L〕× V〔L〕＝ cV〔mol〕

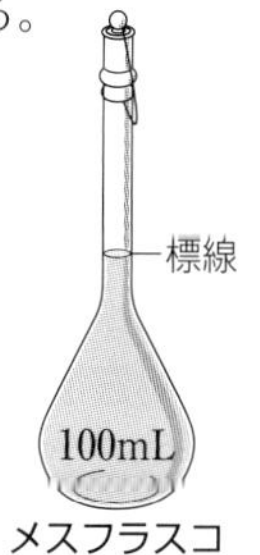

❸水溶液の調製

〈例〉 1.00 mol/L 塩化ナトリウム水溶液

①塩化ナトリウム NaCl を正確にはかり取る。

②ビーカー中で溶かす。

③②の水溶液をメスフラスコに移し，ビーカーを数回水で洗って洗液も入れる。

④標線まで水を加え，よく振り均一にする。

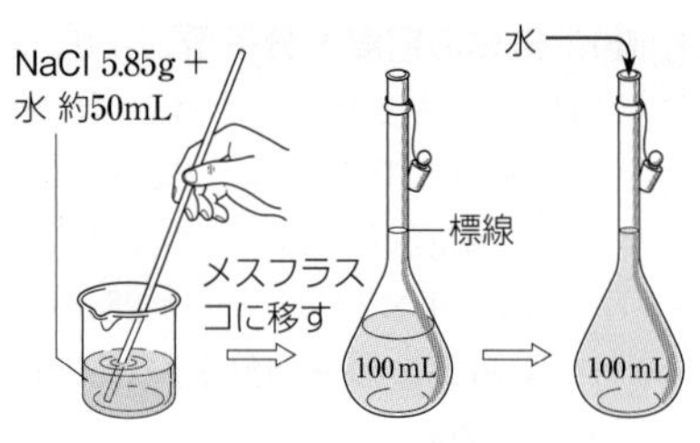

❹固体の溶解度

溶媒100 g に溶けうる溶質の最大質量〔g〕の数値。結晶水(水和水)を含む固体では，無水物の質量で表す。一般に，固体の溶解度は高温ほど大きい。

(a) **飽和溶液** 溶質が溶解度まで溶けた溶液。

(b) **溶解度曲線**

温度と溶解度の関係を表したグラフ。

(c) **結晶の析出**

高温で溶解度が高くなる溶質 S_1〔g〕を高温で溶媒 100 g に溶かす。この溶液を冷却すると，やがて飽和溶液になり，さらに冷却すると (S_1-S_2)〔g〕の結晶が析出する。これを利用して，混合物である溶液から純粋な結晶を得る操作を，再結晶という。

$$\frac{\text{析出量〔g〕}}{\text{飽和溶液〔g〕}}=\frac{S_1\text{〔g〕}-S_2\text{〔g〕}}{100\text{ g}+S_1\text{〔g〕}}=\text{一定}$$

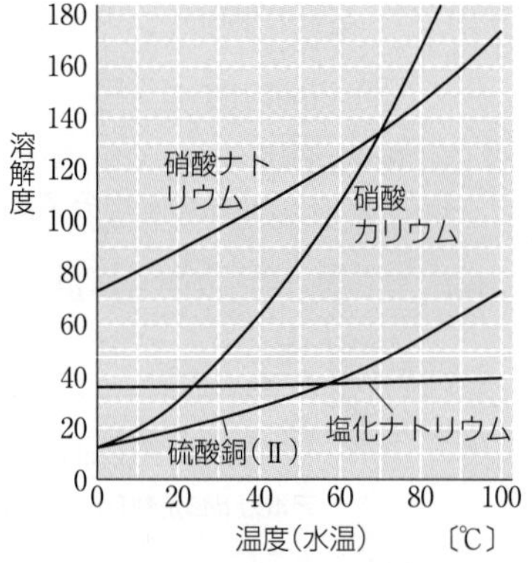

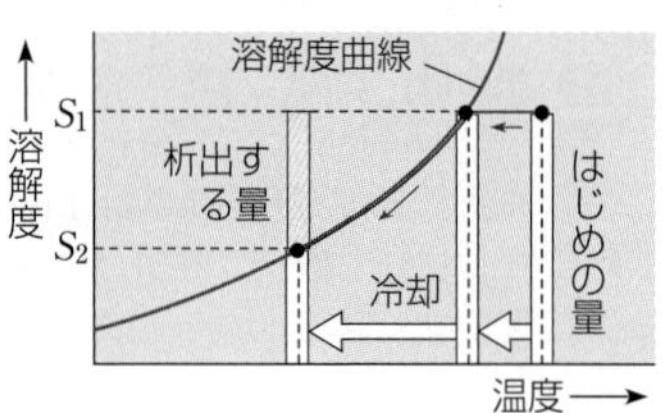

プロセス 次の文中の(　　)に適当な語句，記号を入れよ。

1 質量数 12 の(　ア　)原子の質量を 12 としたときの，各原子の質量を相対的に表した数値が原子の(　イ　)である。同位体の存在する元素では，各同位体の(　ウ　)から求めた(イ)の平均値を元素の(　エ　)として用いる。

2 分子を構成する原子の原子量の総和を(　オ　)，組成式を構成する原子の原子量の総和を(　カ　)という。

3 6.0×10^{23}/mol を(　キ　)といい，6.0×10^{23} 個の粒子を含む集団が 1 mol である。たとえば，12 g の ^{12}C には，(　ク　)個の ^{12}C 原子が含まれる。

4 物質 1 mol の質量を(　ケ　)といい，原子の場合，原子量に単位(　コ　)をつけて表す。

5 溶液の質量に対する溶質の質量の割合をパーセントで表した濃度を(　サ　)といい，溶液 1 L 中に含まれる溶質の物質量で表した濃度を(　シ　)という。

H=1.0　He=4.0　C=12　N=14　O=16　Al=27
Cl=35.5　Ca=40　Fe=56　Cu=63.5　Ag=108

ドリル　次の各問いに答えよ。

A 次の物質の分子量を求めよ。

(1)　水素 H_2　(2)　ヘリウム He　(3)　水 H_2O　(4)　メタン CH_4

B 次の物質やイオンの式量を求めよ。

(1)　アルミニウムイオン Al^{3+}　(2)　水酸化物イオン OH^-　(3)　硝酸イオン NO_3^-
(4)　鉄 Fe　(5)　塩化カルシウム $CaCl_2$　(6)　酸化鉄(Ⅲ) Fe_2O_3

C 次の各粒子の物質量を求めよ。

(1)　水素原子 3.0×10^{23} 個　(2)　水分子 6.0×10^{24} 個　(3)　銀イオン 1.5×10^{24} 個

D 次の各粒子の個数を求めよ。

(1)　鉄 1.5mol に含まれる鉄原子　(2)　酸素 3.0mol に含まれる酸素分子
(3)　カルシウムイオン 0.40mol に含まれるカルシウムイオン

E 物質量と質量の関係について，次の各問いに答えよ。

(1)　0.50mol のヘリウム He は何 g か。
(2)　4.0mol の銅(Ⅱ)イオン Cu^{2+} は何 g か。
(3)　27g の銀 Ag は何 mol か。
(4)　27g の水 H_2O は何 mol か。

F 物質量と構成粒子の数の関係について，次の各問いに答えよ。

(1)　2.0mol の塩化ナトリウム NaCl には，何個の塩化物イオンが含まれるか。
(2)　0.25mol の水 H_2O には，何個の酸素原子が含まれるか。
(3)　4.0mol のメタン CH_4 には，何個の水素原子が含まれるか。

G 次の各問いに答えよ。ただし，気体の体積は 0℃，1.013×10^5Pa におけるものとする。

(1)　水素 11.2L は何 mol か。
(2)　酸素 5.6L は何 mol か。
(3)　アンモニア 2.5mol は何 L か。
(4)　窒素 0.300mol は何 L か。
(5)　78.4L の二酸化炭素に含まれる酸素原子は何 mol か。

H 次の各問いに答えよ。

(1)　25g のグルコースを水 100g に溶かした水溶液の質量パーセント濃度は何%か。
(2)　5.0%の硫酸水溶液 200g に溶けている硫酸の質量は何 g か。
(3)　1.0mol のアンモニアを水に溶かして 500mL にした水溶液の濃度は何 mol/L か。
(4)　0.10mol/L の塩酸 100mL に溶けている塩化水素の物質量は何 mol か。

プロセスの解答

(ア) 炭素　(イ) 相対質量　(ウ) 天然存在比　(エ) 原子量　(オ) 分子量　(カ) 式量
(キ) アボガドロ定数　(ク) 6.0×10^{23}　(ケ) モル質量　(コ) g/mol　(サ) 質量パーセント濃度
(シ) モル濃度

基本例題7 同位体と原子量

➡問題 73

天然の塩素は，^{35}Cl および ^{37}Cl の 2 種類の同位体からなり，その原子量は 35.5 である。また，^{35}Cl および ^{37}Cl の相対質量は，35.0 および 37.0 である。次の各問いに答えよ。

(1) ^{35}Cl の天然存在比は何％か。

(2) 天然に存在する塩素分子 Cl_2 には，質量の異なるものが何種類存在するか。

考え方

(1) 元素の原子量は天然存在比にもとづく各同位体の相対質量の平均値に相当する。また，各同位体の相対質量は，質量数にほぼ等しい。

(2) 塩素分子 Cl_2 を構成する同位体の組み合わせを考える。$^{35}Cl^{37}Cl$ と $^{37}Cl^{35}Cl$ は同じ分子である。

解答

(1) ^{35}Cl の天然存在比を x ％とすれば，^{37}Cl の天然存在比は $(100-x)$ ％であり，次式が成立する。

$$35.0\times\frac{x}{100}+37.0\times\frac{100-x}{100}=35.5$$

$x=75$ **75％**

(2) 塩素分子 Cl_2 には，$^{35}Cl^{35}Cl$，$^{35}Cl^{37}Cl$，$^{37}Cl^{37}Cl$ の 3 種類が考えられる。 **3 種類**

基本例題8 分子量と物質量，気体の体積

➡問題 75・76・77

(1) 0.25 mol の尿素 $CO(NH_2)_2$ は何 g か。また，この中に含まれる窒素原子 N の質量は，尿素の質量の何％を占めるか。

(2) 3.2 g の酸素 O_2 は，0 ℃，1.013×10^5 Pa で何 L の体積を占めるか。

(3) モル質量 M〔g/mol〕の気体の 0 ℃，1.013×10^5 Pa における密度〔g/L〕をモル体積 V_m〔L/mol〕，M〔g/mol〕を用いて表せ。

考え方

(1) 質量は，モル質量〔g/mol〕×物質量〔mol〕で求められる。1分子の尿素 $CO(NH_2)_2$ 中には窒素原子 N が 2 個含まれる。

別解 質量から求めるのではなく，次の式を用いて求めることもできる。

$$\frac{\text{N の原子量}\times2}{CO(NH_2)_2\text{ の分子量}}\times100$$

(2) 0 ℃，1.013×10^5 Pa で，1 mol の酸素分子 O_2 が占める体積は，22.4 L である。

(3) 次の式を利用する。

気体の密度〔g/L〕

$$=\frac{\text{モル質量〔g/mol〕}}{\text{モル体積〔L/mol〕}}$$

解答

(1) $CO(NH_2)_2$ のモル質量は 60 g/mol なので，尿素 0.25 mol は，60 g/mol×0.25 mol=**15 g** である。

尿素 0.25 mol には，N が 0.25 mol×2=0.50 mol 含まれる。N のモル質量は 14 g/mol なので，その質量は 14 g/mol×0.50 mol=7.0 g となる。したがって，

$$\frac{7.0\,\text{g}}{15\,\text{g}}\times100=46.6=47$$ **47％**

(2) O_2 のモル質量は 32 g/mol なので，3.2 g の物質量は，

$$\frac{3.2\,\text{g}}{32\,\text{g/mol}}=0.10\,\text{mol}$$

気体のモル体積は 22.4 L/mol なので，その体積は，

22.4 L/mol×0.10 mol=2.24 L=**2.2 L**

(3) この気体のモル質量は M〔g/mol〕，気体のモル体積は V_m〔L/mol〕なので，

$$\frac{M\text{〔g/mol〕}}{V_m\text{〔L/mol〕}}=\frac{\boldsymbol{M}}{\boldsymbol{V_m}}\text{〔g/L〕}$$

例題
解説動画

基本例題9　モル濃度

➡問題 81

(1)　1.8g のグルコース $C_6H_{12}O_6$ を水に溶かして 200mL とした水溶液は何 mol/L か。
(2)　0.20mol/L 塩化ナトリウム NaCl 水溶液 100mL に含まれる NaCl は何 g か。
(3)　12mol/L 硫酸 H_2SO_4 水溶液を水でうすめて 3.0mol/L 硫酸水溶液を 300mL つくりたい。12mol/L 硫酸水溶液は何 mL 必要か。

考え方

(1)　モル濃度〔mol/L〕は，次式で求められる。

$$\frac{溶質の物質量〔mol〕}{溶液の体積〔L〕}$$

(2)　溶質の物質量は，次式で求められる。
モル濃度〔mol/L〕×
溶液の体積〔L〕

(3)　うすめる前後で，水溶液に含まれる硫酸分子の物質量は変化しない。

解答

(1)　$C_6H_{12}O_6$ のモル質量は 180 g/mol なので，モル濃度は，

$$\frac{\frac{1.8\,g}{180\,g/mol}}{\frac{200}{1000}\,L}=\mathbf{0.050\,mol/L}$$

(2)　0.20mol/L の NaCl 水溶液 100mL 中の NaCl の物質量は，

$$0.20\,mol/L\times\frac{100}{1000}\,L=0.020\,mol$$

NaCl のモル質量は 58.5g/mol なので，その質量は，

$$58.5\,g/mol\times 0.020\,mol=1.17\,g=\mathbf{1.2\,g}$$

(3)　必要な 12mol/L 硫酸水溶液の体積を V〔L〕とすると，うすめる前後の水溶液で硫酸の物質量が等しいことから，

$$12\,mol/L\times V〔L〕=3.0\,mol/L\times\frac{300}{1000}\,L\qquad V=\frac{75}{1000}\,L$$

75 mL

基本例題10　結晶の析出

➡問題 87

硝酸ナトリウムの水への溶解度は，80℃で148，20℃で 88 である。次の各問いに整数値で答えよ。
(1)　80℃の硝酸ナトリウム飽和水溶液 100g には，硝酸ナトリウムが何 g 溶けているか。
(2)　この水溶液を20℃まで冷却すると，硝酸ナトリウムが何 g 析出するか。

考え方

水 100g に溶質を溶かしてできた飽和溶液と比較する。

(1)　同じ温度の飽和溶液どうしでは，次の割合が等しい。

$$\frac{溶質〔g〕}{飽和溶液〔g〕}$$

(2)　冷却すると，各温度における溶解度の差に応じた量の結晶が析出する。

$\frac{析出量〔g〕}{飽和溶液〔g〕}$ の式をたてる。

解答

(1)　80℃では水 100g に硝酸ナトリウム $NaNO_3$ が 148g 溶けて飽和溶液 248g ができる。したがって，80℃の飽和溶液 100g 中に溶けている $NaNO_3$ を x〔g〕とすると，

$$\frac{溶質〔g〕}{飽和溶液〔g〕}=\frac{x〔g〕}{100\,g}=\frac{148\,g}{248\,g}\qquad x=59.6\,g$$

60 g

(2)　水 100g に $NaNO_3$ は80℃で 148g，20℃で 88g 溶けるので，80℃の飽和溶液 248g を20℃に冷却すると，(148−88) g の結晶が析出する。したがって，80℃の飽和溶液 100g からの析出量を y〔g〕とすると，

$$\frac{析出量〔g〕}{飽和溶液〔g〕}=\frac{y〔g〕}{100\,g}=\frac{(148-88)\,g}{248\,g}\qquad y=24.1\,g$$

24 g

例題
解説動画

H=1.0　C=12　N=14　O=16　Ne=20　S=32　Cl=35.5　Ca=40　Cu=64

基本問題

思考
72. 原子の相対質量　原子の相対質量は，質量数 12 の炭素原子 ^{12}C を基準とし，その質量を12としたときの相対値で表される。次の各問いに答えよ。

(1)　^{12}C 1個の質量は 2.0×10^{-23} g，ベリリウム原子1個の質量は 1.5×10^{-23} g である。ベリリウム原子の相対質量はいくらか。

(2)　アルミニウム原子 ^{27}Al の相対質量は 27 である。アルミニウム原子1個の質量は，^{12}C 1個の質量の何倍か。

思考
73. 同位体と原子量　次の各問いに答えよ。ただし，質量数＝相対質量とする。

(1)　銅には ^{63}Cu が 69.2%，^{65}Cu が 30.8%含まれている。銅の原子量はいくらか。

(2)　銀は ^{107}Ag と ^{109}Ag からなっており，銀の原子量は 107.9 である。銀原子1000個中には ^{107}Ag が何個存在しているか。整数値で答えよ。

知識
74. 分子量・式量　次の(1)～(6)の分子量または式量を求めよ。

(1)　窒素 N_2　(2)　塩化水素 HCl　(3)　硫化水素 H_2S　(4)　硫酸イオン $SO_4{}^{2-}$
(5)　炭酸水素イオン $HCO_3{}^-$　(6)　硫酸銅(Ⅱ)五水和物 $CuSO_4\cdot5H_2O$

知識
75. 物質量　次の表中の空欄(ア)～(サ)に適当な化学式，または数値を入れよ。ただし，気体の体積は，0℃，1.013×10^5 Pa におけるものとする。

物質	化学式	物質量〔mol〕	質量〔g〕	粒子数〔個〕	気体の体積〔L〕
ネオン	(ア)	0.50	(イ)	(ウ)	(エ)
カルシウムイオン	(オ)	(カ)	(キ)	1.2×10^{23}	――
二酸化炭素	(ク)	(ケ)	6.6	(コ)	(サ)

知識
76. 質量・粒子の個数と物質量　次の各問いに答えよ。

(1)　3.0 mol の水 H_2O は何 g か。また，含まれる水素原子Hは何 mol か。

(2)　3.2 g のメタノール CH_4O は何 mol か。また，含まれる水素原子Hは何 g か。

(3)　3.4 g のアンモニア NH_3 は何 mol か。また，含まれる水素原子Hは何個か。

(4)　0.50 mol の硝酸マグネシウム $Mg(NO_3)_2$ に含まれる硝酸イオン $NO_3{}^-$ は何 mol か。また，酸素原子Oは何 g か。

思考
77. 元素の含有量と原子量　次の各問いに有効数字2桁で答えよ。

(1)　次の各物質について，(　　)内の元素の質量パーセント〔%〕を求めよ。
　(ア)　二酸化硫黄 SO_2　(S)　　(イ)　グルコース $C_6H_{12}O_6$　(C)

(2)　ある金属Mの酸化物 MO_2 17.4 g を還元すると，Mの単体が 11.0 g 得られた。金属Mの原子量を求めよ。

思考
78. 気体の体積の比較　次の(ア)～(エ)の気体を10gずつとったとき，同温・同圧で最も体積が大きいものはどれか。

(ア)　水素 H_2　(イ)　窒素 N_2　(ウ)　メタン CH_4　(エ)　プロパン C_3H_8

思考
79. 気体の体積と物質量　気体はすべて0℃，1.013×10^5Paの状態として，次の各問いに答えよ。

(1)　0.25molのメタン分子 CH_4 の質量〔g〕および体積〔L〕を，それぞれ求めよ。

(2)　8.96Lの窒素 N_2 と5.60Lの酸素 O_2 を混合すると，質量は何gになるか。

(3)　密度が1.34g/Lである気体の分子量を求めよ。

(4)　体積で水素80%，酸素20%が混合した混合気体の平均分子量を求めよ。

知識
80. 質量パーセント濃度　次の各問いに答えよ。

(1)　尿素5.0gを水45gに溶かした水溶液の質量パーセント濃度は何%か。

(2)　5.0%の尿素水溶液120gに含まれる尿素は何gか。

(3)　10%の塩化ナトリウム水溶液180gと20%の塩化ナトリウム水溶液120gを混合した水溶液の質量パーセント濃度は何%か。

思考
81. モル濃度　次の各問いに答えよ。

(1)　9.0gのグルコース $C_6H_{12}O_6$ を水に溶かして200mLにした水溶液は何mol/Lか。

(2)　0.25mol/Lの水酸化ナトリウム NaOH 水溶液200mL中に，NaOHは何mol含まれるか。また，含まれるNaOHの質量は何gか。

(3)　12mol/Lの塩酸(塩化水素HClの水溶液)を水でうすめて2.0mol/Lの塩酸を150mLつくりたい。12mol/Lの塩酸は何mL必要か。

(4)　0.10mol/Lの硫酸水溶液100mLと0.20mol/Lの硫酸水溶液400mLを混合した水溶液500mLのモル濃度は何mol/Lか。

思考
82. 質量パーセント濃度とモル濃度の変換　次の文中の(　　)に適当な数値を記せ。

質量パーセント濃度36.5%の塩酸(密度1.20g/cm³)のモル濃度を求めてみよう。この塩酸1.00Lの質量は，質量〔g〕=密度〔g/cm³〕×体積〔cm³〕から，(　ア　)gと求められる。このうち36.5%が塩化水素の質量なので，含まれる塩化水素は(　イ　)gとなり，HClのモル質量が36.5g/molなので，その物質量は(　ウ　)molとなる。すなわち，塩酸1.00Lに塩化水素が(ウ)mol含まれるので，モル濃度は(　エ　)mol/Lとなる。

逆に，2.00mol/Lの塩酸(密度1.04g/cm³)の質量パーセント濃度は，次のように求められる。この塩酸1.00Lの質量は，密度×体積から(　オ　)gであり，この中に2.00molの塩化水素が含まれる。塩化水素のモル質量は36.5g/molなので，その質量は(　カ　)gである。(オ)gと(カ)gから，この塩酸の質量パーセント濃度は(　キ　)%と求められる。

第Ⅱ章 物質の変化

思考

83. 濃度の変換 次の各問いに答えよ。ただし，H_2SO_4=98.0とする。

(1) 98.0%硫酸水溶液(密度1.84g/cm^3)のモル濃度は何mol/Lか。

(2) 0.200mol/L硫酸水溶液(密度1.05g/cm^3)の質量パーセント濃度は何%か。

知識

84. 水溶液の希釈 次の文中の(　　)に適当な文字式，数値を記せ。H_2SO_4=98とする。

10%硫酸水溶液を水でうすめて0.50mol/Lの水溶液を100mLつくりたい。10%硫酸水溶液をx[g]用いるとすると，この中に溶けている溶質H_2SO_4の質量は，xを用いて(　ア　)と表される。また，0.50mol/L硫酸水溶液100mL中の溶質H_2SO_4の質量は(　イ　)gである。うすめても溶質の量は変化しないので，式(　ウ　)が成り立ち，必要な10%硫酸水溶液の質量は(　エ　)gと求められる。

思考

85. 物質量・濃度と文字式 アボガドロ定数をN_A[/mol]，0℃，1.013×10^{5}Paにおける気体のモル体積をV_m[L/mol]として，次の各問いに答えよ。

(1) 密度d[g/cm^3]の，ある金属a[cm^3]中にはn個の原子が含まれていた。この金属のモル質量を求めよ。

(2) モル質量M[g/mol]の気体の質量がw[g]であるとき，この気体の0℃，1.013×10^{5}Paにおける体積は何Lか。また，この気体の分子数は何個か。

(3) モル質量M[g/mol]の物質w[g]を水に溶解させて体積をV[L]とした。この水溶液のモル濃度[mol/L]はいくらか。

思考 グラフ

86. 溶解度曲線 図は物質A，B，Cの溶解度曲線である。次の各問いに答えよ。

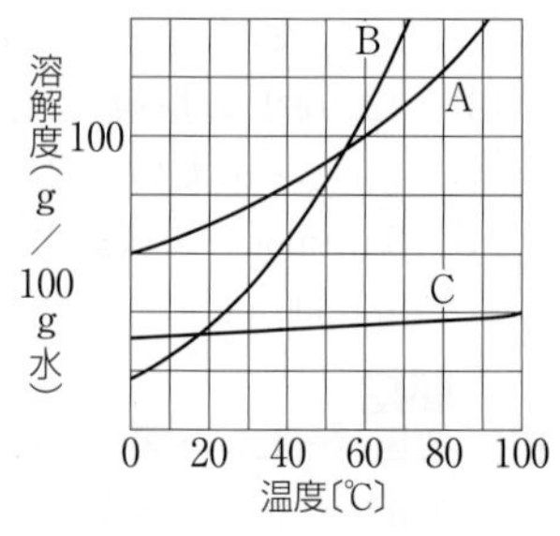

(1) 50gの水に50gの物質Aを加えて加熱した。Aが完全に溶解する温度は何℃か。

(2) 10gのBを含む水溶液50gがある。この水溶液を冷却したとき，何℃で結晶が析出するか。

(3) 物質A，B，Cのうち，再結晶で物質を精製する場合，この方法が適さないのはどれか。

思考

87. 溶解度 表に硝酸カリウムの溶解度(g/100gの水)を示す。次の各問いに答えよ。

(1) 30℃における硝酸カリウムの飽和溶液の濃度は何%か。

硝酸カリウムの溶解度

温度〔℃〕	30	50	70
溶解度	45	85	135

(2) 50℃における硝酸カリウムの飽和溶液70gから水を完全に蒸発させると，何gの結晶が得られるか。

(3) 70℃における硝酸カリウムの飽和溶液100gを30℃に冷却すると，何gの結晶が得られるか。

(4) 50℃における硝酸カリウムの飽和溶液200gから水50gを蒸発させると，何gの結晶が得られるか。

発展例題6　溶液の調製

➡問題 93

0.10 mol/L の硫酸銅(Ⅱ)水溶液 100 mL を調製したい。次の文中の空欄(ア)に適当な数値，(イ)に適当な語句を記せ。

硫酸銅(Ⅱ)五水和物 $CuSO_4 \cdot 5H_2O$ を天びんで(　ア　)g はかり取り，ビーカー内の少量の純水に溶かし，100 mL メスフラスコに移した。ビーカー内を少量の純水で洗い，この液も同じ 100 mL メスフラスコに移した。(　イ　)まで純水を加えたのち，栓をしてよく振り混ぜた。

考え方

(ア)　結晶水は，水溶液中では溶媒の一部になる。水溶液中の溶質の物質量に着目する。

1 mol の $CuSO_4 \cdot 5H_2O$ には，$CuSO_4$ は 1 mol 含まれる。

解答

(ア)　0.10 mol/L の $CuSO_4$ 水溶液 100 mL 中には，$CuSO_4$ が 0.10 mol/L×100/1000 L＝0.010 mol 含まれる。

$CuSO_4 \cdot 5H_2O$(式量250)のモル質量は 250 g/mol なので，

250 g/mol×0.010 mol＝2.5 g の $CuSO_4 \cdot 5H_2O$ が必要である。

2.5

(イ)　**標線**

発展例題7　濃度の相互変換と文字式

➡問題 94

次の各問いに文字式を用いて答えよ。ただし，この問題では d などの記号は，数値のみを表すものとする。

(1)　質量パーセント濃度が P％の硫酸水溶液の密度が d g/cm³ であった。この硫酸水溶液のモル濃度は何 mol/L か。ただし，硫酸の分子量を M とする。

(2)　分子量 M の物質を水に溶解させ，モル濃度 c mol/L にした水溶液がある。水溶液の密度を d g/cm³ として，この水溶液の質量パーセント濃度を求めよ。

考え方

質量パーセント濃度とモル濃度を互いに変換する際には，溶液 1 L（＝1000 cm³）で考えるとよい。

溶液の体積から質量を求めるには，密度が必要となる。

解答

(1)　この水溶液 1 L(＝1000 cm³)の質量は，密度 d g/cm³ から，

d g/cm³×1000 cm³＝$d \times 10^3$ g となる。このうち，溶質の硫酸の質量は，質量パーセント濃度が P％なので，

$$d \times 10^3\,\text{g} \times \frac{P}{100} = 10\,dP\,\text{g}$$

硫酸のモル質量が M g/mol なので，溶液 1 L に含まれる硫酸分子の物質量は，

$$\frac{10\,dP\,\text{g}}{M\,\text{g/mol}} = \frac{10\,dP}{M}\,\text{mol}$$　　したがって，$\boldsymbol{\dfrac{10dP}{M}}$ **mol/L**

(2)　溶液 1 L に溶質は c mol 含まれる。溶質のモル質量が M g/mol なので，その質量は cM g である。また，密度が d g/cm³ なので，この溶液 1 L の質量は $1000\,d$ g である。したがって，質量パーセント濃度は，

$$\frac{\text{溶質の質量}}{\text{溶液の質量}} \times 100 = \frac{cM\,\text{g}}{1000\,d\,\text{g}} \times 100 = \frac{cM}{10\,d}$$　　$\boldsymbol{\dfrac{cM}{10d}}$ **％**

例題
解説動画

発展問題

思考
88. 同位体と原子量 各原子の相対質量は，その質量数に等しいものとして，次の各問いに答えよ。

(1) 天然の銅は，^{63}Cu と ^{65}Cu の同位体が，ある一定の比率で混じり合っている。銅の原子量を63.5として，各同位体の天然存在比〔%〕を有効数字 2 桁で求めよ。

(2) 天然の同位体比の原子で構成された，硝酸銀 $AgNO_3$ 水溶液と臭化ナトリウム NaBr 水溶液がある。これらを混合し，臭化銀 AgBr を沈殿させた。沈殿した臭化銀の「質量」分布を表にならって示せ。ただし，Na には同位体がなく ^{23}Na のみが存在し，Br と Ag の各同位体の天然存在比は，それぞれ ^{79}Br : ^{81}Br＝50 : 50，^{107}Ag : ^{109}Ag＝50 : 50 とする。また，イオン結晶の「質量」とは，その組成式を構成する各原子の相対質量の和とする。

NaBr の「質量」分布

「質量」	存在比〔%〕
102	50
104	50

(09　東京大　改)

思考
89. 同位体と天然存在比 次の各問いに答えよ。

(1) ^{12}C 原子 1 個の質量は何 g か。有効数字2桁で求めよ。

(2) 水素の同位体 ^{1}H，^{2}H，^{3}H の，炭素12(^{12}C)を基準としたときの相対質量はそれぞれ 1.00785，2.014102，3.010440である。このうち ^{3}H は放射性同位体で，自然界にはこの 3 種の水素の同位体がそれぞれ99.9885%，0.0115%，および極微量存在する。水素の原子量を小数点以下 3 桁まで求めよ。

(3) 自然界に存在する水素分子には，質量の異なるものが何種類存在すると考えられるか。

(4) 質量の異なる水素分子の中で，最も多く存在する分子と，2 番目に多く存在する分子の数の比を有効数字 2 桁で求めよ。

(14　香川大　改)

思考
90. アボガドロ定数 モル質量 M〔g/mol〕の物質 X を w〔g〕はかり取り，有機溶媒に溶かして体積を V〔mL〕にした。この溶液 v〔mL〕を，静かに水面に滴下し，溶媒を蒸発させたところ，図に示すように，棒状の分子が水面にすき間なく並び，1 層の膜でできた単分子膜を形成した。この膜の全体の面積を測定したところ，S〔cm^2〕であった。次の各問いに文字式で答えよ。

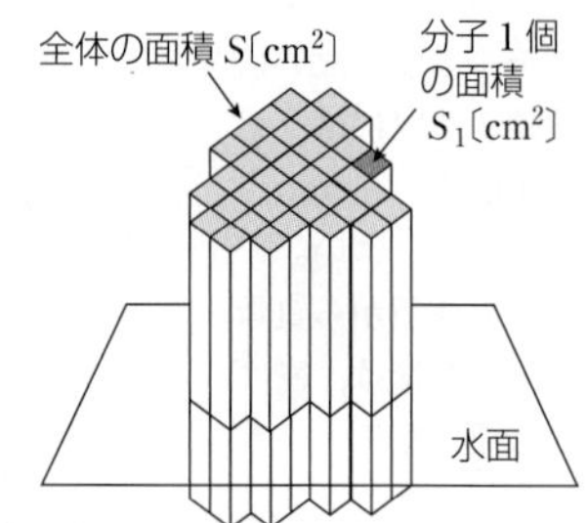

(1) 単分子膜を形成した物質 X の物質量は何 mol か。

(2) 1 分子の物質 X の断面積が S_1〔cm^2〕であるとき，単分子膜中の分子数は何個か。

(3) この実験から求められるアボガドロ定数 N_A〔/mol〕はいくらか。

(4) 単分子膜の密度を d〔g/cm^3〕とすると，物質 X の分子の長さ(単分子膜の厚み)は何 cm か。

(20　大東文化大　改)

思考
91. 金属の原子量 次の各問いに答えよ。

(1)　ある元素Yの単体 A〔g〕を空気中で強く熱したところ，すべて反応して酸化物 YO が B〔g〕生成した。O のモル質量を M_O〔g/mol〕として，この元素Yのモル質量〔g/mol〕を A，B，M_O を用いて表せ。

(2)　ある金属Xの塩化物は組成式 $XCl_2 \cdot 2H_2O$ の水和物をつくる。この水和物 882 mg を加熱して無水物にしたところ，666 mg になった。この金属Xの原子量を求めよ。

(20　中部大　改)

思考
92. 気体の密度とモル質量 次の文章を読み，下の各問いに答えよ。

1894年，レイリーとラムゼーは，空気から酸素などを取り除いて得た窒素の密度が，純粋な窒素の密度よりも，0℃，1.013×10^5 Pa において 0.500%大きいことから，窒素よりも密度の大きい気体が空気に含まれると考え，アルゴン Ar を発見した。ここで，空気から酸素などを取り除いて得た窒素には，窒素とアルゴンが含まれるものとする。

(1)　空気から酸素などを取り除いて得た窒素中のアルゴンの物質量の割合を x，窒素の物質量の割合を $1-x$ とすると，x はいくらか。有効数字 2 桁で求めよ。

(2)　空気中の窒素の物質量の割合を 79%とすると，空気中のアルゴンの物質量の割合は何%か。有効数字 2 桁で求めよ。

(14　龍谷大　改)

思考
93. 溶液の調製 硫酸銅(Ⅱ)水溶液を調製する方法として正しいものを，次の①～④から 1 つ選べ。ただし，$CuSO_4$ の式量は160，水の密度は 1.0 g/cm^3 とする。

①　2.5%の水溶液をつくるため，硫酸銅(Ⅱ)五水和物 2.5 g を水 97.5 g に溶かした。

②　2.0%の水溶液をつくるため，5.0%の硫酸銅(Ⅱ)水溶液 8.0 g に 20 mL の水を加えた。

③　0.20 mol/L の水溶液をつくるため，硫酸銅(Ⅱ)五水和物 16 g を水に溶かして 500 mL とした。

④　5.0×10^{-3} mol/L の水溶液をつくるため，2.0×10^{-2} mol/L の硫酸銅(Ⅱ)水溶液 25 mL に水を加えて 100 mL とした。

(20　東京薬科大　改)

思考
94. 溶液の希釈 濃硫酸は，質量パーセント濃度が98.0%で，密度が 1.84 g/cm^3 である。H_2SO_4の分子量を98.0として，次の各問いに答えよ。

(1)　濃硫酸のモル濃度は何 mol/L か。

(2)　濃硫酸を水で希釈して 3.00 mol/L の希硫酸(密度 1.18 g/cm^3)を 300 mL つくりたい。必要な濃硫酸の体積は何 mL か。また，加える水の質量は何 g か。

(20　鎌倉女子大　改)

思考
95. 溶液の濃度 実験動物(マウス，体重 30 g)に，ある薬剤(分子量 270)を静脈から血液中に投与し，血液中での薬剤濃度を 1.0×10^{-4} mol/L にしたい。このマウスの血液量が体重の7.0%とすると，この薬剤を何 mg 投与すればよいか。ただし，この薬剤は投与後に全身に均等に分布し，血液の密度は 1.0 g/mL であるものとする。また，薬剤投与による血液の体積変化は無視できるものとする。

(21　武蔵野大)

第Ⅱ章　物質の変化

特集 物質量と結晶 化学

発展例題8 結晶格子と原子量

➡問題 96〜100

銅の結晶は，図のような面心立方格子で，単位格子の一辺の長さは0.36nm である。この結晶の密度を 9.0g/cm^3，$0.36^3=0.047$，$\sqrt{2}=1.4$ として，次の各問いに答えよ。

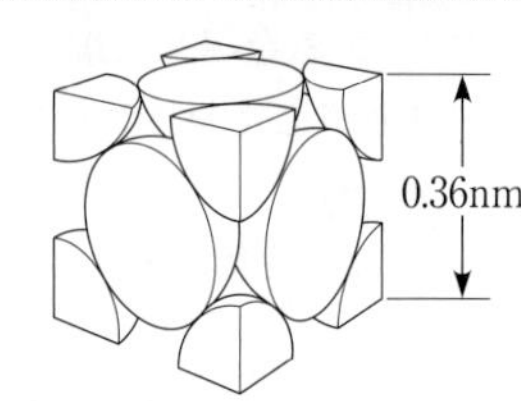

(1) 銅原子の半径は何 nm か。
(2) 単位格子に含まれる銅原子の数は何個か。
(3) 銅原子 1 個の質量は何 g か。
(4) 銅の原子量を求めよ。

考え方

(1) 立方体の 1 つの面内で，各原子は対角線の方向で接しているので，三平方の定理を利用して原子半径を求める。

(2) 単位格子の各項点には原子が 1/8 個，各面の中心には原子が 1/2 個含まれる。

(3) 単位格子に含まれる原子の質量は，密度×単位格子の体積で求められる。
$0.36\,\mathrm{nm}=0.36\times10^{-9}\,\mathrm{m}$
$=0.36\times10^{-7}\,\mathrm{cm}$

(4) 原子 1 mol (6.0×10^{23} 個) の質量を求める。

解答

(1) 単位格子の一辺の長さを l〔nm〕とすると，原子半径 r〔nm〕は，

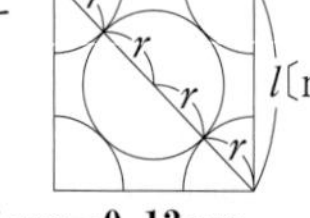

$(4r)^2=l^2+l^2$

$$r=\frac{\sqrt{2}}{4}l=\frac{\sqrt{2}}{4}\times0.36\,\mathrm{nm}=0.126\,\mathrm{nm}=\mathbf{0.13\,nm}$$

(2) $\frac{1}{8}$ 個 $\times8+\frac{1}{2}$ 個 $\times6=$ **4 個**

(3) 単位格子中の原子 4 個の質量は，密度×体積で求められるので，原子 1 個の質量は次のようになる。

$$\frac{9.0\,\mathrm{g/cm^3}\times(0.36\times10^{-7})^3\,\mathrm{cm^3}}{4}=1.05\times10^{-22}\,\mathrm{g}$$
$$=\mathbf{1.1\times10^{-22}\,g}$$

(4) 6.0×10^{23}個の原子の質量を求めると，
$1.05\times10^{-22}\,\mathrm{g}\times6.0\times10^{23}=63.0\,\mathrm{g}$
したがって，銅の原子量は**63**となる。

思考

96. 金属結晶と原子量・密度 結晶格子について，次の各問いに答えよ。ただし，$4.3^3=79.5$，$3.6^3=46.7$ とする。

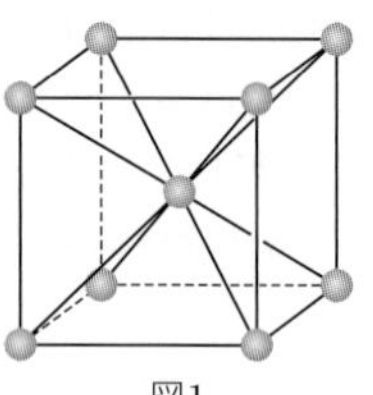
図1

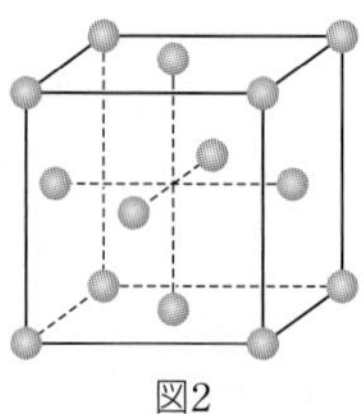
図2

(1) ある金属は，図 1 のような体心立方格子からなる結晶で，単位格子の一辺の長さが 4.3×10^{-8}cm である。結晶の密度を 0.97 g/cm^3 として，この金属の原子量を求めよ。

(2) ある金属は，図 2 のような面心立方格子からなる結晶で，単位格子の一辺の長さが 3.6×10^{-8}cm，原子量は 64 である。この金属の密度〔g/cm^3〕を求めよ。

(10 南山大 改)

例題
解説動画

思考

97. **イオン結晶と密度** 塩化ナトリウム NaCl の結晶を図に示す。ナトリウムイオンの半径を 1.20×10^{-8}cm，塩化物イオンの半径を 1.80×10^{-8}cm として次の各問いに答えよ。

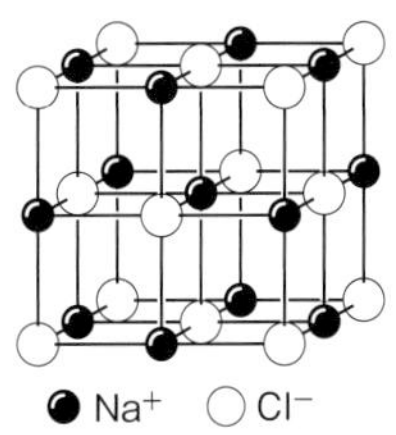

(1)　単位格子中に含まれるナトリウムイオンの数を求めよ。

(2)　単位格子の一辺の長さを求めよ。

(3)　塩化ナトリウムの密度〔g/cm^3〕を有効数字 2 桁で求めよ。ただし，NaCl の式量は58.5とする。

(22　名古屋市立大)

思考

98. **イオン結晶と密度** 図は，塩化セシウム CsCl 結晶の単位格子を示している。セシウム Cs の原子量を133，塩素 Cl の原子量を35.5，$4.1^3=68.9$ として，次の各問いに答えよ。

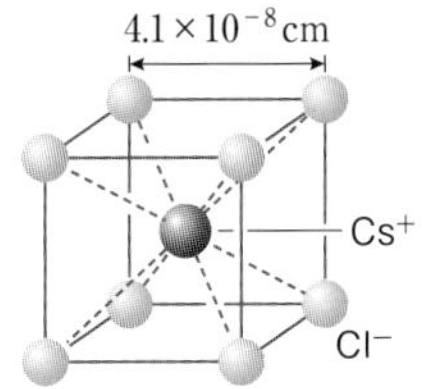

(1)　単位格子中のセシウムイオン Cs^+ と塩化物イオン Cl^- の数はそれぞれ何個か。

(2)　CsCl 結晶の密度〔g/cm^3〕を有効数字 2 桁で記せ。

(京都産業大　改)

思考

99. **フラーレンの結晶格子** 次の文を読み，下の各問いに答えよ。

サッカーボール状の構造をもつフラーレン C_{60} は，結晶構造をとる場合がある。この結晶の単位格子では，フラーレン分子を 1 つの粒子と考えると，立方体の各頂点および各面の中心にフラーレン分子が位置する。

(1)　このような単位格子を何とよぶか記せ。

(2)　単位格子あたりの炭素原子の数を記せ。

(3)　単位格子の一辺の長さを 1.41nm とするとき，フラーレンの結晶の密度〔g/cm^3〕を求め，有効数字 2 桁で記せ。ただし，C の原子量は12，$1\,nm=10^{-9}\,m$ であり，$1.41^3=2.80$ とする。

(11　岡山大　改)

思考

100. **ケイ素の結晶格子** 次の文章を読んで，下の各問いに答えよ。

新しいモルの定義では，「1 mol は，正確に 6.02214076×10^{23} 個の構成粒子を含み，この値がアボガドロ定数 N_A〔/mol〕となる」となった。この N_A の値は，質量数28のケイ素 ^{28}Si の結晶を用いた実験によって算出された。

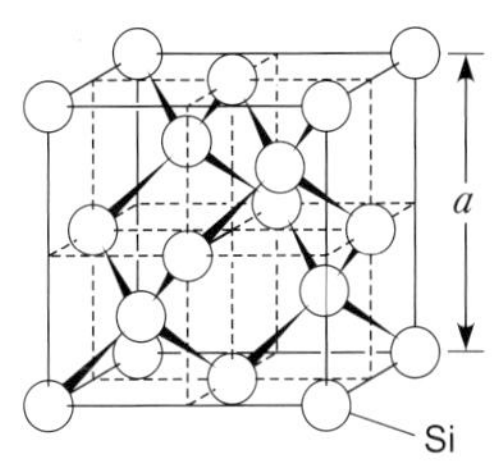

太い黒線で結ばれた原子どうしは互いに接しているものとする。

(1)　図の単位格子中に Si 原子は何個含まれているか。

(2)　図の単位格子の長さを a としたとき，Si 原子の原子半径 r を a を用いて表せ。

(3)　図の Si の結晶の密度〔g/cm^3〕を，アボガドロ定数 N_A〔/mol〕，Si のモル質量 M〔g/mol〕，単位格子の一辺の長さ a〔cm〕を用いて表せ。

(20　名古屋大　改)

第Ⅱ章 物質の変化

5 化学変化と化学反応式

1 化学反応式とその量的関係

❶物理変化と化学変化

(a)　物理変化　物質の構成粒子の状態が変わる変化。

〈例〉 状態変化や鉄くぎが曲がる変化など。

(b)　化学変化　構成粒子の組み合わせが変わり，別の物質になる変化。

〈例〉 水素 H_2 と酸素 O_2 から水 H_2O を生じる変化など。

❷化学反応式　化学変化を次の規則にもとづいて化学式で表したもの。

(a)　化学反応式の表記法

(1)　反応物(反応する物質)の化学式を左辺に，生成物(生成する物質)の化学式を右辺に書き，左辺と右辺を ⟶ で結ぶ。

(2)　左辺と右辺の原子の数が等しくなるように係数をつける(1は省略する)。

〈例〉
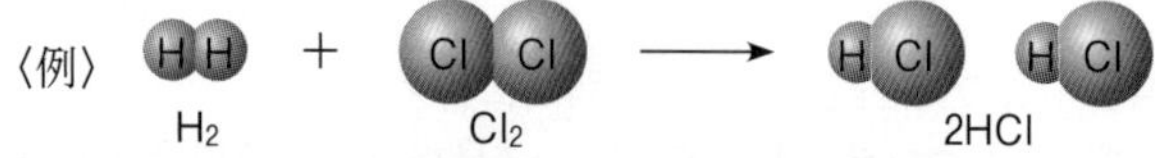

注 係数のつけ方には，目算法や未定係数法などがある。

(3)　溶媒，触媒などの化学変化をおこさない物質は，化学反応式に示さない。

〈例〉 過酸化水素 H_2O_2 の水溶液に，触媒として酸化マンガン(Ⅳ) MnO_2 を加え，酸素 O_2 を発生させる。　$2H_2O_2 \longrightarrow 2H_2O + O_2$

(b)　イオン反応式　反応に関係しないイオンを省略した化学反応式。イオン反応式では，両辺のイオンの電荷の総和が等しい。　〈例〉 $Ag^+ + Cl^- \longrightarrow AgCl$

❸化学反応式の意味と量的関係

化学反応式の係数が，反応に関与する物質の物質量の比を表していることから，化学反応式に関与する物質の量的関係の計算ができる。

化学反応式	CH_4	+	$2O_2$	⟶	CO_2	+	$2H_2O$
分子の数	1 分子 $6.02\times10^{23}\times$ 1 個		2 分子 $6.02\times10^{23}\times$ 2 個		1 分子 $6.02\times10^{23}\times$ 1 個		2 分子 $6.02\times10^{23}\times$ 2 個
物質量	1 mol		2 mol		1 mol		2 mol
質量	16× 1 g		32× 2 g		44× 1 g		18× 2 g
気体の体積 (0℃， 1.013×10^5Pa)	22.4× 1 L		22.4× 2 L		22.4× 1 L		水は0℃， 1.013×10^5Pa では気体ではない。

❹過不足のある反応

一方の物質が残る反応(過不足のある反応)の場合，すべて反応する物質を基準に量的関係を考える。

〈例〉 0.20 mol のマグネシウム Mg と 0.70 mol の塩化水素 HCl を含む塩酸との反応
(Mg がすべて反応する)

	Mg	+	2HCl	⟶	$MgCl_2$	+	H_2
反応前	0.20 mol		0.70 mol		0 mol		0 mol
変化量	−0.20 mol		−0.20×2 mol		+0.20 mol		+0.20 mol
反応後	0 mol		0.30 mol		0.20 mol		0.20 mol

変化量(絶対値)の比＝反応式の係数の比

すべて反応した Mg を基準に量的関係を考える。

2 化学の基本法則

❶化学変化における諸法則

(a) 質量保存の法則(ラボアジエ) 化学反応の前後で，物質の質量の総和は不変。

(b) 定比例の法則(プルースト) 化合物を構成する成分元素の質量比は常に一定。

(c) 倍数比例の法則(ドルトン) 2 種類の元素A，Bからなる化合物が 2 種類以上あるとき，一定質量のAと結びつくBの質量は，化合物どうしで簡単な整数比になる。

〈例〉 H_2O …H 2.0 g に O 16 g が結びついている。
H_2O_2…H 2.0 g に O 32 g が結びついている。
したがって，H の一定量 2.0 g と結びつく O の質量比は，16：32＝1：2 となり，簡単な整数比となる。

(d) 気体反応の法則(ゲーリュサック) 気体が関係する化学反応では，反応・生成する気体の体積は，同温・同圧のもとで簡単な整数比になる。

(e) アボガドロの法則(アボガドロ) 同温・同圧のもとで，同体積の気体は，気体の種類に関係なく，同数の分子を含む。

❷基本法則の歴史的推移

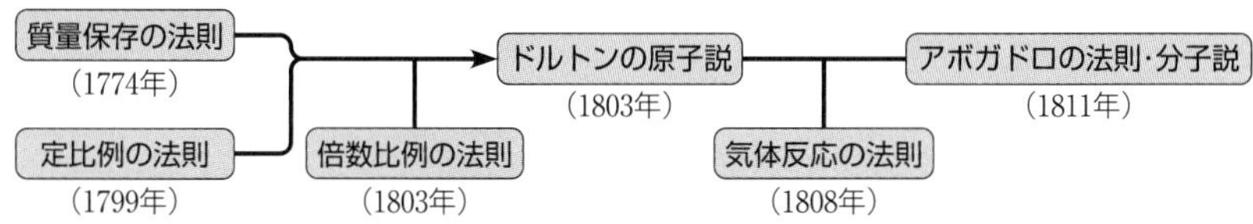

❸気体反応の法則と原子説・分子説

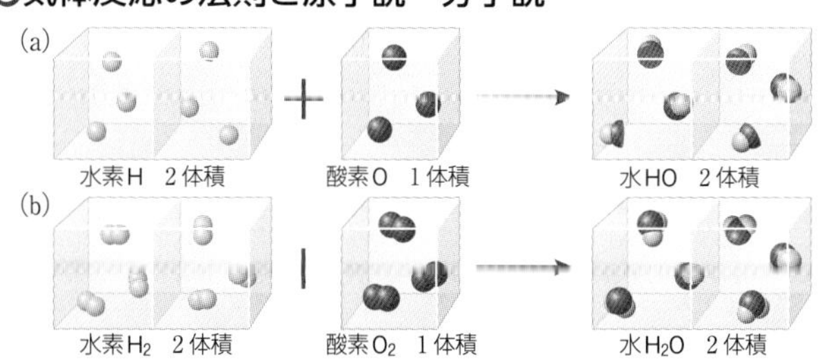

(a)のように，同体積中に同数の原子が含まれると考えると，酸素原子が分割される必要があり，気体反応の法則と原子説が矛盾する。

(b)のように，同体積中に同数の分子が含まれ，原子の組み合わせが変わると考えると，気体反応の法則と矛盾しない。

プロセス 次の文中の(　　)に適当な語句，数値を入れよ。

1 氷が融解して水になるような状態変化は(　ア　)である。一方，ある物質が他の物質に変わる変化を(　イ　)という。(イ)を化学式を用いて表したものを(　ウ　)という。

2 化学変化において，反応する物質を(　エ　)，生成する物質を(　オ　)という。

3 メタン CH_4 が完全燃焼すると，二酸化炭素 CO_2 と水 H_2O が生じる。

(　)CH_4+(　)O_2 ⟶ (　)CO_2+(　)H_2O

CH_4 の係数を1として，両辺の炭素原子Cの数を合わせると CO_2 の係数は(　カ　)となる。次に，両辺の水素原子Hの数を合わせると H_2O の係数は(　キ　)となる。最後に両辺の酸素原子Oの数を合わせると O_2 の係数は(　ク　)となる。このような係数の決め方を目算法という。

ドリル 次の各問いに答えよ。

A 係数をつけて，次の化学反応式を完成させよ。ただし，係数が1の場合は1と記せ。

(1)　(　)H_2+(　)Cl_2 ⟶ (　)HCl

(2)　(　)CO+(　)O_2 ⟶ (　)CO_2

(3)　(　)N_2+(　)H_2 ⟶ (　)NH_3

B 次の完全燃焼を表す化学反応式に係数をつけて，反応式を完成させよ。ただし，係数が1の場合は1と記せ。

(1)　(　)C_2H_4　+ (　)O_2 ⟶ (　)CO_2 + (　)H_2O

(2)　(　)C_2H_6　+ (　)O_2 ⟶ (　)CO_2 + (　)H_2O

(3)　(　)C_2H_6O + (　)O_2 ⟶ (　)CO_2 + (　)H_2O

C 次の各化合物が完全燃焼すると，いずれも CO_2 と H_2O を生じる。これらの完全燃焼を化学反応式で表せ。

(1)　プロパン C_3H_8

(2)　アセチレン C_2H_2

(3)　メタノール CH_4O

D 次の化学反応式について，表中の数値をもとに，(　　)内に適切な数値を記せ。ただし，気体の体積は，0℃，1.013×10^5 Pa におけるものとする。

	CH_4 +	$2O_2$	⟶	CO_2 +	$2H_2O$
物質量[mol]	(　　)	1.00		(　　)	(　　)
気体の体積[L]	11.2	(　　)		(　　)	—

プロセスの解答

(ア) 物理変化　(イ) 化学変化　(ウ) 化学反応式　(エ) 反応物　(オ) 生成物　(カ) 1　(キ) 2
(ク) 2

H=1.0　C=12　O=16　Al=27

基本例題11　化学反応式と量的関係

➡問題 105・106・107・108・109

プロパン C_3H_8 の燃焼を表す次の化学反応式について，下の各問いに答えよ。

$$C_3H_8 + 5O_2 \longrightarrow 3CO_2 + 4H_2O$$

(1)　2.0mol のプロパンが燃焼するときに生成する二酸化炭素は何 mol か。

(2)　0℃，1.013×10^5 Pa で，5.0L のプロパンを燃焼させるのに必要な酸素は何 L か。

(3)　11g のプロパンが燃焼するときに生成する水は何 g か。

考え方

(1)　化学反応式の係数は，反応する物質の物質量の比を示す。

(2)　化学反応式の係数は，反応する物質(気体)の同温・同圧における体積の比を示す。

(3)　プロパンのモル質量は 44g/mol，水のモル質量は 18g/mol である。プロパン 1mol が反応すると，水 4mol が生成する。

解答

(1)　プロパン 2.0mol から二酸化炭素はその 3 倍の **6.0mol** 生成する。

(2)　5.0L×5=**25L**

(3)　燃焼したプロパンは $\dfrac{11\,\text{g}}{44\,\text{g/mol}}=\dfrac{11}{44}$ mol なので，生成する水の質量は，

$$18\,\text{g/mol}\times\frac{11}{44}\,\text{mol}\times4=\mathbf{18\,g}$$

基本例題12　過不足のある反応

➡問題 110・111

2.7g のアルミニウム Al を 0.50mol の塩化水素 HCl を含む塩酸と反応させた。

$$2Al + 6HCl \longrightarrow 2AlCl_3 + 3H_2$$

(1)　反応が終了したときに残る物質は何か。また，その物質量は何 mol か。

(2)　この反応で発生した水素 H_2 の体積は，0℃，1.013×10^5 Pa で何 L か。

考え方

(1)　化学反応式の係数の比から，アルミニウムと塩化水素の物質量を比較する。

(2)　化学反応式の係数の比から，発生する水素の物質量はアルミニウムの物質量の $\dfrac{3}{2}$ 倍である。

解答

(1)　2.7g のアルミニウム(モル質量 27g/mol)の物質量は $\dfrac{2.7\,\text{g}}{27\,\text{g/mol}}$=0.10mol である。このアルミニウムと反応する塩化水素は，化学反応式の係数から，0.10mol×$\dfrac{6}{2}$=0.30mol となり，0.50mol よりも少ないので，アルミニウムがすべて反応して，塩化水素が残る。

	$2Al$	+	$6HCl$	⟶	$2AlCl_3$	+	$3H_2$
反応前	0.10mol		0.50mol		0mol		0mol
変化量	−0.10mol		−0.30mol		+0.10mol		+0.15mol
反応後	0mol		0.20mol		0.10mol		0.15mol

残る物質：**塩化水素**，物質量：**0.20mol**

(2)　(1)から，発生する水素の物質量は 0.15mol なので，水素の体積は，次のように求められる。

22.4L/mol×0.15mol=3.36L　　**3.4L**

例題
解説動画

基本問題

知識
101. 目算法 目算法によって係数を補い，次の化学反応式を完成させよ。

(1) (　) O_2 ⟶ (　) O_3

(2) (　) CH_4O + (　) O_2 ⟶ (　) CO_2 + (　) H_2O

(3) (　) Al + (　) HCl ⟶ (　) $AlCl_3$ + (　) H_2

(4) (　) Na + (　) H_2O ⟶ (　) NaOH + (　) H_2

(5) (　) MnO_2 + (　) HCl ⟶ (　) $MnCl_2$ + (　) Cl_2 + (　) H_2O

思考
102. 未定係数法 未定係数法によって係数を補い，次の化学反応式を完成させよ。

(1) (　) NO_2 + (　) H_2O ⟶ (　) HNO_3 + (　) NO

(2) (　) Cu + (　) H_2SO_4 ⟶ (　) $CuSO_4$ + (　) H_2O + (　) SO_2

(3) (　) Cu + (　) HNO_3 ⟶ (　) $Cu(NO_3)_2$ + (　) H_2O + (　) NO

(4) (　) $KMnO_4$ + (　) H_2SO_4 + (　) $H_2C_2O_4$ ⟶ (　) $MnSO_4$ + (　) K_2SO_4 + (　) H_2O + (　) CO_2

知識
103. イオン反応式 係数を補って，次のイオン反応式を完成させよ。

(1) (　) Pb^{2+} + (　) Cl^- ⟶ (　) $PbCl_2$

(2) (　) Ag^+ + (　) Cu ⟶ (　) Ag + (　) Cu^{2+}

(3) (　) Al + (　) H^+ ⟶ (　) Al^{3+} + (　) H_2

(4) (　) $Cr_2O_7^{2-}$ + (　) H^+ + (　) I^- ⟶ (　) Cr^{3+} + (　) H_2O + (　) I_2

知識
104. 化学反応式 次の化学変化を化学反応式で表せ。

(1) アルミニウム Al が燃焼すると，酸化アルミニウム Al_2O_3 が生成する。

(2) ブタン C_4H_{10} が燃焼して，二酸化炭素 CO_2 と水 H_2O が生じる。

(3) 亜鉛 Zn に硫酸 H_2SO_4 を加えると，硫酸亜鉛 $ZnSO_4$ と水素 H_2 が生成する。

(4) カルシウム Ca を水 H_2O に入れると，水酸化カルシウム $Ca(OH)_2$ が生成し，水素 H_2 が発生する。

(5) 炭酸水素ナトリウム $NaHCO_3$ を加熱すると，分解して炭酸ナトリウム Na_2CO_3 と水 H_2O と二酸化炭素 CO_2 が生成する。

(6) 酸化バナジウム(V) V_2O_5 を触媒に用いて，二酸化硫黄 SO_2 と酸素 O_2 を反応させると，三酸化硫黄 SO_3 を生じる。

知識
105. 金属の燃焼 ある金属 M が燃焼して，酸化物 M_2O_3 が生じる変化について答えよ。

$4M + 3O_2 \longrightarrow 2M_2O_3$

(1) 4.0mol のMが燃焼したとき，反応した O_2，生成した M_2O_3 はそれぞれ何 mol か。

(2) 2.0mol のMが燃焼したとき，反応した O_2，生成した M_2O_3 はそれぞれ何 mol か。

(3) 3.0mol の M_2O_3 が生成したとき，反応したM，O_2 はそれぞれ何 mol か。

H=1.0　C=12　O=16　Mg=24　Al=27　S=32　Cl=35.5　Zn=65

知識

106. エタンの燃焼　エタン C_2H_6 の燃焼について，(　　)に適切な数値を記入せよ。

$$2C_2H_6 + 7O_2 \longrightarrow 4CO_2 + 6H_2O$$

エタン 12g の燃焼について考える。エタンのモル質量は(　ア　)g/mol なので，その 12g は(　イ　)mol である。化学反応式から，エタン 1mol と酸素(　ウ　)mol が反応することがわかるので，この燃焼で消費される酸素は(　エ　)mol となり，その質量は(　オ　)g である。同様に，生成する二酸化炭素は(　カ　)mol で(　キ　)g，水は(　ク　)mol で(　ケ　)g と求められる。

知識

107. 化学反応式と質量の関係　次の表中の数値をもとに，(　　)内に適切な数値を記せ。

(1)	Mg	+ $2HCl$	⟶	$MgCl_2$	+ H_2
物質量〔mol〕	(　ア　)	0.10		(　イ　)	(　ウ　)
質量〔g〕	1.2	(　エ　)		(　オ　)	(　カ　)

(2)	C_2H_6O	+ $3O_2$	⟶	$2CO_2$	+ $3H_2O$
物質量〔mol〕	0.50	(　キ　)		(　ク　)	(　ケ　)
質量〔g〕	(　コ　)	(　サ　)		44	(　シ　)

知識

108. 水の生成　水素と酸素が反応すると水が得られる。下の各問いに答えよ。

$$2H_2 + O_2 \longrightarrow 2H_2O$$

(1)　0.50mol の水素は何 mol の酸素と反応するか。また，水は何 mol 生じるか。

(2)　水が 3.6g 得られたとき，反応した酸素の質量は何 g か。

(3)　0℃，1.013×10^5 Pa で 5.60L の水素と反応する酸素の体積は何 L か。

知識

109. 化学反応式と量的関係　アルミニウムに希硫酸を加えると，水素が発生し，硫酸アルミニウム $Al_2(SO_4)_3$ を生じる。下の各問いに答えよ。

$$(\ a\ )Al + (\ b\ )H_2SO_4 \longrightarrow (\ c\ )Al_2(SO_4)_3 + (\ d\ )H_2$$

(1)　係数(a)～(d)を求めよ。ただし，係数が 1 の場合には 1 と記せ。

(2)　1.2g のアルミニウムと反応する硫酸は何 g か。

(3)　0℃，1.013×10^5 Pa で 1.4L の水素を得るために必要なアルミニウムは何 g か。

思考

110. 過不足のある反応　亜鉛 Zn と塩酸(塩化水素 HCl の水溶液)の反応について，下の各問いに答えよ。

$$Zn + 2HCl \longrightarrow ZnCl_2 + H_2$$

(1)　1.0mol の Zn と 4.0mol の HCl を含む塩酸を反応させると，Zn がすべて溶けた。残った HCl は何 mol か。

(2)　0.20mol の Zn と 0.50mol の HCl を反応させると，どちらが何 mol 残るか。

(3)　2.6g の亜鉛と 0.10mol/L 塩酸 500mL を反応させると，どちらが何 mol 残るか。

思考
111. 過不足のある反応 3.9g のアセチレン C_2H_2 を 0℃，1.013×10^5Pa で 11.2L の酸素で燃焼させた。次の各問いに答えよ。
(1) この変化を化学反応式で表せ。
(2) 反応終了後，反応せずに残る気体は何か。また，その質量は何 g か。
(3) 生成した二酸化炭素は 0℃，1.013×10^5Pa で何 L か。また，生成した水は何 g か。

思考
112. アルミニウムの純度 不純物を含むアルミニウムの粉末がある。この粉末 2.0g に希硫酸を加えてアルミニウムをすべて溶かしたところ，0.10mol の水素が発生した。不純物は希硫酸と反応しないものとして，次の各問いに答えよ。

$$2Al + 3H_2SO_4 \longrightarrow Al_2(SO_4)_3 + 3H_2$$

(1) この粉末中に含まれているアルミニウムの物質量は何 mol か。
(2) この粉末のアルミニウムの純度は，質量パーセントで何％か。

知識
113. 基本法則 次の文中の(　　)に適当な数値を入れ，各記述に最も関係の深い法則を下の①～⑤から選べ。
(1) 0℃，1.013×10^5Pa の酸素 5.6L 中に含まれる酸素分子の数は(　ア　)個である。
(2) 温度・圧力が一定の状態では，1 体積の窒素と 3 体積の水素が反応すると(　イ　)体積のアンモニアが生じる。
(3) 一酸化炭素中の炭素と酸素の質量比は，常に 3：(　ウ　)である。
(4) 一酸化炭素と二酸化炭素について，一定量の炭素と化合している酸素の質量比は 1：(　エ　)である。

［法則名］ ① 定比例の法則　② アボガドロの法則　③ 倍数比例の法則
④ 気体反応の法則　⑤ 質量保存の法則

思考
114. 原子説と分子説 文中の(ア)～(ウ)に適当な語句，(エ)，(オ)に適当な図を示せ。

2 体積の水素と 1 体積の酸素が反応すると，2 体積の水蒸気ができる。この事実は，ゲーリュサックの(　ア　)の法則として知られる。また，ドルトンの(　イ　)説では，水素や酸素は分割できない(イ) 1 個からできているとされた。いま，(a)のように，同体積中に同数の(イ)が含まれると考えると，(イ)が分割される必要があり，(ア)の法則と(イ)説が矛盾する。一方，アボガドロは，水素や酸素は 2 個の(イ)が結合した(　ウ　)からなるとした(ウ)説を提唱した。(b)のように，同体積中に同数の(ウ)が含まれると考えると，(イ)の組み合わせを変えるだけでよく，(ア)の法則をうまく説明することができた。

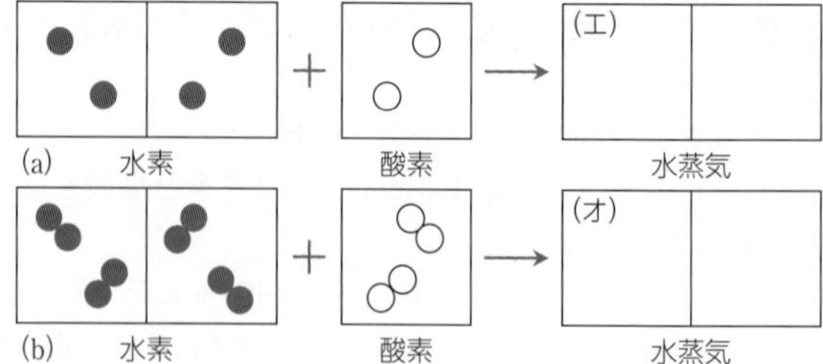

発展例題9　化学反応の量的関係

➡問題 116・117・118・119

ある質量のマグネシウムを測りとり，濃度未知の塩酸 10 mL を加えて，発生する水素の体積を測定した。

$Mg + 2HCl \longrightarrow MgCl_2 + H_2$

マグネシウムの質量を変えて，同様の測定を繰り返し，図のようなグラフを得た。次の各問いに答えよ。

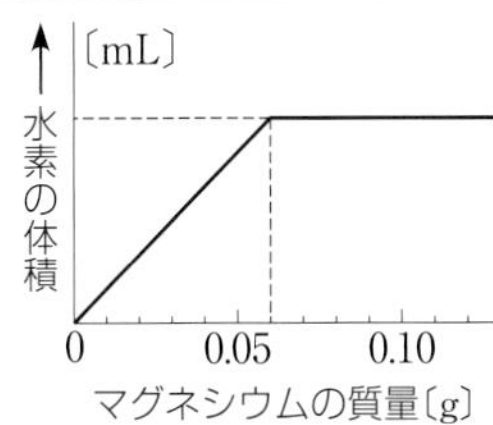

(1)　塩酸とちょうど反応したマグネシウムの質量は何 g か。

(2)　塩酸の濃度は何 mol/L か。

考え方

(1)　マグネシウムの質量が 0.060 g まではマグネシウムが完全に反応し，その量に比例して水素が得られている。それ以降は，マグネシウムの一部が反応せずに残り，水素の生成量は増加しない。グラフの折れ曲がる点が，マグネシウムと塩化水素がちょうど反応したときを示す。

(2)　モル濃度は次式で求められる。

$$\text{モル濃度〔mol/L〕} = \frac{\text{溶質〔mol〕}}{\text{溶液〔L〕}}$$

解答

(1)　**0.060 g**

(2)　マグネシウムのモル質量は 24 g/mol なので，反応したマグネシウムは，

$$\frac{0.060\,\text{g}}{24\,\text{g/mol}} = 2.5 \times 10^{-3}\,\text{mol}$$

このマグネシウムと反応した塩化水素は，

$$2.5 \times 10^{-3}\,\text{mol} \times 2 = 5.0 \times 10^{-3}\,\text{mol}$$

塩化水素 5.0×10^{-3} mol が塩酸 10 mL に含まれるので，そのモル濃度は，

$$\frac{5.0 \times 10^{-3}\,\text{mol}}{10/1000\,\text{L}} = \mathbf{0.50\,mol/L}$$

発展問題

思考

115. 気体の体積変化　酸素 1.000 L をオゾン発生器に通したところ，出てきた酸素とオゾンの混合気体の体積は 0.975 L であった。次の各問いに答えよ。ただし，温度と圧力は変化しないものとする。

(1)　酸素からオゾンが生じる変化を化学反応式で表せ。

(2)　最初の酸素 1.000 L のうち，オゾンに変化した体積の比率〔%〕を求めよ。

(20　名古屋市立大　改)

思考　グラフ

116. 気体の発生量とグラフ　Mg，Al，Zn のいずれかである金属 A，B，C を，それぞれ 0.20 mol/L の塩酸 0.50 L に加えると，図のような関係が得られた。

(1)　図の金属 A，B，C は，それぞれ Mg，Al，Zn のうちのいずれであるか。

(2)　図中の X，Y に入る数値を求めよ。

(3)　0.30 mol/L の塩酸 0.50 L に金属 A を 2X g 加えた場合に発生する気体の 0 ℃，1.013×10^5 Pa における体積〔L〕はいくらか。Y を用いて表せ。

(21　宮城大　改)

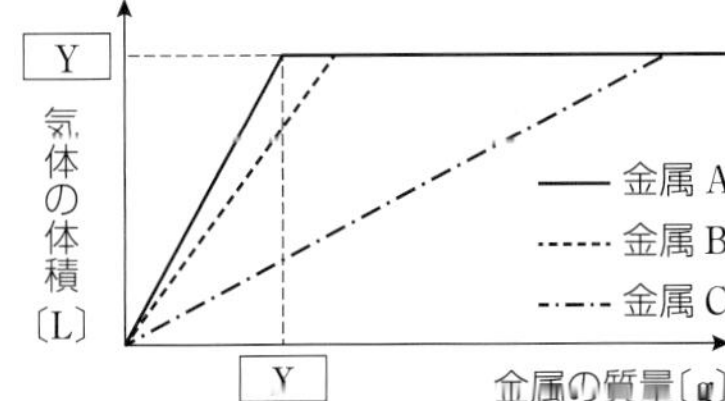

(気体の体積は 0℃, 1.013×10^5 Pa における値)

例題
解説動画

思考 グラフ

117. 塩化銀の沈殿 1.7 g の硝酸銀 $AgNO_3$ を純水 50 mL に溶かした溶液に 1.0 mol/L 塩酸を加えていくとき，加える塩酸の体積〔mL〕と生じる沈殿の質量〔g〕との関係を表すグラフとして最も適当なものを，次の①～⑥のうちから1つ選べ。

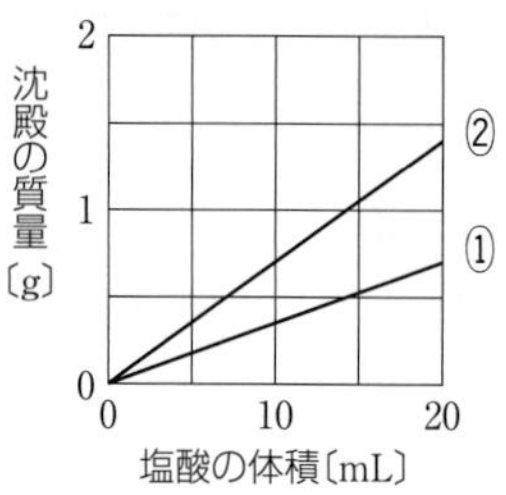

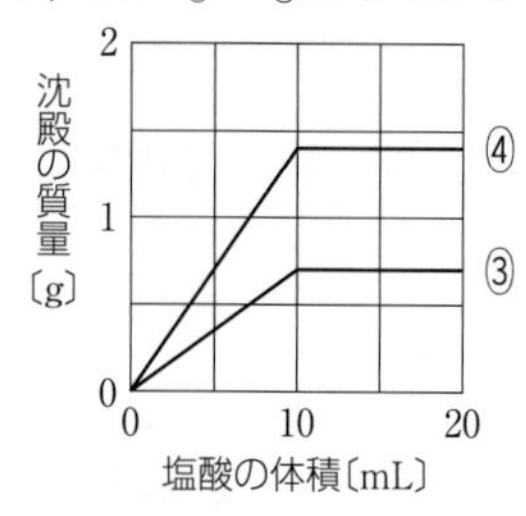

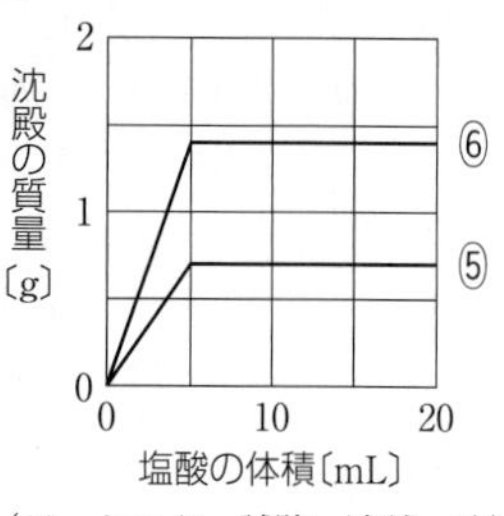

(10 センター試験 追試 改)

思考

118. マグネシウムの燃焼 ある容器に 0 ℃，1.013×10^5 Pa で 22.4 L の空気と 1.2 g のマグネシウム Mg を入れ，マグネシウムに点火して空気中の酸素と完全に反応させた。次の各問いに答えよ。ただし，空気は体積比で窒素 80 %，酸素 20 % の混合気体とし，マグネシウムは酸素だけと反応するものとする。

(1) 反応後に生成した酸化マグネシウム MgO の質量は何 g か。

(2) 反応後に容器中にある気体における酸素の体積の割合は何％か。 (15 佛教大)

思考

119. 過不足のある化学反応 ある濃度の塩酸 100 mL に，粉末状の炭酸カルシウム $CaCO_3$ を少量ずつ加えていき，加えた $CaCO_3$ の質量と発生した気体(二酸化炭素)の体積(0 ℃，1.013×10^5 Pa)との関係を調べると，表のようになった。

炭酸カルシウムの質量〔g〕	1.00	2.00	3.00	4.00	5.00
気体の体積〔mL〕	224	448	560	560	560

(1) 次の記述のうち，正しいと考えられるものを1つ選べ。

① 5.00 g の $CaCO_3$ を加えたときに発生した気体の質量は 2.2 g である。

② 1.50 g の $CaCO_3$ を加えると，280 mL の気体が発生する。

③ 5.00 g の $CaCO_3$ を加えたとき，反応せずに残った $CaCO_3$ の質量は 2.00 g である。

④ 2.00 g の $CaCO_3$ を加えたとき，反応後の溶液には 0.010 mol の Ca^{2+} が存在する。

⑤ 濃度が2倍の塩酸 100 mL に 5.00 g の $CaCO_3$ を加えると，発生する気体の体積は 1.12 L になる。

(2) 用いた塩酸の濃度は何 mol/L か。 (10 自治医科大)

思考

120. 混合物の反応 硝酸銀 $AgNO_3$ を含む混合物 A が 0.800 g ある。全量の A を水に溶かした後，十分な量の硫化水素 H_2S を通じたところ，黒色沈殿 Ag_2S が得られた。沈殿をろ過し，乾燥した後に質量を測ったところ 0.496 g であった。

(1) 硝酸銀 $AgNO_3$ と硫化水素 H_2S の反応を化学反応式で表せ。

(2) 混合物Aに含まれていた硝酸銀の質量パーセントは何％か。 (19 青山学院大 改)

思考
121. 合金の反応 アルミニウムとマグネシウムのみからなる合金1.86gに十分な量の塩酸を加えて完全に溶解させたところ，塩化マグネシウム $MgCl_2$ と塩化アルミニウム $AlCl_3$ が生成し，0℃，1.013×10^5Pa で2.24Lの水素が発生した。

(1)　マグネシウムと塩酸，アルミニウムと塩酸の反応をそれぞれ化学反応式で表せ。

(2)　この合金1.86g中に含まれていたマグネシウムの含有率(質量%)は何%か。

(13　芝浦工業大　改)

思考
122. 混合気体の燃焼 エチレン C_2H_4 とアセチレン C_2H_2 の混合気体がある。この混合気体の体積は，0℃，1.013×10^5Pa において22.4Lである。この混合気体を完全燃焼させたところ，28.8gの水が生成した。次の各問いに答えよ。

(1)　エチレンの完全燃焼とアセチレンの完全燃焼を，それぞれ化学反応式で記せ。

(2)　混合気体中のエチレンとアセチレンの物質量比を，最も簡単な整数比で示せ。

(3)　この混合気体を完全燃焼させるために必要な空気の体積は，0℃，1.013×10^5Pa において何Lか。ただし，空気は窒素と酸素が4：1の体積比で混合した気体とする。

(22　大阪医科薬科大　改)

思考
123. 混合気体の燃焼 メタン CH_4，エタン C_2H_6，および水素原子Hのすべてが重水素原子 ^2H(記号Dで表す)で置き換えられたプロパン C_3D_8 の混合気体16.8Lをとって完全燃焼させた。このとき，57.12Lの酸素が消費され，重水 D_2O が20.0g生成した。気体の体積は0℃，1.013×10^5Pa における値とし，重水素Dの原子量は2.0とする。

(1)　メタン，エタンおよびプロパン C_3D_8 を完全燃焼させたときの反応を，それぞれ化学反応式で表せ。

(2)　混合気体に含まれていたプロパン C_3D_8 の物質量と体積を求めよ。

(3)　プロパン C_3D_8 の燃焼で消費された酸素の体積を求めよ。

(4)　混合気体に含まれていたメタンとエタンの物質量の合計を求めよ。

(5)　混合気体に含まれていたメタンとエタンの物質量をそれぞれ求めよ。

(6)　この燃焼で生成した二酸化炭素の体積を求めよ。　(15　大阪歯科大　改)

思考
124. 炭化水素の生成 1.000molの一酸化炭素COを，触媒を用いて十分な量の水素 H_2 と反応させると，0.300molのメタン CH_4，0.150molのエタン C_2H_6，0.050molのプロパン C_3H_8，0.010molのブタン C_4H_{10} と水 H_2O，二酸化炭素 CO_2 が生成した。次の各問いに答えよ。ただし，有効数字は2桁とする。

(1)　COと H_2 から炭化水素 C_nH_{2n+2} と H_2O が生成する反応を化学反応式で表せ。

(2)　炭化水素の生成によって生じる水の物質量は何molになるか。

(3)　実際に得られた水の物質量を測定すると0.640molであった。この量は(2)で求めた水の物質量よりも少ない。これは次の化学反応がおこったためである。

$$CO + H_2O \longrightarrow CO_2 + H_2$$

このとき発生した二酸化炭素の物質量は何molか。

(4)　反応せずに残っている一酸化炭素の物質量は何molか。　(13　九州大　改)

第Ⅱ章　物質の変化

6 酸と塩基・水素イオン濃度

1 酸と塩基

❶酸・塩基の定義

(a) アレニウスの定義

酸	塩基❷
水溶液中で電離して，水素イオン❶H^+ を生じる物質	水溶液中で電離して，水酸化物イオン OH^- を生じる物質
〈例〉 $HCl + H_2O \longrightarrow H_3O^+ + Cl^-$	〈例〉 $NaOH \longrightarrow Na^+ + OH^-$

❶水溶液中で，H^+ は H_2O と配位結合を形成して，オキソニウムイオン H_3O^+ になっている。
❷塩基のうち，水によく溶けるものはアルカリともいう。

(b) ブレンステッド・ローリーの定義

酸	塩基
反応する相手に H^+ (陽子)を与える物質	反応する相手から H^+(陽子)を受け取る物質
〈例〉 $HCl + H_2O \longrightarrow H_3O^+ + Cl^-$ （HCl から H_2O へ H^+） (酸) (塩基)	〈例〉 $NH_3 + H_2O \rightleftarrows NH_4^+ + OH^-$ （H_2O から NH_3 へ H^+） (塩基) (酸)

❷酸・塩基の価数

(a) 酸の価数　酸の化学式中の H^+ になることができるHの数。

(b) 塩基の価数　塩基の化学式中の OH^- になることができる OH の数。
(または，受け取ることのできるH^+の数)

価数	酸の例	塩基の例
1価	フッ化水素 HF，塩化水素 HCl 臭化水素 HBr，ヨウ化水素 HI 硝酸 HNO_3，酢酸 CH_3COOH❶	水酸化ナトリウム $NaOH$，水酸化カリウム KOH アンモニア $NH_3$❷
2価	硫酸 H_2SO_4，硫化水素 H_2S シュウ酸 $(COOH)_2$	水酸化カルシウム $Ca(OH)_2$，水酸化バリウム $Ba(OH)_2$ 水酸化マグネシウム $Mg(OH)_2$，水酸化銅(Ⅱ) $Cu(OH)_2$
3価	リン酸 H_3PO_4	水酸化アルミニウム $Al(OH)_3$

❶CH_3 中の H は電離しにくい。
❷水溶液中で，1分子のアンモニア NH_3 は，水分子 H_2O と次のように反応して OH^- を1個生じるため，1価の塩基に分類される。

$$NH_3 + H_2O \rightleftarrows NH_4^+ + OH^-$$

(c) 多価の酸の電離　多価(価数が2価以上)の酸は，多段階に電離する。

〈例〉 硫酸 H_2SO_4(2価)

$$H_2SO_4 \longrightarrow H^+ + HSO_4^-$$
$$HSO_4^- \rightleftarrows H^+ + SO_4^{2-}$$
全体 $$H_2SO_4 \rightleftarrows 2H^+ + SO_4^{2-}$$

リン酸 H_3PO_4(3価)

$$H_3PO_4 \rightleftarrows H^+ + H_2PO_4^-$$
$$H_2PO_4^- \rightleftarrows H^+ + HPO_4^{2-}$$
$$HPO_4^{2-} \rightleftarrows H^+ + PO_4^{3-}$$
全体 $$H_3PO_4 \rightleftarrows 3H^+ + PO_4^{3-}$$

2 水素イオン濃度

❶酸・塩基の強弱

(a)　電離度α　電離している割合で，$0<\alpha\leqq 1$
　　　　　　　　($\alpha=1$ のときを完全電離という)

$$\text{電離度}\ \alpha=\frac{\text{電離した酸(塩基)の物質量〔mol〕}}{\text{溶かした酸(塩基)の全物質量〔mol〕}}=\frac{\text{電離した酸(塩基)のモル濃度〔mol/L〕}}{\text{溶かした酸(塩基)のモル濃度〔mol/L〕}}$$

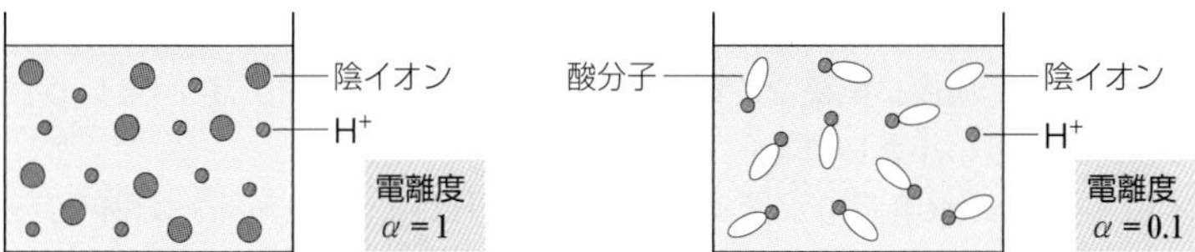

(b)　電離度の大小　αがほぼ1…強酸(強塩基)
　　　　　　　　αが小さいもの…弱酸(弱塩基)

一般に，弱酸，弱塩基であっても，濃度を小さくする(希釈する)と電離度は大きくなる。

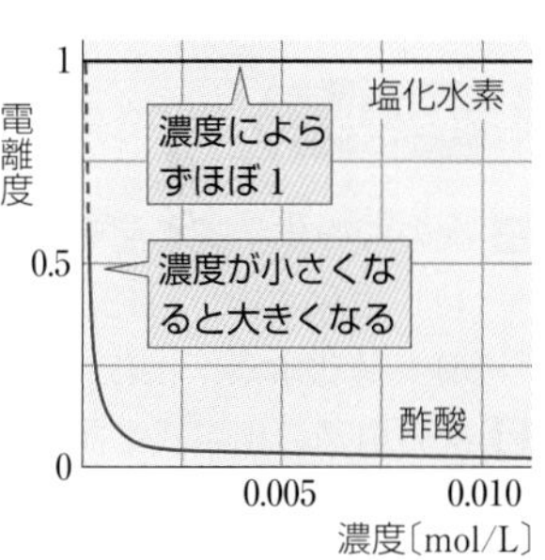

酸		塩基	
強酸	HCl，HBr，HI，HNO_3，H_2SO_4	強塩基	$NaOH$，KOH，$Ca(OH)_2$，$Ba(OH)_2$
弱酸	HF，CH_3COOH，H_2S，$(COOH)_2$	弱塩基	NH_3，$Mg(OH)_2$，$Cu(OH)_2$，$Al(OH)_3$

❷水のイオン積 K_W 化学

水の電離 $H_2O \rightleftarrows H^+ + OH^-$ によって生じる水素イオン濃度$[H^+]$と水酸化物イオン濃度$[OH^-]$の積(水のイオン積)は，一定温度では常に一定である。この関係は，水だけでなく，酸や塩基の水溶液でも成立する。

$$K_W=[H^+][OH^-]=1.0\times10^{-14}(\text{mol/L})^2\ (25℃)$$

❸水素イオン濃度と水酸化物イオン濃度

c〔mol/L〕の1価の酸(電離度α)の水溶液……$[H^+]=c\alpha$〔mol/L〕

c〔mol/L〕の1価の塩基(電離度α)の水溶液…$[OH^-]=c\alpha$〔mol/L〕

❹水素イオン指数 pH

$$\text{pH}=-\log_{10}[H^+]\qquad [H^+]=b\times10^{-a}\ \text{mol/L のとき}\quad \text{pH}=a-\log_{10}b$$

$[H^+]=1.0\times10^{-a}$ mol/L のとき，pH は次のように求められる。

$$\text{pH}=-\log_{10}[H^+]=-\log_{10}(1.0\times10^{-a})=-\log_{10}1.0-(-\log_{10}10^{a})=-0+a=a$$

強 ← 酸性　弱 中性 弱　塩基性 → 強

pH	0	1	2	3	4	5	6	7	8	9	10	11	12	13	14
$[H^+]$	1	10^{-1}	10^{-2}	10^{-3}	10^{-4}	10^{-5}	10^{-6}	10^{-7}	10^{-8}	10^{-9}	10^{-10}	10^{-11}	10^{-12}	10^{-13}	10^{-14}
$[OH^-]$	10^{-14}	10^{-13}	10^{-12}	10^{-11}	10^{-10}	10^{-9}	10^{-8}	10^{-7}	10^{-6}	10^{-5}	10^{-4}	10^{-3}	10^{-2}	10^{-1}	1
$[H^+][OH^-]$	10^{-14}	10^{-14}	10^{-14}	10^{-14}	10^{-14}	10^{-14}	10^{-14}	10^{-14}	10^{-14}	10^{-14}	10^{-14}	10^{-14}	10^{-14}	10^{-14}	10^{-14}

プロセス　次の文中の(　　)に適当な語句，数値を入れよ。

1 アレニウスの定義では，(　ア　)とは水に溶かしたときに電離して水素イオン(オキソニウムイオン)を生じる化合物であり，(　イ　)とは水に溶かしたときに電離して(　ウ　)イオンを生じる化合物である。一方，ブレンステッド・ローリーの定義では，(ア)とは(　エ　)を与えることができる物質であり，(イ)とは(エ)を受け取ることができる物質である。

2 塩酸や硫酸のように，濃度に関係なく電離度が1とみなせる酸を(　オ　)という。また，酢酸のように，電離度の小さい酸を(　カ　)という。

3 25℃において，中性の水溶液の水素イオン濃度$[H^+]$は(　キ　)mol/Lであり，pHは(　ク　)となる。酸性が強くなるほど，pHの値は(　ケ　)なる。

ドリル　次の各問いに答えよ。

A 次の酸の化学式を記せ。

(1)　塩化水素　(2)　硫酸　(3)　硝酸　(4)　酢酸　(5)　シュウ酸
(6)　硫化水素　(7)　リン酸

B 次の塩基の化学式を記せ。

(1)　水酸化ナトリウム　(2)　水酸化バリウム　(3)　水酸化アルミニウム
(4)　水酸化銅(Ⅱ)　(5)　アンモニア　(6)　水酸化マグネシウム

C 次の物質の水溶液中における電離をそれぞれイオン反応式で示せ。ただし，オキソニウムイオンは省略して水素イオンとして示し，2段階に電離するものは，2段階の電離をまとめて示せ。

(1)　HNO_3　(2)　CH_3COOH　(3)　H_2SO_4　(4)　$Ca(OH)_2$　(5)　NH_3

D 次の水溶液の水素イオン濃度を求めよ。ただし，強酸はすべて電離するものとする。

(1)　0.10mol/Lの硝酸水溶液
(2)　0.010mol/Lの硫酸水溶液
(3)　0.10mol/Lの酢酸水溶液(電離度0.016)

E 次の水溶液のpHを求めよ。

(1)　$[H^+]=0.10$mol/L　(2)　$[H^+]=1.0\times10^{-5}$mol/L
(3)　$[H^+]=1.0\times10^{-7}$mol/L　(4)　$[H^+]=1.0\times10^{-11}$mol/L

F 次の水溶液の水素イオン濃度$[H^+]$を求めよ。

(1)　pH=1　(2)　pH=3　(3)　pH=7　(4)　pH=9　(5)　pH=12

プロセスの解答

(ア) 酸　(イ) 塩基　(ウ) 水酸化物　(エ) 水素イオン(陽子)　(オ) 強酸　(カ) 弱酸　(キ) 1.0×10^{-7}
(ク) 7　(ケ) 小さく

基本例題13 酸・塩基の定義

➡問題 126

次の各反応において，下線部の物質またはイオンは，ブレンステッドとローリーが提唱した酸または塩基のどちらに相当するか。

(1) $NH_3 + \underline{H_2O} \rightleftarrows NH_4^+ + OH^-$　(2) $\underline{CO_3^{2-}} + H_2O \rightleftarrows HCO_3^- + OH^-$

(3) $HCl + \underline{H_2O} \longrightarrow H_3O^+ + Cl^-$　(4) $HCl + \underline{NH_3} \longrightarrow NH_4^+ + Cl^-$

考え方

ブレンステッド・ローリーの定義では，H^+(陽子)を与える物質が酸，受け取る物質が塩基である。両辺を見比べて，H^+ の授受を考える。

解答

(1) H_2O が NH_3 に H^+ を与えている。 **酸**

(2) CO_3^{2-} が H_2O から H^+ を受け取っている。 **塩基**

(3) H_2O が HCl から H^+ を受け取っている。 **塩基**

(4) NH_3 が HCl から H^+ を受け取っている。 **塩基**

基本例題14 水素イオン濃度とpH

➡問題 130・131・132

水溶液の pH に関する次の各問いに答えよ。ただし，強酸・強塩基は完全に電離しているものとし，水のイオン積 K_W を 1.0×10^{-14} (mol/L)^2 とする。

(1) 1.0×10^{-2} mol/L の塩酸の pH はいくらか。また，この塩酸 1 mL に水を加えて 100mL にすると，pH はいくらになるか。

(2) 1.0×10^{-1} mol/L の酢酸水溶液の pH はいくらか。ただし，酢酸の電離度を0.010 とする。

(3) 1.0×10^{-2} mol/L の水酸化ナトリウム水溶液の pH はいくらか。

考え方

c〔mol/L〕の 1 価の酸(電離度 α)の水溶液では，$[H^+]=c\alpha$〔mol/L〕となる。

$[H^+]=1.0\times10^{-a}$ mol/L のとき，pH$=a$ である。

(1) 塩化水素は強酸なので，$\alpha=1$ として$[H^+]$を求める。

(2) $\alpha=0.010$ として$[H^+]$を求める。

(3) 1 価の塩基では，$[OH^-]=c\alpha$〔mol/L〕となる。水のイオン積 $K_w=[H^+][OH^-]$ は常に一定なので，$[OH^-]$がわかれば$[H^+]$も求められる。

$$[H^+]=\frac{K_W}{[OH^-]}$$

解答

(1) $[H^+]=c\alpha=1.0\times10^{-2}\,\text{mol/L}\times1=1.0\times10^{-2}\,\text{mol/L}$

したがって，pH=2 となる。 **2**

この塩酸を水で $\frac{1}{100}$ にうすめているので，モル濃度は，

$$1.0\times10^{-2}\,\text{mol/L}\times\frac{1}{100}=1.0\times10^{-4}\,\text{mol/L}$$

したがって，$[H^+]$も 1.0×10^{-4} mol/L であり，pH は 4 となる。 **4**

(2) $[H^+]=c\alpha=1.0\times10^{-1}\,\text{mol/L}\times0.010$

$=1.0\times10^{-3}\,\text{mol/L}$

したがって，pH は 3 となる。 **3**

(3) $[OH^-]=c\alpha=1.0\times10^{-2}\,\text{mol/L}\times1=1.0\times10^{-2}\,\text{mol/L}$

$K_W=[H^+][OH^-]=1.0\times10^{-14}\,(\text{mol/L})^2$ なので，

$$[H^+]=\frac{K_W}{[OH^-]}=\frac{1.0\times10^{-14}\,(\text{mol/L})^2}{1.0\times10^{-2}\,\text{mol/L}}$$

$=1.0\times10^{-12}\,\text{mol/L}$

したがって，pH は 12 となる。 **12**

例題
解説動画

基本問題

知識

125. 酸・塩基の定義 次の文中の(　　)に適当な語句を入れ，下の問いに答えよ。

アレニウスの定義では，酸とは水に溶かしたときに(　ア　)イオンを生じる化合物である。たとえば，硫酸 H_2SO_4 や酢酸 CH_3COOH の水溶液中には，この(ア)イオンが生じている。また，塩基とは酸の性質を打ち消す化合物で，この性質は水に溶けたときに生じる(　イ　)イオンの働きによる。水酸化ナトリウム NaOH や水酸化バリウム $Ba(OH)_2$ のように水に(　ウ　)ものや，①アンモニア NH_3 のように水と反応して(イ)イオンを生じる化合物は，アレニウスの定義において塩基に分類される。

ブレンステッド・ローリーの定義では，酸とは H^+(陽子)を(　エ　)ことができる物質であり，塩基とは H^+(陽子)を(　オ　)ことができる物質である。水酸化銅(Ⅱ) $Cu(OH)_2$ などのように水に(　カ　)ものや，②塩化水素分子 HCl と直接反応する場合のアンモニア分子なども，塩基と定義される。

(問)　下線部①，②をそれぞれ反応式で示せ。

知識

126. ブレンステッド・ローリーの定義 次の各反応において，下線をつけた物質やイオンは，ブレンステッド・ローリーの定義から考えて，酸・塩基のどちらに相当するか。

(1)　$HSO_4^- + \underline{H_2O} \longrightarrow SO_4^{2-} + H_3O^+$　　(2)　$\underline{HCO_3^-} + OH^- \longrightarrow CO_3^{2-} + H_2O$

(3)　$\underline{Cu(OH)_2} + 2HCl \longrightarrow CuCl_2 + 2H_2O$

知識

127. 酸・塩基の分類 次の(1)～(3)にあてはまるものを下の(ア)～(コ)の物質からそれぞれすべて選び，記号で示せ。

(1)　2価の酸　　(2)　1価の塩基　　(3)　強酸

(ア)　塩化水素　　(イ)　水酸化マグネシウム　　(ウ)　リン酸　　(エ)　酢酸
(オ)　アンモニア　　(カ)　水酸化カリウム　　(キ)　水酸化アルミニウム
(ク)　硫酸　　(ケ)　シュウ酸　　(コ)　硝酸

思考

128. 酸・塩基のモル濃度 次の文中の(　　)に適当な数値を入れよ。

(1)　酢酸1.5gを水に溶かして500mLにすると，その濃度は(　ア　)mol/Lとなる。

(2)　0.10mol/Lの塩酸100mLと0.20mol/Lの塩酸200mLを混合し，さらに水を加えて全量を500mLにした。この水溶液には塩化水素が(　イ　)mol溶けているので，そのモル濃度は(　ウ　)mol/Lとなる。

(3)　0.25mol/Lのアンモニア水を100mL調製するには，0℃，1.013×10^5 Paで(　エ　)mLのアンモニアが必要である。

(4)　シュウ酸の結晶は $(COOH)_2 \cdot 2H_2O$ と表される。この結晶6.3g中には，シュウ酸 $(COOH)_2$ が(　オ　)mol含まれているので，これを水に溶かして200mLにした水溶液は(　カ　)mol/Lとなる。

思考

129. 水素イオン濃度◎次の各水溶液の水素イオン濃度を求めよ。ただし，強酸，強塩基は完全に電離しているものとし，水のイオン積 K_W を $1.0\times10^{-14}(\mathrm{mol/L})^2$ とする。

(1)　0.50 mol/L の塩酸 10 mL を水でうすめて 1000 mL にした水溶液

(2)　0.20 mol/L の酢酸水溶液(酢酸の電離度は0.010)

(3)　0.050 mol/L の水酸化バリウム水溶液

(4)　0.10 mol/L のアンモニア水(アンモニアの電離度は0.020)

思考

130. 水素イオン濃度と pH◎次の図を利用して，各文中の(　　)に適当な数値，または語句を入れよ。

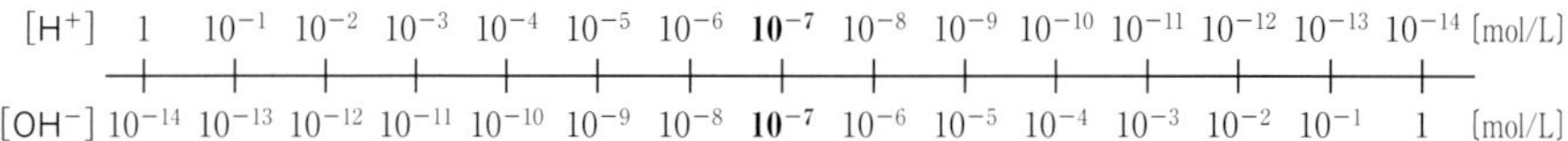

(1)　水素イオン濃度 $[H^+]$ が 1.0×10^{-4} mol/L の水溶液の pH は(　ア　)で，その水溶液は(　イ　)性である。

(2)　水酸化物イオン濃度 $[OH^-]$ が 1.0×10^{-4} mol/L の水溶液の pH は(　ウ　)で，その水溶液は(　エ　)性である。

(3)　pH が 6 の水溶液の $[H^+]$ は，pH が 2 の水溶液の $[H^+]$ の(　オ　)倍である。

(4)　pH が 3 の塩酸を水で 100 倍にうすめると pH は(　カ　)になり，pH が 12 の水酸化ナトリウム水溶液を水で 100 倍にうすめると pH は(　キ　)になる。

(5)　pH が 8 の水酸化ナトリウム水溶液を水で 100 倍にうすめると，pH は約(　ク　)になる。

思考

131. 水素イオン濃度と pH◎次の①～⑤のうちから，正しいものを 1 つ選べ。

①　酸性の水溶液中には，水酸化物イオンは存在しない。

②　塩基性の水溶液中では，$[H^+]<[OH^-]$ である。

③　pH が 5 の水溶液の $[H^+]$ は，pH が 2 の水溶液の $[H^+]$ の1000倍である。

④　pH が 6 の水溶液を水で1000倍にうすめると，pH は 9 になる。

⑤　pH が 1 の強酸の水溶液と pH が 3 の強酸の水溶液を，同じ体積ずつ混合した水溶液の pH は 2 である。

思考

132. 水溶液の pH◎次の各問いに答えよ。ただし，$\log_{10}2=0.30$，水のイオン積 K_W を $1.0\times10^{-14}(\mathrm{mol/L})^2$ とし，(3)，(4)は小数第 1 位まで求めよ。

(1)　0.050 mol/L の酢酸水溶液の pH が 3.0 であった。この酢酸の電離度はいくらか。

(2)　0 ℃，1.013×10^5 Pa で 56 mL のアンモニアを水に溶かして 500 mL の水溶液をつくった。この水溶液の pH はいくらか。アンモニアの電離度を0.020とする。

化学 (3)　0.040 mol/L の硝酸水溶液の pH はいくらか。硝酸の電離度を 1 とする。

化学 (4)　0.010 mol/L の硫酸水溶液の pH はいくらか。硫酸は完全に電離するものとする。

発展例題10 混合水溶液の pH

➡問題 137

0.10 mol/L 塩酸 10 mL と 0.30 mol/L 水酸化ナトリウム水溶液 10 mL の混合水溶液の pH を求めよ。ただし，酸，塩基の電離度を 1 とし，水のイオン積 K_W を 1.0×10^{-14} $(mol/L)^2$ とする。

考え方

水溶液の混合によって，次の反応がおこる。

$HCl+NaOH \longrightarrow NaCl+H_2O$

これをイオン反応式で表すと，次のようになる。

$H^++OH^- \longrightarrow H_2O$

反応式から，反応する H^+ と OH^- の物質量は等しい。

したがって，H^+ と OH^- の物質量を比較し，残るイオンの量からモル濃度を求める。

混合によって水溶液の体積が変わる点に注意する。

解答

1 価の強酸の HCl から生じる H^+ と，1 価の強塩基の NaOH から生じる OH^- の物質量は，

H^+：$0.10\,mol/L\times\frac{10}{1000}L\times1=1.0\times10^{-3}\,mol$

OH^-：$0.30\,mol/L\times\frac{10}{1000}L\times1=3.0\times10^{-3}\,mol$

したがって，反応後に OH^- が残る。反応後の混合水溶液のモル濃度は，水溶液の体積が (10+10) mL なので，

$[OH^-]=\frac{3.0\times10^{-3}\,mol-1.0\times10^{-3}\,mol}{(10+10)/1000\,L}=1.0\times10^{-1}\,mol/L$

$K_W=[H^+][OH^-]=1.0\times10^{-14}\,(mol/L)^2$ なので，

$[H^+]=\frac{K_W}{[OH^-]}=\frac{1.0\times10^{-14}\,(mol/L)^2}{1.0\times10^{-1}\,mol/L}=1.0\times10^{-13}\,mol/L$

したがって，pH=**13**

発展問題

思考

133. 酸・塩基の定義 次の反応(ア)～(オ)のうちから，下線を引いた物質またはイオンがブレンステッド・ローリーの定義による酸であるものをすべて選べ。

(ア) $NH_3+H_2O \rightleftarrows \underline{NH_4{}^+}+OH^-$

(イ) $\underline{Al(OH)_3}+3HCl \longrightarrow AlCl_3+3H_2O$

(ウ) $CH_3COO^-+\underline{H_2O} \rightleftarrows CH_3COOH+OH^-$

(エ) $HS^-+\underline{H_2O} \rightleftarrows S^{2-}+H_3O^+$

(オ) $\underline{HCO_3{}^-}+OH^- \rightleftarrows CO_3{}^{2-}+H_2O$ (22 順天堂大 改)

思考

134. 酸・塩基の水溶液 酸や塩基に関する次の記述の中から，正しいものを選べ。

① 水に溶かすとその水溶液が塩基性を示す化合物は，必ず水酸化物イオンをもつ。

② 1 mol/L の酸の水溶液 1 L と 1 mol/L の塩基の水溶液 1 L を完全に反応させたとき，混合水溶液の水素イオン濃度は，25℃で必ず 1×10^{-7} mol/L になる。

③ 弱酸の水溶液において，その弱酸の電離度は，濃度にかかわらず一定である。

④ pH4 の塩酸 100 mL と，pH6 の塩酸 100 mL を混合した水溶液の pH は 5 である。

⑤ 0.1 mol/L の酸の水溶液どうしを比べたとき，2 価の酸の水溶液よりも 1 価の酸の水溶液の方が強い酸性を示すことがある。 (北里大 改)

例題
解説動画

思考

135. 酸・塩基の水溶液 次の(A)～(D)の各水溶液について，下の各問いに答えよ。

(A)　0.10mol/L アンモニア水　　(B)　0.10mol/L 塩酸

(C)　0.10mol/L 酢酸水溶液　　(D)　0.10mol/L 水酸化ナトリウム水溶液

(1)　水酸化物イオン濃度の大小関係を正しく表したものを，①～⑥の選択肢から選べ。

(2)　水素イオン指数 pH の大小関係を正しく表したものを，①～⑥の選択肢から選べ。

①　A＞D＞B＞C　　②　B＞C＞A＞D　　③　C＞B＞D＞A

④　D＞A＞C＞B　　⑤　A＝D＞B＝C　　⑥　B＝C＞A＝D

(20　成蹊大　改)

思考 グラフ

136. 濃度と電離度 図は，一定温度におけるアンモニア水の濃度と電離度の関係を示したグラフである。次の各問いに答えよ。

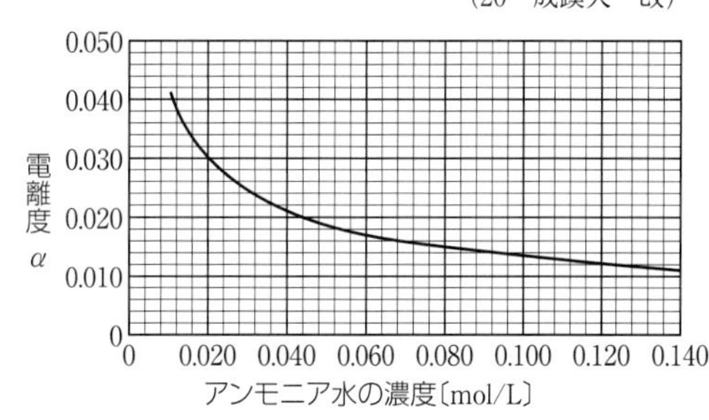

(1)　0.080mol/L のアンモニア水の水酸化物イオン濃度と同じ水酸化物イオン濃度をもつ水酸化ナトリウム水溶液の濃度は何 mol/L か。

(2)　0.080mol/L のアンモニア水を水で 2 倍に希釈すると，水酸化物イオン濃度は何倍になるか。

(15　杏林大　改)

思考

137. 混合水溶液の pH 次の酸・塩基(いずれも電離度を1.0とする)の混合水溶液の pH の値を求めよ。ただし，混合の前後で，溶液の体積の総量に変化はないものとする。

(1)　0.0030mol/L の希塩酸 10mL と 0.0010mol/L の水酸化ナトリウム水溶液 10mL の混合水溶液

(2)　0.40mol/L の硝酸水溶液 10mL と 0.10mol/L の水酸化バリウム水溶液 10mL の混合水溶液

(3)　0.040mol/L の希硫酸 10mL と 0.060mol/L の水酸化カリウム水溶液 10mL の混合水溶液

(15　大妻女子大)

思考

138. 多段階電離 2 価の酸 H_2A は水溶液中で次のように 2 段階に電離する。

$$H_2A \rightleftarrows H^+ + HA^-$$

$$HA^- \rightleftarrows H^+ + A^{2-}$$

モル濃度 c〔mol/L〕の硫酸水溶液において，硫酸の 1 段階目の電離は完全に進行し，2 段階目は一部が電離した状態になっているとする。2 段階目の電離度を α_2 として，この水溶液の水素イオン濃度 $[H^+]$ を表している式はどれか。ただし，水の電離によって生じた水素イオンの濃度は無視できるものとする。

①　0　　②　c　　③　$2c$　　④　$c(1+\alpha_2)$　　⑤　$c(1-\alpha_2)$　　⑥　$c\alpha_2$

(北里大　改)

第Ⅱ章 物質の変化

7 中和と塩

1 中和と塩

❶中和

酸と塩基が反応して，その性質を打ち消し合う変化。中和では，塩(えん)とともに水を生じることが多い。

〈例〉 $HCl+NaOH \longrightarrow NaCl+H_2O$

(イオン反応式　$H^++OH^- \longrightarrow H_2O$)

$HCl+NH_3 \longrightarrow NH_4Cl$

(イオン反応式　$H^++NH_3 \longrightarrow NH_4{}^+$)

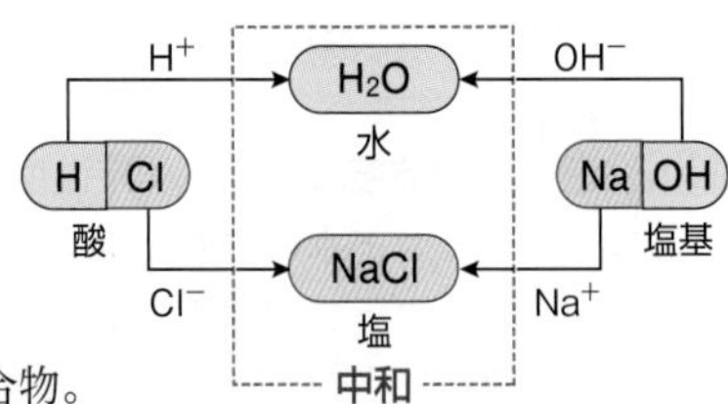

❷塩　酸の陰イオンと塩基の陽イオンからなる化合物。

酸の H^+ を陽イオンで置換したもの　　〈例〉 $HCl \longrightarrow NaCl$

塩基の OH^- を陰イオンで置換したもの　　〈例〉 $KOH \longrightarrow KNO_3$

塩の分類　分類名は，水溶液の性質(酸性，中性，塩基性)を示すものではない。

分類	定義	例
正塩	化学式中に酸のHも塩基のOHも残っていない塩	$NaCl$，Na_2SO_4，KNO_3，CH_3COONa
酸性塩	化学式中に酸のHが残っている塩	$NaHSO_4$，$NaHCO_3$，KH_2PO_4
塩基性塩	化学式中に塩基のOHが残っている塩	$MgCl(OH)$，$CuCl(OH)$

❸酸化物と塩の生成

(a)　酸性酸化物　非金属元素の酸化物のうち，水と反応して酸となるものや，塩基と反応して塩を生じるもの。CO_2，NO_2，P_4O_{10}，SO_2，SO_3 など

〈例〉　$CO_2+H_2O \rightleftarrows H_2CO_3$　　　$CO_2+Ba(OH)_2 \longrightarrow BaCO_3+H_2O$

(b)　塩基性酸化物　金属元素の酸化物のうち，水と反応して水酸化物(塩基)となるものや，酸と反応して塩を生じるもの。Li_2O，Na_2O，MgO，CaO など

〈例〉　$CaO+H_2O \longrightarrow Ca(OH)_2$　　$CaO+2HCl \longrightarrow CaCl_2+H_2O$

(c)　塩の生成　塩は，酸と塩基の中和，酸や塩基と酸化物の反応のほか，さまざまな反応で生じる。

〈例〉　酸性酸化物 ＋ 塩基性酸化物　$CO_2+CaO \longrightarrow CaCO_3$

❹オキソ酸と水酸化物

(a)　オキソ酸　分子中に酸素原子を含む酸。酸性酸化物と水の反応などで生じる。

〈例〉　炭酸 H_2CO_3，硝酸 HNO_3，リン酸 H_3PO_4，亜硫酸 H_2SO_3，硫酸 H_2SO_4 など

注　一般に，同じ元素からなるオキソ酸では，酸素原子の数が多いほど強い酸である。

酸の強さ：$H_2SO_4>H_2SO_3$，$HClO_4>HClO_3>HClO_2>HClO$

(b)　水酸化物　塩基性酸化物と水の反応などで生じる。

〈例〉　$LiOH$，$NaOH$，KOH，$Mg(OH)_2$，$Ca(OH)_2$，$Ba(OH)_2$ など

❺塩の水溶液

(a)　**水溶液の性質**　塩を水に溶かすと，種々の性質(液性)を示す。

正塩のタイプ	水溶液の性質	例	加水分解
強酸と強塩基の塩	中性	$NaCl$，KNO_3，Na_2SO_4	しない
強酸と弱塩基の塩	酸性	$CuSO_4$，NH_4Cl，$(NH_4)_2SO_4$	する
弱酸と強塩基の塩	塩基性	Na_2CO_3，CH_3COONa	する
弱酸と弱塩基の塩	中性に近い	CH_3COONH_4，$(NH_4)_2CO_3$	する

酸性塩のうち，炭酸水素塩は塩基性(加水分解：$HCO_3^- + H_2O \rightleftarrows H_2CO_3 + OH^-$)を示し，硫酸水素塩は酸性(電離：$HSO_4^- \rightleftarrows H^+ + SO_4^{2-}$)を示す。

(b)　**塩の加水分解** 化学　弱酸や弱塩基の塩から生じたイオンが水と反応し，他の分子やイオンを生じる反応。

〈例〉　CH_3COONa(弱酸と強塩基の塩)

$CH_3COONa \longrightarrow CH_3COO^- + Na^+$　　(電離)

$CH_3COO^- + H_2O \rightleftarrows CH_3COOH + OH^-$　(加水分解して塩基性)

〈例〉　NH_4Cl (強酸と弱塩基の塩)

$NH_4Cl \longrightarrow NH_4^+ + Cl^-$　　(電離)

$NH_4^+ + H_2O \rightleftarrows NH_3 + H_3O^+$　(加水分解して酸性)

注　強酸と強塩基からできた正塩は，加水分解せず，水溶液は中性を示す。

❻弱酸・弱塩基の遊離

弱酸(または弱塩基)からできた塩に強酸(または強塩基)を加えると，弱酸(または弱塩基)が遊離する。

〈例〉　$CH_3COONa + HCl \longrightarrow NaCl + CH_3COOH$

弱酸の塩　強酸　強酸の塩　弱酸

〈例〉　$NH_4Cl + NaOH \longrightarrow NaCl + H_2O + NH_3$

弱塩基の塩　強塩基　強塩基の塩　弱塩基

●**揮発性の酸の遊離**　揮発性の酸の塩に，不揮発性の酸を加えると，揮発性の酸が遊離する。

〈例〉　$NaCl + H_2SO_4 \longrightarrow NaHSO_4 + HCl$

揮発性の酸の塩　不揮発性の酸　不揮発性の酸の塩　揮発性の酸

2 中和滴定

❶中和の量的関係

酸・塩基の水溶液どうしの反応では，次の関係が成り立つ。

酸の H^+ の物質量＝塩基の OH^- の物質量(塩基が受け取る H^+ の物質量)
酸の価数×酸の物質量＝塩基の価数×塩基の物質量

$$a \times c \times V = a' \times c' \times V'$$

a，a' …酸，塩基の価数
c，c' …酸，塩基の水溶液のモル濃度〔mol/L〕
V，V'…酸，塩基の水溶液の体積〔L〕

注　この関係は，弱酸や弱塩基についても成り立つ。

第Ⅱ章　物質の変化

❷中和滴定

濃度既知の酸(塩基)の水溶液で，濃度未知の塩基(酸)の水溶液の濃度を決める操作。

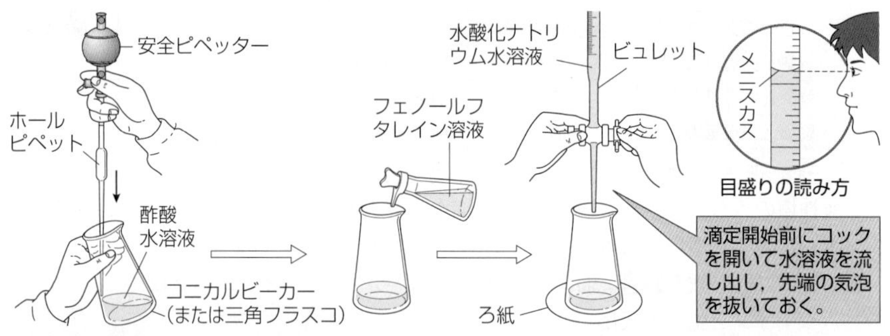

器具名	使用方法	洗浄・前処理
ホールピペット	一定体積の水溶液をとる	使用する水溶液で内側を洗う(共洗い)
ビュレット	滴定に要する水溶液の体積を知る	使用する水溶液で内側を洗う(共洗い)
メスフラスコ	一定濃度の水溶液を調製する	蒸留水でぬれていてもよい
コニカルビーカー	滴定する水溶液を入れる	蒸留水でぬれていてもよい

❸指示薬と変色域

中和滴定では中和点付近で pH が急変するので，この範囲内に**変色域**(色調が変化する pH の範囲)をもつ**酸・塩基の指示薬**が中和の指示薬に用いられる。

指示薬　pH	1	2	3	4	5	6	7	8	9	10	11
メチルオレンジ		3.1 赤			黄 4.4						
メチルレッド				4.2 赤			黄 6.2				
フェノールフタレイン							8.0 無			赤 9.8	

❹中和滴定曲線　加えた酸や塩基の水溶液の体積と混合水溶液の pH の関係を表す曲線。

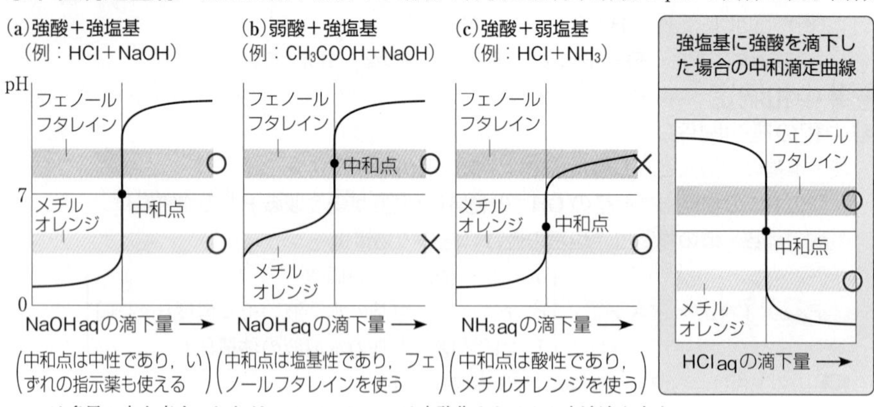

＊aq は多量の水を表す。したがって，NaOH aq は水酸化ナトリウム水溶液を表す。

❺中和滴定におけるイオンの量の変化

塩酸を水酸化ナトリウム水溶液で中和滴定する場合，混合水溶液中の各イオンは図のように変化する。この関係を利用し，電流値を調べながら滴定を行うことで，中和点を知ることができる。

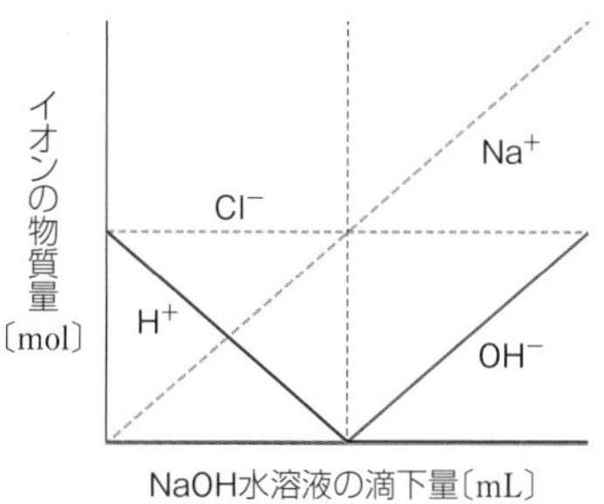

〈例〉 水酸化バリウム $Ba(OH)_2$ 水溶液＋希硫酸

$$Ba(OH)_2 + H_2SO_4 \longrightarrow BaSO_4\downarrow + 2H_2O$$

滴定につれて水に溶けにくい $BaSO_4$ が沈殿して水溶液中のイオンの量が減少するため，徐々に電流が流れにくくなる。

❻逆滴定

酸や塩基として働く気体をそれぞれ過剰の塩基，酸に吸収させ，残った未反応の塩基，酸を中和滴定することによって，吸収した気体の量を間接的に求める操作。

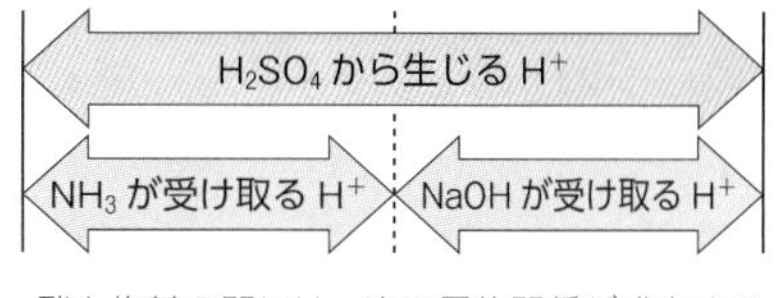

酸と塩基の間には，次の量的関係が成立する。
酸が放出した H^+ の物質量
＝塩基が受け取った H^+ の物質量
したがって，次式が成り立つ。
H_2SO_4 から生じる H^+
＝NH_3 が受け取る H^+＋NaOH が受け取る H^+

〈例〉 気体のアンモニアの定量

①気体のアンモニアを一定量の希硫酸に吸収させる。

$$H_2SO_4 + 2NH_3 \longrightarrow (NH_4)_2SO_4$$

②未反応の硫酸を水酸化ナトリウム水溶液で滴定する。この滴定の中和点では，$(NH_4)_2SO_4$ と Na_2SO_4 の混合水溶液となっているため，酸性を示し，指示薬にはメチルレッドやメチルオレンジを用いる。

$$H_2SO_4 + 2NaOH \longrightarrow Na_2SO_4 + 2H_2O$$

❼炭酸ナトリウムの二段階滴定

炭酸ナトリウム Na_2CO_3 水溶液に塩酸を加えていくと，図のような2段階の滴定曲線が得られる。各段階では，次の反応が完了している。

① $Na_2CO_3 + HCl \longrightarrow NaCl + NaHCO_3$

② $NaHCO_3 + HCl \longrightarrow NaCl + H_2O + CO_2$

①の反応が完了するまで，②の反応はおこらない。すなわち，Na_2CO_3 がすべて $NaHCO_3$ に変化したのちに $NaHCO_3$ が反応するので，第1中和点までに滴下した塩酸の体積 v_1 と，第1中和点から第2中和点までに滴下した塩酸の体積 $v_2 - v_1$ は同じ値になる。

第1中和点はフェノールフタレイン，第2中和点はメチルオレンジで知ることができる。

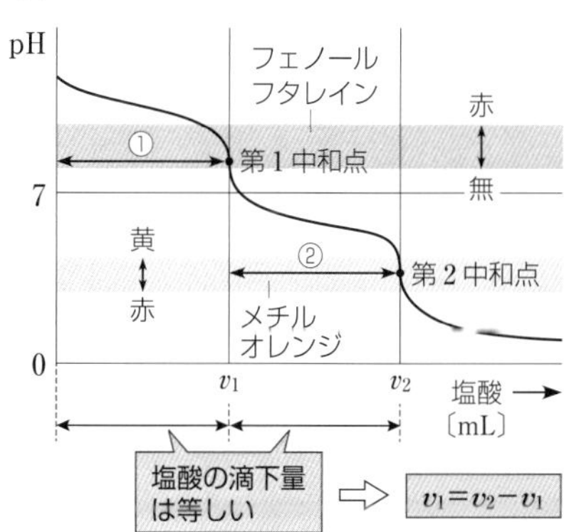

プロセス 次の文中の(　　)に適当な語句を入れよ。

1 酸の H^+ を他の陽イオンに置き換えた化合物が(　ア　)であり，すべての H^+ を置き換えたものを(　イ　)，一部を置き換えたものを(　ウ　)という。また，塩基の OH^- の一部を陰イオンで置き換えた化合物を(　エ　)という。

2 二酸化炭素 CO_2 や二酸化窒素 NO_2 は(　オ　)酸化物，酸化ナトリウム Na_2O や酸化カルシウム CaO は(　カ　)酸化物に分類される。

3 塩化ナトリウム NaCl は(　キ　)酸と強塩基からなる塩であり，その水溶液は(　ク　)性を示す。一方，酢酸ナトリウム CH_3COONa は(　ケ　)酸と強塩基からなる塩であり，その水溶液は(　コ　)性を示す。

4 中和滴定において，ビュレット，ホールピペット，コニカルビーカーの中で，使用後に純水で洗い，ぬれたまま次の実験に用いてよいものは，(　サ　)である。

5 フェノールフタレイン，メチルオレンジのうち，強酸と弱塩基の中和滴定には指示薬として(　シ　)を用いる。一方，弱酸と強塩基の中和滴定では(　ス　)を用いる。

ドリル 次の各問いに答えよ。

A 次の酸と塩基の中和を化学反応式で表せ。ただし，中和は完全に進むものとする。

(1)　HCl と NaOH　(2)　H_2SO_4 と NH_3　(3)　CH_3COOH と KOH

(4)　H_3PO_4 と $Ca(OH)_2$

B 次の塩が中和で生じたものとして，もとの酸，塩基の化学式を記せ。

(1)　NaCl　(2)　KNO_3　(3)　$CaCl_2$　(4)　$CuSO_4$　(5)　NH_4Cl

C 次の各問いに答えよ。

(1)　1mol の HCl を中和するのに必要な NaOH は何 mol か。

(2)　3mol の $Ca(OH)_2$ を中和するのに必要な H_3PO_4 は何 mol か。

(3)　0.1mol の CH_3COOH を中和するのに必要な NaOH は何 mol か。

(4)　1mol の NH_3 を中和するのに必要な H_2SO_4 は何 mol か。

(5)　0.25mol の CO_2 を反応させるのに必要な $Ba(OH)_2$ は何 mol か。

D 次の各水溶液を 0.10mol/L 水酸化ナトリウム水溶液で中和するとき，必要な体積を求めよ。

(1)　0.30mol/L の硝酸水溶液 10mL　(2)　0.10mol/L の酢酸水溶液 20mL

(3)　0.20mol/L の硫酸水溶液 25mL　(4)　0.10mol/L のシュウ酸水溶液 30mL

プロセスの解答

(ア) 塩　(イ) 正塩　(ウ) 酸性塩　(エ) 塩基性塩　(オ) 酸性　(カ) 塩基性　(キ) 強　(ク) 中
(ケ) 弱　(コ) 塩基　(サ) コニカルビーカー　(シ) メチルオレンジ　(ス) フェノールフタレイン

基本例題15　中和の量的関係

➡問題 146・147

(1)　濃度不明の水酸化ナトリウム水溶液の 15mL を中和するのに，0.30mol/L の希硫酸が 10mL 必要であった。水酸化ナトリウム水溶液の濃度は何 mol/L か。

(2)　0.10mol/L 希硫酸 15mL に，ある量のアンモニアを吸収させた。残った硫酸を中和するのに，0.20mol/L の水酸化ナトリウム水溶液が 10mL 必要であった。吸収したアンモニアは何 mol か。

考え方

中和の量的関係は次のようになる。

酸の価数×酸の物質量
　＝塩基の価数×塩基の物質量

(1)　H_2SO_4 は 2 価の酸，NaOH は 1 価の塩基である。次の公式を用いる。

$$a \times c \times V = a' \times c' \times V'$$

(2)　次の関係を用いる。
酸が放出する H^+ の総物質量
＝塩基が受け取る H^+ の総物質量

解答

(1)　NaOH 水溶液のモル濃度を c〔mol/L〕とすると，

$$2 \times 0.30\,\text{mol/L} \times \frac{10}{1000}\,\text{L} = 1 \times c\,[\text{mol/L}] \times \frac{15}{1000}\,\text{L}$$

$c = \mathbf{0.40\,mol/L}$

(2)　NH_3 の物質量を x〔mol〕とすると，NH_3 は 1 価の塩基であり，次式が成り立つ。

$$\underbrace{2 \times 0.10\,\text{mol/L} \times \frac{15}{1000}\,\text{L}}_{H_2SO_4\text{が放出する}H^+\text{の物質量}} = \underbrace{1 \times x\,[\text{mol}]}_{NH_3\text{が受け取る}H^+\text{の物質量}} + \underbrace{1 \times 0.20\,\text{mol/L} \times \frac{10}{1000}\,\text{L}}_{NaOH\text{が受け取る}H^+\text{の物質量}}$$

$x = \mathbf{1.0 \times 10^{-3}\,mol}$

基本例題16　中和滴定曲線と指示薬

➡問題 151

図の中和滴定曲線について，次の各問いに答えよ。

(1)　この滴定曲線は，次の a から d のどの酸または塩基の水溶液を，どの塩基または酸の水溶液で中和したときのものか。記号で a－b のように示せ。

　a．塩酸　　b．酢酸水溶液　　c．アンモニア水
　d．水酸化ナトリウム水溶液

(2)　この滴定の終点(中和点)では，溶液は何性を示すか。

(3)　この滴定で利用できる指示薬は何か。次から選べ。

　a．フェノールフタレイン　　b．メチルオレンジ

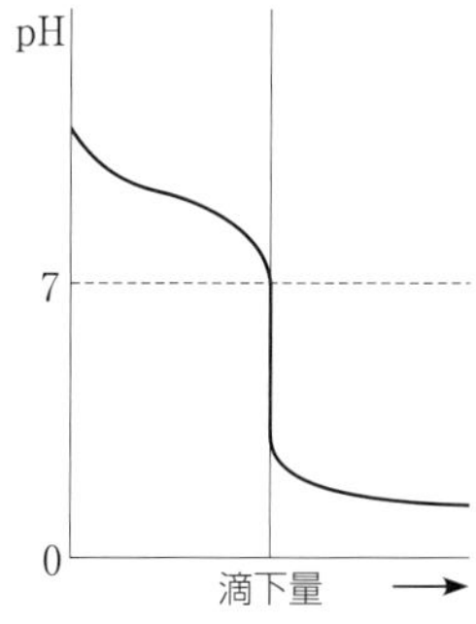

考え方

(1)　はじめの水溶液の pH は弱い塩基性(pH 10 付近)なので，弱塩基の水溶液である。その後，強い酸性(pH 2 付近)に変化しているので，滴下した酸は強酸である。

(2)　中和点では弱塩基と強酸からなる塩の水溶液となっているので，弱い酸性を示す。

(3)　pH が急激に変化する領域が酸性側なので，酸性領域に変色域をもつメチルオレンジを利用する。

解答

(1)　弱い塩基性から強い酸性へ pH が変化しているので，弱塩基のアンモニアを強酸の塩化水素で中和している。　**c－a**

(2)　**酸性**　　(3)　**b**

例題
解説動画

基本問題

知識

139. 中和●次の酸と塩基の中和を化学反応式で表せ。中和は完全に進むものとする。

(1) 塩酸に水酸化カルシウム水溶液を加える。

(2) 水酸化ナトリウム水溶液に硫化水素を吸収させる。

(3) シュウ酸水溶液に水酸化ナトリウム水溶液を加える。

(4) 水酸化銅(Ⅱ)に希硝酸を加える。

知識

140. 酸・塩基と塩●次の塩が中和で生じたものとして，もとの酸と塩基の名称を示せ。

(1) $(NH_4)_2SO_4$ (2) CH_3COONa (3) $CuCl_2$ (4) $CaCO_3$ (5) FeS

知識

141. 塩の分類●次の各塩を正塩，酸性塩，塩基性塩に分類せよ。

(1) $NaHCO_3$ (2) CH_3COOK (3) $MgCl(OH)$ (4) NH_4Cl (5) NaH_2PO_4

知識

142. 酸化物の反応●次の酸化物について，下の各問いに答えよ。

(ア) SO_3 (イ) CaO (ウ) Na_2O (エ) Cl_2O_7

(1) (ア)～(エ)の酸化物を酸性酸化物，塩基性酸化物に分類せよ。

(2) (ア)～(ウ)の酸化物について，水 H_2O との反応を化学反応式で表せ。

知識

143. 塩の水溶液の性質●次に示した(ア)～(カ)の各物質を水に溶かしたとき，その水溶液が酸性，中性，塩基性を示す物質に分類し，それぞれ化学式で示せ。

(ア) 塩化アンモニウム (イ) 硝酸カリウム (ウ) 硫酸水素ナトリウム

(エ) 硫酸ナトリウム (オ) 炭酸水素ナトリウム (カ) 酢酸ナトリウム

思考 化学

144. 塩の加水分解●文中の(　　)に適当な語句を入れ，①，②をイオン反応式で表せ。

酢酸ナトリウムを水に溶かすと，完全に電離して酢酸イオンを生じる。①酢酸イオンの一部は，水と反応して(　ア　)イオンを生じ，水溶液は(　イ　)性になる。一方，塩化アンモニウムを水に溶かすと，電離で生じた②アンモニウムイオンの一部が水と反応して(　ウ　)イオンを生じ，(　エ　)性になる。このように，弱酸の陰イオンや弱塩基の陽イオンが水と反応する変化を塩の(　オ　)という。

思考

145. 弱酸・弱塩基の遊離●次に示した(ア)～(エ)の操作を行ったとき，反応する場合はその化学反応式を，反応しない場合は×を記せ。

(ア) 塩化アンモニウムと水酸化カルシウムを混合して加熱する。

(イ) 塩化ナトリウムに酢酸水溶液を加える。

(ウ) 炭酸カルシウムに塩酸を加える。

(エ) 硫化鉄(Ⅱ)に希硫酸を加える。

知識

146. 中和の量的関係(1) 次の各問いに答えよ。

(1)　1.0mol/L 塩酸 10mL の中和に必要な 0.50mol/L 水酸化ナトリウム水溶液は何 mL か。

(2)　0.20mol/L アンモニア水 5.0mL の中和に必要な 0.20mol/L 希硫酸は何 mL か。

(3)　水酸化カルシウム 1.85g の中和に必要な 2.0mol/L の塩酸は何 mL か。

(4)　0℃，1.013×10^5Pa で 1.12L のアンモニアの中和に必要な 0.10mol/L 希硫酸は何 mL か。

思考

147. 中和の量的関係(2) 次の各問いに答えよ。

(1)　0℃，1.013×10^5Pa で 5.6L のアンモニアを水に溶かして 250mL とした。この水溶液の 10mL を中和するのに必要な 0.10mol/L の塩酸は何 mL か。

(2)　0.20mol/L の希硫酸 10mL に 0℃，1.013×10^5Pa で 56mL のアンモニアを吸収させた水溶液を中和するのに，0.10mol/L の水酸化ナトリウム水溶液は何 mL 必要か。

思考

148. 酸の比較 同じモル濃度の 3 種類の酸(a．塩化水素，b．酢酸，c．硫酸)の水溶液を用意した。次の(1)～(3)について，a，b，c を大きい方から順に並べ，等号=，不等号>を用いて表せ。ただし，強酸は完全に電離するものとする。

(1)　各水溶液の pH

(2)　各水溶液の 10mL を中和するのに要する水酸化ナトリウムの物質量

(3)　各水溶液の 10mL を水酸化ナトリウムで完全に中和したときに生じる塩の物質量

知識　実験

149. 中和滴定の実験器具 次の各問いに答えよ。

(1)　器具(ア)～(エ)の名称を記せ。

(2)　正確な濃度の溶液を調製するのに用いる器具はどれか。記号で記せ。

(3)　一定体積の溶液を正確にとるのに用いる器具はどれか。記号で記せ。

(4)　共洗いが必要な器具はどれか。記号で記せ。

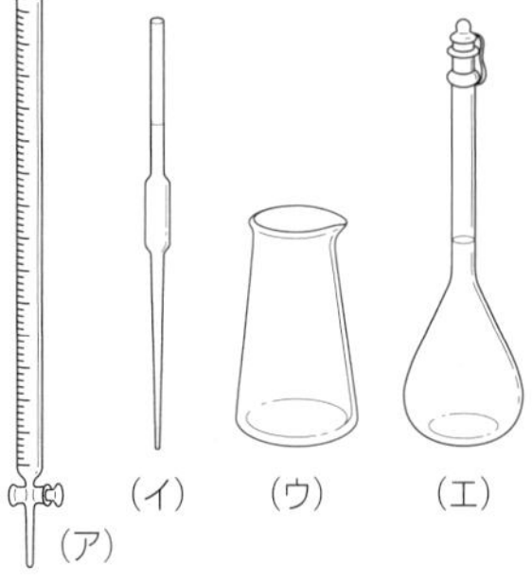

思考　実験

150. 中和滴定 食酢を正確に 10.0mL とり，器具Xに入れて水を加え，全量を 100mL とした。このうすめた水溶液 20.0mL を器具Yを用いてコニカルビーカーにとり，指示薬Zを加えたのち，9.00×10^{-2}mol/L の水酸化ナトリウム水溶液で滴定した。中和点までに必要な水酸化ナトリウム水溶液の体積は 16.0mL であった。次の各問いに答えよ。

(1)　器具XとYは何か。名称を記せ。

(2)　指示薬Zは何か。名称を記せ。また，中和点でどのように色が変化したか。

(3)　うすめた食酢のモル濃度は何 mol/L か。

(4)　もとの食酢の質量パーセント濃度は何%か。ただし，食酢の密度は 1.0g/cm^3 とし，食酢中の酸はすべて酢酸 CH_3COOH とする。

思考 グラフ

151. 中和滴定曲線 ある濃度の酢酸水溶液 25mL に 0.10mol/L 水酸化ナトリウム水溶液を加えて中和滴定を行ったところ，中和点までに 10.5mL を要した。

(1) この滴定の中和滴定曲線として，最も適当なものを次のうちから選べ。

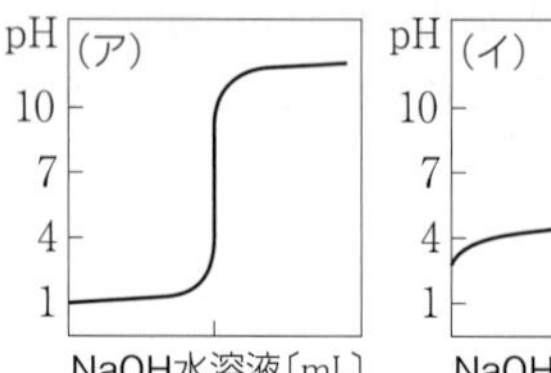

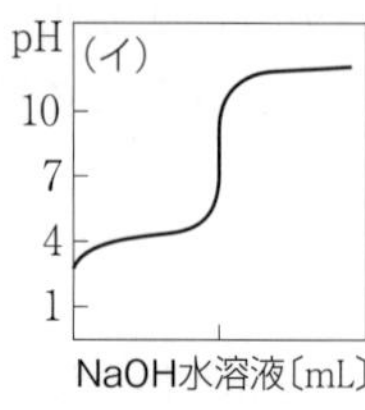

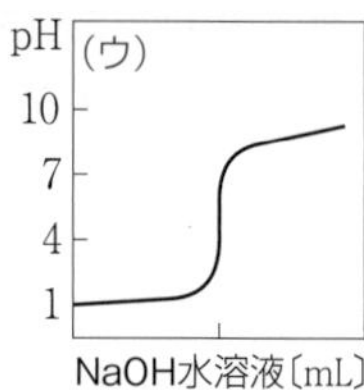

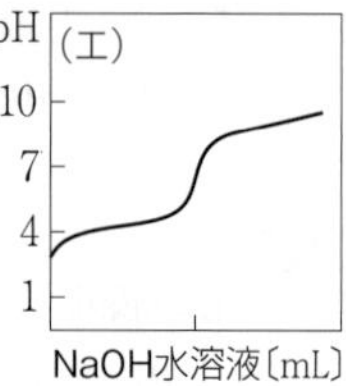

(2) この中和滴定の指示薬として，最も適当なものを次のうちから選べ。

(ア) メチルレッド(変色域の pH 4.2～6.2)

(イ) メチルオレンジ(変色域の pH 3.1～4.4)

(ウ) フェノールフタレイン(変色域の pH 8.0～9.8)

(3) 酢酸水溶液のモル濃度は何 mol/L か。

発展例題11 二酸化炭素の定量

➡問題 154

空気中の二酸化炭素の量を測定するために，5.0×10^{-3}mol/L の水酸化バリウム水溶液 100mL に 0℃，1.013×10^{5}Pa の空気 10L を通じ，二酸化炭素を完全に吸収させた。反応後の上澄み液 10mL を中和するのに，1.0×10^{-2}mol/L の塩酸が 7.4mL 必要であった。もとの空気 10L 中に含まれる二酸化炭素の体積は 0℃，1.013×10^{5}Pa で何 mL か。

考え方

二酸化炭素を吸収したときの変化は，次式で表される。

$Ba(OH)_2 + CO_2$
$\longrightarrow BaCO_3 + H_2O$

この反応後に残っている $Ba(OH)_2$ が HCl で中和される。$Ba(OH)_2$ は 2 価，HCl は 1 価である。

別解 水溶液中の CO_2 を 2 価の酸である炭酸 H_2CO_3 と考えると，全体の中和について次の関係が成立する。

酸が放出する H^+ の総物質量 ＝塩基が受け取る H^+ の総物質量

解答

吸収した CO_2 を x〔mol〕とすると，化学反応式から，残る $Ba(OH)_2$ の物質量は次のようになる。

$$5.0\times10^{-3}\times\frac{100}{1000}\text{mol}-x$$

反応後の水溶液 100mL から 10mL を用いたので，

$$2\times\left(5.0\times10^{-3}\times\frac{100}{1000}\text{mol}-x\right)\times\frac{10}{100}=1\times1.0\times10^{-2}\times\frac{7.4}{1000}\text{mol}$$

これより，$x=1.3\times10^{-4}$mol となり，CO_2 の体積は，

$$22.4\times10^{3}\text{mL/mol}\times1.3\times10^{-4}\text{mol}=2.91\text{mL}=\mathbf{2.9mL}$$

別解 上澄み液 10mL と中和する塩酸が 7.4mL なので，溶液 100mL を中和するために必要な塩酸は 74mL である。吸収した CO_2 を x〔mol〕とすると，CO_2 と HCl が放出した H^+ の総物質量は，$Ba(OH)_2$ が受け取った H^+ の総物質量と等しい。

$$2\times x+1\times1.0\times10^{-2}\times\frac{74}{1000}\text{mol}=2\times5.0\times10^{-3}\times\frac{100}{1000}\text{mol}$$

したがって，$x=1.3\times10^{-4}$mol となる。

例題
解説動画

発展例題12　二段階滴定

➡問題 158

濃度未知の水酸化ナトリウムと炭酸ナトリウムの混合水溶液を 20mL とり，1.0mol/L の塩酸を滴下したところ，右図の中和滴定曲線が得られた。この混合水溶液 20mL 中に含まれていた水酸化ナトリウムおよび炭酸ナトリウムはそれぞれ何 mol か。

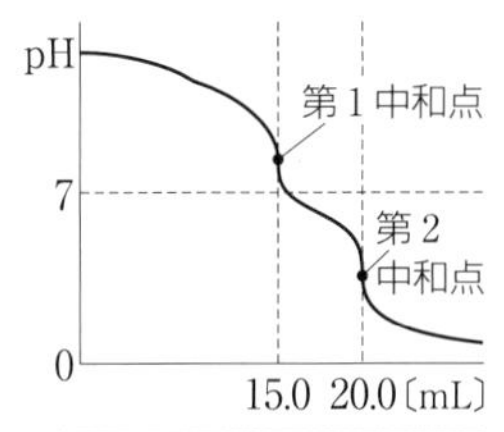

考え方

第 1 中和点までに NaOH と Na_2CO_3 が反応する。

第 1 中和点から第 2 中和点までは，生じた $NaHCO_3$ が反応する。このとき，生じた $NaHCO_3$ と，はじめにあった Na_2CO_3 とは同じ物質量であることに注意する。

各反応式を書いて，量的関係を調べる。

解答

第 1 中和点までには，次の 2 つの反応がおこる。

$NaOH + HCl \longrightarrow NaCl + H_2O$ ……①

$Na_2CO_3 + HCl \longrightarrow NaCl + NaHCO_3$ ……②

混合水溶液中の NaOH を x〔mol〕，Na_2CO_3 を y〔mol〕とすると，①，②から，反応に要する塩酸について次式が成立する。

$x + y = 1.0 \times \dfrac{15.0}{1000}$ mol

第 1 中和点から第 2 中和点までには，次の反応がおこる。

$NaHCO_3 + HCl \longrightarrow NaCl + H_2O + CO_2$ ……③

②で生じた $NaHCO_3$ は y〔mol〕であり，反応した塩酸は 20.0mL−15.0mL=5.0mL なので，　$y = 1.0 \times \dfrac{5.0}{1000}$ mol

以上のことから，$x =$ **1.0×10^{-2} mol**，$y =$ **5.0×10^{-3} mol**

発展問題

思考　実験　論述

152. 中和滴定　次の実験①～③の文章を読み，下の各問いに答えよ。

実験①　シュウ酸二水和物 $(COOH)_2 \cdot 2H_2O$ を 6.30g とり，(a)<u>純水で洗浄した 1L 用メスフラスコ</u>でシュウ酸標準溶液を調製した。約 2.5g の水酸化ナトリウム NaOH を純水に溶かして 250mL の水溶液をつくり，(b)<u>この溶液の少量でビュレットを洗浄</u>した。

実験②　①の(c)<u>シュウ酸標準溶液でホールピペットを洗浄</u>したのち，同じ溶液 25.0mL をホールピペットでとり，コニカルビーカーに入れた。これに指示薬を加え，ビュレットを用いて①の水酸化ナトリウム水溶液で滴定すると，10.20mL を要した。

実験③　食酢を正確に 5 倍に希釈した水溶液 25.0mL をホールピペットでとり，コニカルビーカーに入れた。①の水酸化ナトリウム水溶液で滴定すると，15.50mL を要した。

(1)　実験①のシュウ酸標準溶液のモル濃度を有効数字 3 桁で求めよ。

(2)　実験②で測定された水酸化ナトリウム水溶液のモル濃度を有効数字 3 桁で求めよ。

(3)　実験③で，希釈する前の食用酢中の酢酸のモル濃度を有効数字 3 桁で求めよ。ただし，食酢中の酸はすべて酢酸であるとする。

(4)　ガラス器具を洗浄するときに，下線部(a)では純水で洗浄するが，下線部(b)，(c)では使用する溶液で洗浄する理由は何か。100字以内で述べよ。　(10　琉球大　改)

例題解説動画

思考 化学 論述

153. 塩の性質 次の(a)～(e)の化合物について，下の各問いに答えよ。

(a) 硫酸ナトリウム　(b) 酢酸ナトリウム　(c) 硫酸水素ナトリウム
(d) 塩化アンモニウム　(e) 炭酸水素ナトリウム

(1) 酸性塩をすべて選び，記号で記せ。
(2) 希硫酸を加えると気体が発生するものを選び，記号で記せ。
(3) 水溶液が酸性を示すものをすべて選び，その理由を反応式を用いて説明せよ。
(4) 水溶液が塩基性を示すものをすべて選び，その理由を反応式を用いて説明せよ。

(08 山形大 改)

思考

154. アンモニアの定量 アンモニアなどの気体を直接中和滴定し，定量することは難しい。そこで，アンモニアを過剰の酸に反応させ，残った未反応の酸を滴定すると，間接的にアンモニアの量が決定できる。このような方法を逆滴定という。

いま，コニカルビーカーに入れた0.10mol/Lの硫酸水溶液20mLに，アンモニアを吸収させ完全に反応させたのち，少量のメチルオレンジを加えた。このコニカルビーカーに，ビュレットに入れた0.10mol/Lの水酸化ナトリウム水溶液を滴下していったところ，12mL滴下したところで過不足なく中和した。次の各問いに答えよ。

(1) 下線部の硫酸とアンモニアの中和反応を化学反応式で記せ。
(2) コニカルビーカーに加えた水酸化ナトリウムの物質量は何molか。
(3) 吸収されたアンモニアの物質量は何molか。

(20 大阪工業大)

思考 グラフ

155. 中和滴定における物質量の変化 0.1mol/L酢酸水溶液1Lを0.1mol/Lの水酸化ナトリウム水溶液で中和滴定したとき，滴下した水酸化ナトリウム水溶液の体積〔L〕(グラフの横軸)に対して，次の(1)～(4)の粒子の物質量〔mol〕(グラフの縦軸)はどのように変化するか。最も適当なグラフを下の(ア)～(ク)から1つずつ選べ。ただし，0.1mol/L酢酸水溶液中の酢酸の電離度を0.01とする。

(1) CH_3COOH　(2) Na^+　(3) CH_3COO^-　(4) OH^-

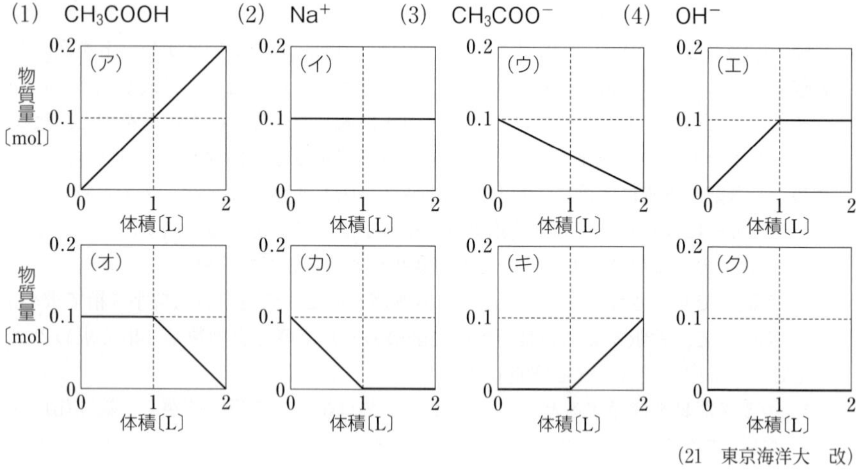

(21 東京海洋大 改)

思考 実験 論述 グラフ

156. 中和滴定曲線 濃度未知のアンモニア水および水酸化バリウム水溶液のそれぞれ10.0mLを別々のコニカルビーカーにはかり取り，0.0500mol/Lの硫酸水溶液で滴定した。図に，硫酸水溶液の滴下量とコニカルビーカー内の溶液のpH変化を示す。次の各問いに答えよ。

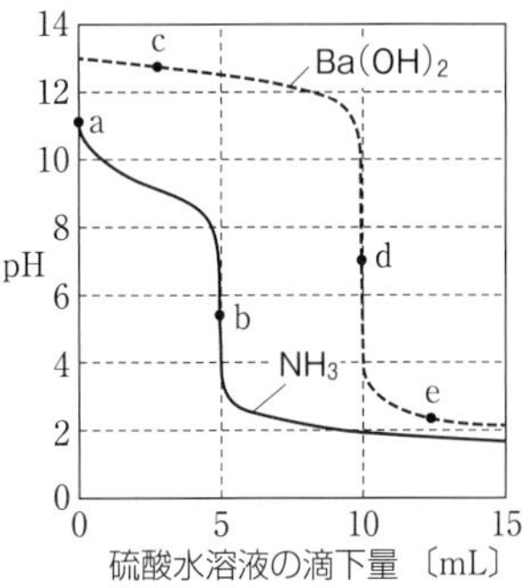

(1) アンモニア水と水酸化バリウム水溶液のモル濃度を，滴定曲線からそれぞれ有効数字2桁で求めよ。

(2) 点aのpHは11.0である。このアンモニア水の電離度を有効数字2桁で求めよ。

(3) 水酸化バリウム水溶液の滴定の各過程における反応液の電気伝導性を調べるために，反応液に電極を浸し，豆電球と直流電源を接続して，電流を流した。滴定の進行(点c→d→e)に伴って，豆電球の明るさはどのように変化するか。

(4) 中和点bと中和点dを知るために，指示薬はフェノールフタレインとメチルオレンジのどちらを使用すればよいか。それぞれ理由とともに答えよ。 (10 信州大 改)

思考

157. 混合物の中和 炭酸カルシウムを強熱すると，一部が二酸化炭素と酸化カルシウムに分解した。その後，以下の実験を行い，炭酸カルシウムの分解割合を調べた。

炭酸カルシウムの加熱後に残った固体2.06gに0.40mol/Lの塩酸200mLを加えたところ，固体は気体を発生しながら完全に溶解した。得られた溶液を水でうすめて正確に250mLの溶液を調製した。この希釈溶液の25.0mLを0.10mol/Lの水酸化ナトリウム水溶液で滴定したところ，中和には水酸化ナトリウム水溶液が30.0mL必要であった。次の各問いに答えよ。ただし，(2)～(4)については有効数字2桁とする。

(1) 炭酸カルシウムおよび酸化カルシウムと塩酸との反応を化学反応式で示せ。

(2) 下線部で調製した溶液中の塩化水素の濃度は何mol/Lか。

(3) 固体試料2.06gを溶解するのに消費された塩化水素は何molか。

(4) 炭酸カルシウムのうち加熱によって分解した割合〔%〕を求めよ。

(17 京都府立大 改)

思考 実験

158. 二段階滴定 水酸化ナトリウムと炭酸ナトリウムの混合水溶液中のそれぞれの濃度を決めるため，次の実験を行った。下の各問いに答えよ。

水酸化ナトリウムと炭酸ナトリウムを含む溶液を(ア)で20.0mLはかり取り，コニカルビーカーに入れた。①0.100mol/Lの希塩酸を(イ)に入れ，フェノールフタレインを用いて滴定したところ，第1中和点まで16.0mLを要した。その後，②指示薬(ウ)を用いて滴定を続けると第2中和点までさらに2.8mLを要した。

(1) (ア)～(ウ)に適切な器具・試薬の名称を入れよ。

(2) 下線部①，②で，各指示薬の変色の完了までにおこった変化を化学反応式で示せ。

(3) この混合水溶液中の水酸化ナトリウムおよび炭酸ナトリウムの濃度はそれぞれ何mol/Lか。有効数字2桁で答えよ。 (19 信州大)

8 酸化還元反応

1 酸化と還元

❶酸化・還元の定義　酸素原子，水素原子，電子などの授受で定義される。

酸化(酸化反応・酸化される)		還元(還元反応・還元される)	
酸素を受け取る	$2Cu+O_2 \longrightarrow 2CuO$	酸素を失う	$CuO+H_2 \longrightarrow Cu+H_2O$
水素を失う	$H_2S+H_2O_2 \longrightarrow S+2H_2O$	水素を受け取る	$Cl_2+H_2 \longrightarrow 2HCl$
電子を失う	$Na \longrightarrow Na^++e^-$	電子を受け取る	$Cl_2+2e^- \longrightarrow 2Cl^-$

❷酸化数　酸化数はそれぞれの原子の酸化の程度を表し，次のように求められる。

	取り決め	例
1	単体の原子の酸化数は0	H_2（Hは0），Cu（Cuは0）
2	単原子イオンを構成する原子の酸化数は，そのイオンの電荷の符号と価数に等しい。	Na^+（Naは+1） S^{2-}（Sは−2）
3	化合物中の水素原子Hの酸化数は+1，酸素原子Oの酸化数は−2	HNO_3（Hは+1，Oは−2）
4	化合物中の各原子の酸化数の総和は0	H_2O（Hは+1，Oは−2） $(+1)\times2+(-2)=0$
5	多原子イオン中の各原子の酸化数の総和は，そのイオンの電荷の符号と価数に等しい。	H_3O^+（Hは+1，Oは−2） $(+1)\times3+(-2)=+1$

- 酸化数は0，±1，±2…で表されるが，0，±Ⅰ，±Ⅱ…と表してもよい。
- 過酸化水素 H_2O_2 のOの酸化数は−1，水素化ナトリウム NaH のHの酸化数は−1
- 化合物中のアルカリ金属の酸化数は+1，アルカリ土類金属の酸化数は+2

❸酸化還元反応　酸化と還元は，同時におこり，酸化還元反応という。

〈例〉　$\underline{Cu}O+\underline{H}_2 \longrightarrow \underline{Cu}+\underline{H}_2O$　H原子：0→+1 酸化数増加，H_2(H)は酸化された。

　　　+2　0　　0　+1　Cu原子：+2→0 酸化数減少，CuO(Cu)は還元された。

2 酸化剤と還元剤

❶酸化剤と還元剤　酸化剤　相手の物質を酸化し，自身は還元される物質

還元剤　相手の物質を還元し，自身は酸化される物質

酸化剤	電子を受け取る反応	還元剤	電子を放出する反応
Cl_2	$Cl_2+\underline{2e^-} \longrightarrow 2Cl^-$	Na	$Na \longrightarrow Na^++\underline{e^-}$
HNO_3(濃)	$HNO_3+H^++\underline{e^-} \longrightarrow H_2O+NO_2$	H_2S	$H_2S \longrightarrow S+2H^++\underline{2e^-}$
HNO_3(希)	$HNO_3+3H^++\underline{3e^-} \longrightarrow 2H_2O+NO$	$(COOH)_2$	$(COOH)_2 \longrightarrow 2CO_2+2H^++\underline{2e^-}$
H_2SO_4(熱濃)	$H_2SO_4+2H^++\underline{2e^-} \longrightarrow 2H_2O+SO_2$	KI	$2I^- \longrightarrow I_2+\underline{2e^-}$
$KMnO_4$❶	$MnO_4^-+8H^++\underline{5e^-} \longrightarrow Mn^{2+}+4H_2O$	$FeSO_4$	$Fe^{2+} \longrightarrow Fe^{3+}+\underline{e^-}$
$K_2Cr_2O_7$	$Cr_2O_7^{2-}+14H^++\underline{6e^-} \rightarrow 2Cr^{3+}+7H_2O$	$SnCl_2$	$Sn^{2+} \longrightarrow Sn^{4+}+\underline{2e^-}$
O_3	$O_3+H_2O+\underline{2e^-} \longrightarrow O_2+2OH^-$	$Na_2S_2O_3$	$2S_2O_3^{2-} \longrightarrow S_4O_6^{2-}+\underline{2e^-}$
H_2O_2	$H_2O_2+2H^++\underline{2e^-} \longrightarrow 2H_2O$	H_2O_2	$H_2O_2 \longrightarrow O_2+2H^++\underline{2e^-}$
SO_2	$SO_2+4H^++\underline{4e^-} \longrightarrow S+2H_2O$	SO_2	$SO_2+2H_2O \longrightarrow SO_4^{2-}+4H^++\underline{2e^-}$

❶赤紫色から淡赤色(無色に近い)に変化する。中性～塩基性では次のように反応する。

$MnO_4^-+2H_2O+3e^- \longrightarrow MnO_2+4OH^-$　（MnO_2 の黒色沈殿が生成する）

❷電子の授受を表す反応式(半反応式)のつくり方

〈例〉 酸性水溶液中における MnO_4^-(酸化剤)と SO_2(還元剤)の電子の授受

(1) 左辺に反応前の物質，右辺に反応後の物質を書く。	
$MnO_4^- \longrightarrow Mn^{2+}$	$SO_2 \longrightarrow SO_4^{2-}$
(2) 酸化数の変化を調べて，e^- を加える。	
$MnO_4^- + \boxed{5e^-} \longrightarrow Mn^{2+}$ (Mn：+7→+2)	$SO_2 \longrightarrow SO_4^{2-} + \boxed{2e^-}$ (S：+4→+6)
(3) 両辺の電荷の合計が等しくなるように H^+ を加える。	
$MnO_4^- + \boxed{8H^+} + 5e^- \longrightarrow Mn^{2+}$	$SO_2 \longrightarrow SO_4^{2-} + \boxed{4H^+} + 2e^-$
(4) 両辺の水素原子の数が等しくなるように H_2O を加える。	
$MnO_4^- + 8H^+ + 5e^- \longrightarrow Mn^{2+} + \boxed{4H_2O}$	$SO_2 + \boxed{2H_2O} \longrightarrow SO_4^{2-} + 4H^+ + 2e^-$

❸酸化剤・還元剤の相対性

反応する相手によって，酸化剤にも還元剤にもなる物質…H_2O_2，SO_2

〈例〉 $\underline{H_2O_2} + H_2SO_4 + 2KI \longrightarrow 2H_2O + I_2 + K_2SO_4$ (H_2O_2：酸化剤)

$5\underline{H_2O_2} + 3H_2SO_4 + 2KMnO_4 \longrightarrow K_2SO_4 + 2MnSO_4 + 8H_2O + 5O_2$ (H_2O_2：還元剤)

❹酸化剤と還元剤の強さ

酸化還元反応の結果から，酸化剤と還元剤の強弱を判断することができる。

〈例〉 ヨウ化物イオン I^- を含む水溶液に塩素 Cl_2 を通じると，ヨウ素 I_2 が生成する。

$2I^- + Cl_2 \longrightarrow I_2 + 2Cl^-$ 酸化剤の強さ：$Cl_2 > I_2$，還元剤の強さ：$I^- > Cl^-$

3 酸化還元反応の量的関係

❶酸化還元反応の反応式のつくり方

〈例〉 硫酸酸性における過酸化水素 H_2O_2(酸化剤)と硫酸鉄(Ⅱ)$FeSO_4$(還元剤)の反応

(1) **酸化剤と還元剤の半反応式を組み合わせて，電子 e^- を消去する。**

酸化剤：$H_2O_2 + 2H^+ + 2e^- \longrightarrow 2H_2O$ …①

還元剤：$Fe^{2+} \longrightarrow Fe^{3+} + e^-$ …②

①+②×2 から，$H_2O_2 + 2H^+ + 2Fe^{2+} \longrightarrow 2H_2O + 2Fe^{3+}$ …③(イオン反応式)

(2) **省略されているイオンを加えて，化学反応式を完成させる。**

③式の左辺の $2H^+$，$2Fe^{2+}$ は H_2SO_4，$2FeSO_4$ から生じるイオンなので，両辺に $3SO_4^{2-}$ を加えて整理する。 $H_2O_2 + 2FeSO_4 + H_2SO_4 \longrightarrow Fe_2(SO_4)_3 + 2H_2O$

❷酸化還元滴定 濃度未知の酸化剤(または還元剤)の水溶液を，濃度既知の還元剤(または酸化剤)の水溶液を用いて完全に反応させ，濃度を決定する操作。

- **量的関係** **酸化剤が受け取る e^- の物質量＝還元剤が放出する e^- の物質量**
- **酸化還元滴定の終点の例**

(a) 硫酸酸性のシュウ酸水溶液を過マンガン酸カリウム水溶液を用いて滴定する。

⟶$KMnO_4$(MnO_4^-)による赤紫色が消えなくなる点を終点とする。

(b) ヨウ素ヨウ化カリウム水溶液をチオ硫酸ナトリウム水溶液を用いて滴定する。

⟶溶液の黄褐色がうすくなったのちにデンプン水溶液(指示薬)を加えて滴下を続け，青紫色が消えた点を終点とする。

4 金属のイオン化傾向

金属が電子を失って陽イオンになろうとする性質。イオン化傾向の大きい金属は，電子を失いやすく，強い還元剤として働く。

〈例〉　硫酸銅(Ⅱ) $CuSO_4$ 水溶液に鉄 Fe を入れると，銅 Cu が析出する(イオン化傾向 Fe＞Cu)。　$Cu^{2+} + Fe \longrightarrow Cu + Fe^{2+}$

イオン化列　Li　K　Ca　Na　Mg　Al　Zn　Fe　Ni　Sn　Pb　H_2　Cu　Hg　Ag　Pt　Au

水との反応	常温で水と反応❶
	熱水と反応❷
	高温で水蒸気と反応
酸との反応	塩酸や希硫酸と反応して水素を発生❸
	酸化作用を示す酸(硝酸や熱濃硫酸)と反応❹
	王水(濃塩酸と濃硝酸の体積比3：1の混合溶液)と反応
乾燥空気との反応	常温で速やかに酸化
	加熱によって酸化
	強熱によって酸化

Pb は塩酸や希硫酸とは表面に難溶性の塩を生じて溶けなくなる。

Al, Fe, Ni は濃硝酸とは表面に緻密な酸化被膜を生じて溶けなくなる(不動態)。

❶ $Ca + 2H_2O \longrightarrow Ca(OH)_2 + H_2$　❷ $Mg + 2H_2O \longrightarrow Mg(OH)_2 + H_2$

❸ $Zn + 2HCl \longrightarrow ZnCl_2 + H_2$　❹ $Cu + 4HNO_3 \longrightarrow Cu(NO_3)_2 + 2H_2O + 2NO_2$

5 酸化還元反応の利用

❶金属の製錬

(a)　製錬　鉱石中の金属イオンを還元して，金属の単体を取り出す操作。一般に，イオン化傾向が大きい金属ほど，製錬に要するエネルギーが大きくなる。

イオン化傾向	金属	製錬の方法
小	Au，Pt	(単体として産出する)
↓	Ag	硫化物を還元する
↓	Cu	鉱石を硫化物にしたのち，強熱して還元する
↓	Pb	硫化物を酸化物に変えたのち，炭素で還元する
↓	Sn，Fe	酸化物を炭素や一酸化炭素で還元する
↓	Zn	硫化物を酸化物に変えたのち，炭素で還元する
大	Al，Mg，Na，Ca，K，Li	酸化物や塩化物を融解し，電流を通じて還元する

(b)　鉄の製錬　コークスを使って鉄鉱石(赤鉄鉱 Fe_2O_3 や磁鉄鉱 Fe_3O_4)を還元する。

$Fe_2O_3 + 3CO \longrightarrow 2Fe + 3CO_2$ (実際は $Fe_2O_3 \rightarrow Fe_3O_4 \rightarrow FeO \rightarrow Fe$ と変化)

銑鉄(せんてつ)(炭素約4％)…溶鉱炉から得られる。もろい。鋳物。

鋼(こう)(炭素2～0.02％)…転炉中で銑鉄と酸素を反応。粘り強い。鋼材。

❷電池の原理

酸化還元反応を利用して化学エネルギーを電気エネルギーに変換する装置を電池という。

負極…電子 e^- が流れ出る電極(電子を放出する変化(酸化))

正極…電子 e^- が流れこむ電極(電子を受け取る変化(還元))

電池の起電力…両極間の電位差

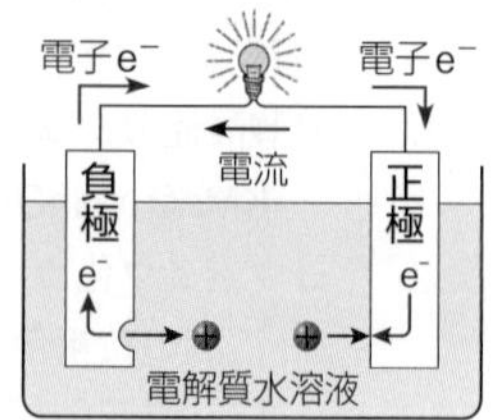

プロセス　次の文中の(　　)に適当な語句を入れよ。

1 物質が酸化されるとは，その物質が酸素を(　ア　)ことであり，電子を(　イ　)ことを意味する。酸化された物質には，酸化数が(　ウ　)した原子が存在する。

2 酸化還元反応において，酸化剤は相手の物質を(　エ　)し，還元剤は相手の物質を(　オ　)する。このとき，酸化剤は電子を(　カ　)，還元剤は電子を(　キ　)。

3 金属が水中で陽イオンになろうとする性質を，金属の(　ク　)という。硫酸銅(Ⅱ)水溶液に，みがいた鉄くぎを入れると，鉄くぎの表面に銅が析出する。このことから，鉄は銅よりも(ク)が(　ケ　)く，強い(　コ　)剤であることがわかる。

4 水素よりもイオン化傾向が(　サ　)い金属は，塩酸などの酸と反応して水素を発生するが，水素よりもイオン化傾向が(　シ　)い金属は，塩酸などの酸とは反応しない。

5 塩酸と反応しない金属の中には，熱濃硫酸や硝酸などの(　ス　)力の強い酸と反応する金属がある。たとえば，銅と濃硝酸の反応では，(　セ　)を発生しながら反応する。一方，アルミニウムや鉄は，濃硝酸中では緻密な酸化被膜に覆われ，(　ソ　)となる。

6 鉄板を亜鉛でめっきしたものを(　タ　)，鉄板をスズでめっきしたものを(　チ　)という。めっきが傷ついて鉄が露出した場合，(タ)よりも(チ)の方が，鉄が酸化され(　ツ　)。

7 鉱石中の金属イオンを還元して，金属の単体を取り出す操作を(　テ　)という。このとき，一般に，イオン化傾向が大きい金属ほど，必要なエネルギーは(　ト　)い。

ドリル　次の各問いに答えよ。

A 次の各物質の化学式を記せ。

(1) 過マンガン酸カリウム　(2) 二クロム酸カリウム　(3) シュウ酸　(4) 硫化水素
(5) 硫酸鉄(Ⅱ)　(6) チオ硫酸ナトリウム　(7) 過酸化水素　(8) 二酸化硫黄

B 下線をつけた原子の酸化数を求めよ。

(1) $\underline{N}H_3$　(2) $\underline{N}_2$　(3) $\underline{N}O_2$　(4) $\underline{N}_2O_5$　(5) $H_2\underline{S}$　(6) $\underline{S}$　(7) $\underline{S}O_2$　(8) $H_2\underline{S}O_4$

C 下線をつけた原子の酸化数を求めよ。

(1) $\underline{S}^{2-}$　(2) $\underline{Mg}^{2+}$　(3) $\underline{O}H^-$　(4) $\underline{N}H_4^+$　(5) $\underline{S}O_4^{2-}$　(6) $\underline{Cr}_2O_7^{2-}$

D 次の反応式の(　　)に，あてはまる係数を記せ。

(1) $MnO_4^- + 8H^+ +$(ア)$e^- \longrightarrow Mn^{2+} + 4H_2O$　(2) $HNO_3 + 3H^+ +$(イ)$e^- \longrightarrow NO + 2H_2O$
(3) $(COOH)_2 \longrightarrow 2CO_2 + 2H^+ +$(ウ)$e^-$　(4) $H_2O_2 \longrightarrow O_2 + 2H^+ +$(エ)$e^-$

E 次の金属の組み合わせについて，イオン化傾向が大きいものをそれぞれ選べ。

(1) Fe, Mg　(2) Zn, Cu　(3) Sn, Ni　(4) Cu, Au　(5) Ca, Al

プロセスの解答

(ア) 受け取る　(イ) 失う(放出する)　(ウ) 増加　(エ) 酸化　(オ) 還元　(カ) 受け取り
(キ) 失う(放出する)　(ク) イオン化傾向　(ケ) 大き　(コ) 還元　(サ) 大き　(シ) 小さ　(ス) 酸化
(セ) 二酸化窒素　(ソ) 不動態　(タ) トタン　(チ) ブリキ　(ツ) やすい　(テ) 製錬　(ト) 大き

基本例題17 酸化還元反応の反応式

➡問題 168・170

次の酸化剤，還元剤の半反応式①，②について，下の各問いに答えよ。

酸化剤：$Cr_2O_7^{2-} + 14H^+ + 6e^- \longrightarrow 2Cr^{3+} + 7H_2O$ …①

還元剤：$SO_2 + 2H_2O \longrightarrow SO_4^{2-} + 4H^+ + 2e^-$ …②

(1) $Cr_2O_7^{2-}$ と SO_2 との酸化還元反応をイオン反応式で表せ。

(2) 硫酸酸性水溶液中での二クロム酸カリウム $K_2Cr_2O_7$ と二酸化硫黄 SO_2 との反応を化学反応式で表せ。

考え方

(1) ①，②式を組み合わせて，e^- を消去する。

(2) (1)で得られたイオン反応式に，省略されているイオンを加える。

解答

(1) ①＋②×3とし，e^- を消去する。

$$\begin{array}{lr} Cr_2O_7^{2-} + 14H^+ + 6e^- \longrightarrow 2Cr^{3+} + 7H_2O & \cdots① \\ +)\ 3SO_2 + 6H_2O \longrightarrow 3SO_4^{2-} + 12H^+ + 6e^- & \cdots②\times 3 \\ \hline \mathbf{Cr_2O_7^{2-} + 3SO_2 + 2H^+ \longrightarrow 2Cr^{3+} + 3SO_4^{2-} + H_2O} & \end{array}$$

(2) $Cr_2O_7^{2-}$ は $K_2Cr_2O_7$ から，$2H^+$ は H_2SO_4 から生じるイオンなので，両辺に $2K^+$ と SO_4^{2-} を加えて，式を整える。

$$\mathbf{K_2Cr_2O_7 + 3SO_2 + H_2SO_4 \longrightarrow Cr_2(SO_4)_3 + K_2SO_4 + H_2O}$$

基本例題18 酸化還元反応の量的関係

➡問題 171・172・173・174

硫酸酸性水溶液中における過マンガン酸イオン MnO_4^- と過酸化水素 H_2O_2 の変化は，それぞれ次のように表される。

$MnO_4^- + 8H^+ + 5e^- \longrightarrow Mn^{2+} + 4H_2O$ …①

$H_2O_2 \longrightarrow O_2 + 2H^+ + 2e^-$ …②

これらの変化について，次の各問いに答えよ。

(1) 1.0mol の MnO_4^- と反応する H_2O_2 は何 mol か。

(2) 硫酸酸性水溶液中で，濃度不明の過酸化水素水10mLと，0.010mol/L過マンガン酸カリウム水溶液8.0mLがちょうど反応したとすると，過酸化水素水の濃度は何mol/Lになるか。

考え方

酸化還元反応では，次の関係が成り立つ。

酸化剤が受け取る e^- の物質量＝還元剤が放出する e^- の物質量

酸化剤である MnO_4^- の 1mol は 5mol の e^- を受け取り，還元剤である H_2O_2 の 1mol は 2mol の e^- を放出する。

解答

(1) 反応する H_2O_2 の物質量を x〔mol〕とすると，次式が成り立つ。

$1.0\,\text{mol} \times 5 = x\,[\text{mol}] \times 2$　　$x = \mathbf{2.5\,mol}$

(2) 反応する過酸化水素水を c〔mol/L〕とすると，次式が成り立つ。

$$0.010\,\text{mol/L} \times \frac{8.0}{1000}\,\text{L} \times 5 = c\,[\text{mol/L}] \times \frac{10}{1000}\,\text{L} \times 2$$

$c = \mathbf{0.020\,mol/L}$

例題解説動画

基本問題

知識
159. 酸化・還元の定義 酸化と還元の定義について，次の表中の空欄をうめよ。

	酸素	水素	電子	酸化数
酸化された	受け取った	(a)	(c)	(e)
還元された	失った	(b)	(d)	(f)

知識
160. 酸化・還元の定義 酸素原子，水素原子の授受に着目して，次の下線をつけた原子が酸化されているものをすべて選べ。

(ア) $\underline{Cu}O + H_2 \longrightarrow Cu + H_2O$　　(イ) $2H_2\underline{S} + SO_2 \longrightarrow 3S + 2H_2O$

(ウ) $H_2 + \underline{Cl}_2 \longrightarrow 2HCl$　　(エ) $2\underline{Mg} + O_2 \longrightarrow 2MgO$

知識
161. 酸化数 次の下線をつけた原子の酸化数を求めよ。

(1) $H\underline{Cl}$　(2) $H\underline{Cl}O$　(3) $H\underline{Cl}O_2$　(4) $H\underline{Cl}O_3$　(5) $H\underline{Cl}O_4$

(6) $H\underline{N}O_2$　(7) $K_2\underline{Cr}_2O_7$　(8) $\underline{N}H_4^+$　(9) $\underline{Cr}O_4^{2-}$　(10) $\underline{Mn}O_4^-$

(11) $H_2\underline{O}_2$　(12) $Na\underline{H}$　(13) $\underline{Na}_2CO_3$　(14) $\underline{Ca}SO_4$

知識
162. 酸化数と酸化・還元 次の化学反応式中の下線部の原子それぞれについて，酸化数の変化から酸化されたか，還元されたかを答えよ。

(1) $\underline{Cu}O + \underline{H}_2 \longrightarrow Cu + H_2O$　　(2) $\underline{Fe} + \underline{H}_2SO_4 \longrightarrow FeSO_4 + H_2$

(3) $\underline{S}O_2 + 2H_2\underline{S} \longrightarrow 2H_2O + 3S$　　(4) $2K\underline{I} + H_2\underline{O}_2 + H_2SO_4 \longrightarrow K_2SO_4 + I_2 + 2H_2O$

(5) $\underline{Mn}O_2 + 4H\underline{Cl} \longrightarrow MnCl_2 + 2H_2O + Cl_2$

知識
163. 水溶液の色 次の文中の(　　)に，適当な語句を入れよ。

過マンガン酸カリウム水溶液の色は(　ア　)で，二クロム酸カリウム水溶液の色は(　イ　)である。シュウ酸水溶液の色は(　ウ　)で，過酸化水素水は無色である。硫酸酸性のシュウ酸水溶液を試験管に入れ，これを温めながら過マンガン酸カリウム水溶液を少量ずつ加えていくと，反応が完了する前後で，試験管の水溶液の色が(　エ　)から(　オ　)に変化する。

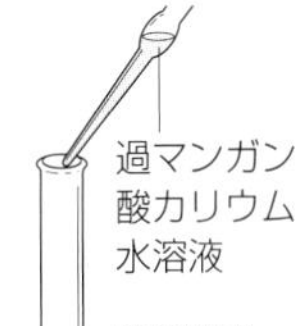

思考
164. 酸化還元反応 次の反応のうちから，酸化還元反応をすべて選べ。

① $NaCl + AgNO_3 \longrightarrow AgCl + NaNO_3$

② $Cu + 2H_2SO_4 \longrightarrow CuSO_4 + 2H_2O + SO_2$

③ $MnO_2 + 4HCl \longrightarrow MnCl_2 + 2H_2O + Cl_2$

④ $CaO + 2HCl \longrightarrow CaCl_2 + H_2O$

⑤ $HCl + NaOH \longrightarrow NaCl + H_2O$

思考

165. **酸化剤と還元剤** 次の各反応における，酸化剤および還元剤を化学式で示せ。ただし，酸化剤または還元剤が存在しないときは「なし」と記せ。

(ア) $CO_2+H_2 \longrightarrow CO+H_2O$

(イ) $Fe_2O_3+3CO \longrightarrow 2Fe+3CO_2$

(ウ) $Ca+2H_2O \longrightarrow Ca(OH)_2+H_2$

(エ) $CuO+H_2SO_4 \longrightarrow CuSO_4+H_2O$

思考

166. **酸化剤と還元剤** 次の(ア)～(カ)をうめて，酸化剤と還元剤の電子 e^- の授受を表す反応式を完成させよ。

(1) $HNO_3+($　ア　$)+e^- \longrightarrow ($　イ　$)+NO_2$

(2) $Cr_2O_7{}^{2-}+14H^++($　ウ　$) \longrightarrow ($　エ　$)+7H_2O$

(3) $(COOH)_2 \longrightarrow ($　オ　$)+2H^++2e^-$

(4) $SO_2+2H_2O \longrightarrow ($　カ　$)+4H^++2e^-$

思考

167. **電子の授受を表す反応式のつくり方** 次の各式に電子 e^-，および必要であれば，H^+ や H_2O を書き加えて，酸化剤・還元剤の電子の授受を表す式を完成させよ。

(1) $H_2S \longrightarrow S$　　(2) $SO_2 \longrightarrow S$

(3) $H_2SO_4 \longrightarrow SO_2$　　(4) $HNO_3 \longrightarrow NO$

知識

168. **酸化還元反応** 次の電子 e^- を用いた反応式①～④について，下の各問いに答えよ。

$MnO_4{}^-+8H^++5e^- \longrightarrow Mn^{2+}+4H_2O$ ……①

$H_2O_2+2H^++2e^- \longrightarrow 2H_2O$ ……②

$H_2O_2 \longrightarrow O_2+2H^++2e^-$ ……③

$2I^- \longrightarrow I_2+2e^-$ ……④

(1) 過マンガン酸イオン $MnO_4{}^-$ と過酸化水素 H_2O_2 の反応をイオン反応式で表せ。

(2) 過酸化水素とヨウ化物イオン I^- の反応をイオン反応式で表せ。

思考

169. **二酸化硫黄の反応** 次の各反応において，二酸化硫黄 SO_2 が，酸化剤として働いた場合はA，還元剤として働いた場合はB，どちらでもない場合はCと記せ。

(ア) 過酸化水素水に二酸化硫黄を吹きこむと，硫酸が生じた。

(イ) 硫化水素水(硫化水素の水溶液)に二酸化硫黄を吹きこむと，硫黄の白色沈殿が生じた。

(ウ) 水酸化ナトリウム水溶液に二酸化硫黄を吹きこむと，亜硫酸ナトリウム水溶液が生じた。

(エ) ヨウ素溶液(ヨウ素ヨウ化カリウム水溶液)に二酸化硫黄を吹きこむと，溶液が無色になり，ヨウ化水素と硫酸が生じた。

思考

170. 酸化還元反応式のつくり方 硫酸酸性の過マンガン酸カリウム $KMnO_4$ 水溶液に，硫酸鉄(Ⅱ)水溶液を加えると，マンガン(Ⅱ)イオン Mn^{2+} と鉄(Ⅲ)イオン Fe^{3+} が生成した。この反応について，次の各問いに答えよ。

(1) MnO_4^- と Fe^{2+} の変化を，電子 e^- を用いた反応式でそれぞれ表せ。

(2) MnO_4^- と Fe^{2+} の反応を，イオン反応式で表せ。

(3) 過マンガン酸カリウムと硫酸鉄(Ⅱ)の反応を，化学反応式で表せ。

知識

171. 酸化還元反応の量的関係 水溶液中で硫化水素 H_2S と二酸化硫黄 SO_2 は，それぞれ次式のように反応する。下の各問いに答えよ。

$H_2S \longrightarrow S + 2H^+ + 2e^-$

$SO_2 + 4H^+ + 4e^- \longrightarrow S + 2H_2O$

(1) 0.30mol の H_2S と反応する SO_2 の物質量を求めよ。

(2) 0.30mol の H_2S と 0.30mol の SO_2 が反応したとき，何 mol の S が生じるか。

知識

172. 酸化還元反応の量的関係 硫酸酸性の水溶液中で過マンガン酸イオン MnO_4^- とヨウ化物イオン I^- はそれぞれ次式のように反応する。下の各問いに答えよ。

$MnO_4^- + 8H^+ + 5e^- \longrightarrow Mn^{2+} + 4H_2O$

$2I^- \longrightarrow I_2 + 2e^-$

(1) 0.20mol のヨウ化物イオンと反応する過マンガン酸イオンの物質量を求めよ。

(2) 充分な量のヨウ化カリウムを含む水溶液に希硫酸を加えて酸性にしたのち，0.10 mol/L 過マンガン酸カリウム水溶液を 20mL 加えた。生じたヨウ素は何 mol か。

思考 実験 論述

173. 酸化還元反応の量的関係 0.15mol/L シュウ酸 $(COOH)_2$ 水溶液 20mL に希硫酸を十分に加えたのち，濃度不明の二クロム酸カリウム $K_2Cr_2O_7$ 水溶液を少しずつ滴下していくと，25mL 加えたところで反応が過不足なく終了した。次の各問いに答えよ。

$Cr_2O_7^{2-} + 14H^+ + 6e^- \longrightarrow 2Cr^{3+} + 7H_2O$

$(COOH)_2 \longrightarrow 2CO_2 + 2H^+ + 2e^-$

(1) この二クロム酸カリウム水溶液の濃度は何 mol/L か。

(2) 水溶液を酸性にするとき，希硫酸の代わりに塩酸を用いることはできない。その理由を簡潔に述べよ。

思考 実験

174. 酸化還元反応 ヨウ素とチオ硫酸ナトリウムは，次式のように反応する。

$I_2 + 2Na_2S_2O_3 \longrightarrow 2NaI + Na_2S_4O_6$

ヨウ素が溶けているヨウ化カリウム水溶液を，0.10mol/L のチオ硫酸ナトリウム水溶液で滴定したところ，終点までに 8.0mL を要した。

(1) この滴定で用いる指示薬の名称と，終点前後における溶液の色の変化を記せ。

(2) このとき反応したヨウ素の物質量は何 mol か。

思考

175. 酸化剤と還元剤の強さ 次の各問いに答えよ。

(1) 酢酸鉛(Ⅱ)水溶液に亜鉛を入れると，鉛が析出する。この変化から，亜鉛と鉛のどちらが強い還元剤と考えられるか。

$Zn + Pb^{2+} \longrightarrow Zn^{2+} + Pb$

(2) 次の反応がおこることから，Cl_2，Br_2，I_2 を酸化作用の強い順に化学式で示せ。

$2KBr + Cl_2 \longrightarrow 2KCl + Br_2$　　$2KI + Cl_2 \longrightarrow 2KCl + I_2$

$2KI + Br_2 \longrightarrow 2KBr + I_2$

思考

176. 金属のイオン化傾向 表は，金属イオンを含む水溶液に金属片を浸した実験結果をまとめたものである。(ア)～(オ)のうち，変化が見られるものは，そのイオン反応式を記せ。変化が見られないものは，変化なしと記せ。

	Fe	Cu
Ag^+ を含む水溶液	(ア)	(イ)
Cu^{2+} を含む水溶液	(ウ)	変化なし
Zn^{2+} を含む水溶液	(エ)	(オ)

思考

177. 金属の推定 金属A～Dは，金，銅，マグネシウム，鉄のうちのいずれかである。次の(1)～(3)の記述から，それぞれどの金属であるかを推定し，元素記号で示せ。

(1) A，Bは希硫酸に溶けて水素を発生するが，C，Dは溶けない。

(2) Bは熱水と反応して水素を発生するが，Aは反応しない。

(3) Cは濃硝酸に溶けて二酸化窒素を発生するが，Dは溶けない。

知識

178. イオン化傾向と金属の製錬 次の各成分を多く含む鉱石から，製錬によって金属の単体を取り出す方法として適当なものを，次の(ア)～(ウ)からそれぞれ選べ。

(1) 金　(2) 銅　(3) アルミニウム

(ア) 融解して電流を通じて還元する。

(イ) 単体のまま産出する。

(ウ) 硫化物にしたのち，強熱して還元する。

知識

179. 鉄の製錬 図は，鉄の製錬に用いられる溶鉱炉の模式図である。溶鉱炉の上部から鉄鉱石(主成分 Fe_2O_3)，コークスC，石灰石 $CaCO_3$ が供給される。①コークスと熱風中の酸素との反応で生じた②一酸化炭素が還元剤となり，鉄鉱石が還元されて銑鉄が得られる。次の各問いに答えよ。

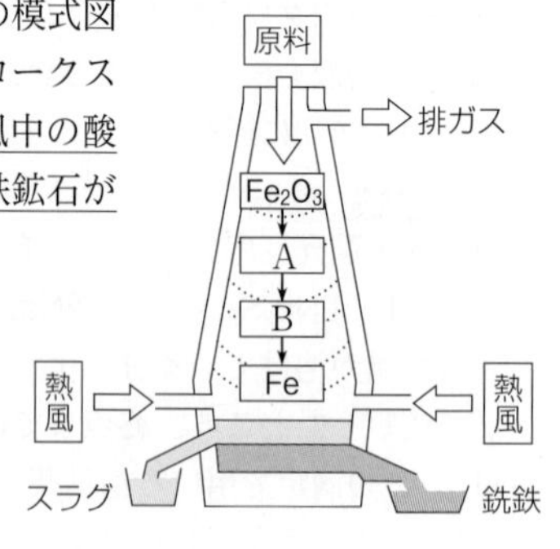

(1) 図のA，Bに該当する鉄の酸化物の化学式を記せ。

(2) 下線部①で一酸化炭素が生じる反応を，化学反応式で表せ。

(3) 下線部②の反応を，化学反応式で表せ。

思考

180. **金属のイオン化傾向と電池**　金属Aと金属Bがある。金属A，Bをそれぞれ希硫酸に入れると，Aの表面からは水素が発生したが，Bはまったく反応しなかった。また，陽イオンB^{2+}を含む水溶液に金属Aを入れると，金属Bが金属Aの表面に析出し，水溶液中には陽イオンA^{3+}が溶け出した。次の各問いに答えよ。

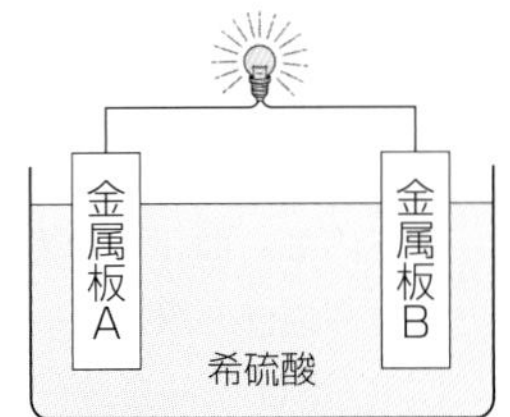

(1)　金属板A，Bを希硫酸に入れて図のような電池をつくった。次の①～④のうち，正しいものを1つ選べ。

①　Aが酸化され，Bが還元される。
②　Aが還元され，Bが酸化される。
③　Aが正極になり，Bが負極になる。
④　Aが負極になり，Bが正極になる。

(2)　B^{2+}を多量に含む水溶液に金属Aを入れると，金属Bがx〔mol〕析出した。溶け出した金属Aの物質量を，xを用いて表せ。

発展例題13　酸化還元滴定

➡問題 183・184

0.252gのシュウ酸の結晶$(COOH)_2 \cdot 2H_2O$を水に溶かして，①正確に100mLの溶液を調製し，その中から②25.0mLを正確にとり，希硫酸で酸性にした。これを温めながら濃度不明の③過マンガン酸カリウム水溶液を少量ずつ加えていくと，20.0mL加えたところで，反応が完了した。

$$MnO_4^- + 8H^+ + 5e^- \longrightarrow Mn^{2+} + 4H_2O$$

$$(COOH)_2 \longrightarrow 2CO_2 + 2H^+ + 2e^-$$

(1)　下線部①，②の操作で用いられる器具の名称を記せ。
(2)　下線部③で，反応がちょうど完了した点をどのように決めるか。
(3)　この過マンガン酸カリウム水溶液の濃度は何mol/Lか。

考え方

(2)　$(COOH)_2$が残っている間は，MnO_4^-がMn^{2+}となるため，ほぼ無色になる。
(3)　滴定の終点では，次の関係が成り立つ。
酸化剤が受け取った電子の物質量＝還元剤が放出した電子の物質量

解答

(1)　① **メスフラスコ**　② **ホールピペット**
(2)　**滴下した過マンガン酸カリウム水溶液の赤紫色が，消えずに残る点を終点とする。**
(3)　1molのMnO_4^-は5molの電子を受け取り，1molの$(COOH)_2$は2molの電子を放出する。$KMnO_4$水溶液の濃度をc〔mol/L〕とすると，$(COOH)_2 \cdot 2H_2O$＝126g/molから，

$$c\text{〔mol/L〕} \times \frac{20.0}{1000}\text{L} \times 5 = \frac{0.252}{126}\text{mol} \times \frac{25.0}{100} \times 2$$

$c = \mathbf{1.00 \times 10^{-2}\ mol/L}$

例題
解説動画

発展問題

思考
181. 酸化還元反応 次の(ア)～(カ)のうち，酸化還元反応であるものを2つ選べ。また，各反応で，酸化された原子と還元された原子の元素記号と，その酸化数の変化を記せ。

(ア) $SiO_2+6HF \longrightarrow H_2SiF_6+2H_2O$　(イ) $2F_2+2H_2O \longrightarrow 4HF+O_2$

(ウ) $SO_3+H_2O \longrightarrow H_2SO_4$　(エ) $AgNO_3+HCl \longrightarrow AgCl+HNO_3$

(オ) $K_2Cr_2O_7+2KOH \longrightarrow 2K_2CrO_4+H_2O$

(カ) $Cu+4HNO_3 \longrightarrow Cu(NO_3)_2+2H_2O+2NO_2$

(21　広島大)

思考
182. 酸化作用の強さ 酸性下では，次のa，bの反応がおこる。Fe^{3+}，H_2O_2，I_2 を酸化剤としての強さの順に並べたものとして最も適当なものを，下の①～⑥から1つ選べ。

a　$2FeSO_4 + H_2O_2 + H_2SO_4 \longrightarrow Fe_2(SO_4)_3 + 2H_2O$

b　$Fe_2(SO_4)_3 + 2KI \longrightarrow 2FeSO_4 + I_2 + K_2SO_4$

① $Fe^{3+}>H_2O_2>I_2$　② $Fe^{3+}>I_2>H_2O_2$　③ $H_2O_2>Fe^{3+}>I_2$

④ $H_2O_2>I_2>Fe^{3+}$　⑤ $I_2>Fe^{3+}>H_2O_2$　⑥ $I_2>H_2O_2>Fe^{3+}$

(19　同志社女子大)

思考 実験 論述
183. 酸化還元滴定 濃度不明の過酸化水素水の濃度を，過マンガン酸カリウム水溶液を用いた酸化還元滴定によって決定したい。次の各問いに答えよ。

(1) この滴定において，過酸化水素は還元剤として働いている。このときの過酸化水素の変化を，電子 e^- を用いた反応式で記せ。

(2) 過酸化水素水の一定量をはかり取り，希硫酸を加えたのち，過マンガン酸カリウム水溶液を滴下した。この操作に必要な，体積を正確に測定するガラス器具を2つ記せ。

(3) この滴定の終点はどのようにして決めるかを説明せよ。

(4) 過酸化水素水 10.0mL を 2.00×10^{-2}mol/L の過マンガン酸カリウム水溶液で滴定したところ，終点までに20.0mL 必要であった。過酸化水素水のモル濃度を求めよ。

(工学院大　改)

思考 実験 論述
184. 酸化還元滴定 濃度不明の過マンガン酸カリウム水溶液の濃度を，シュウ酸標準溶液による酸化還元滴定によって決定した。まず，シュウ酸二水和物(式量126)を1.49g はかり取って水に溶かしたのち，200mL メスフラスコでシュウ酸標準溶液をつくった。この溶液 10.0mL をはかり取り，適量の希硫酸を加えてあたため，濃度不明の過マンガン酸カリウム水溶液をビュレットで滴下すると，16.0mL で終点に達した。

(1) この滴定に用いたシュウ酸標準溶液のモル濃度を有効数字2桁で求めよ。

(2) 過マンガン酸イオン，シュウ酸の働きを，それぞれ電子 e^- を用いた反応式で表せ。

(3) この滴定では，過マンガン酸カリウム水溶液を酸性にするために硫酸を用いる。塩酸を用いない理由を20字以内で説明せよ。

(4) 硫酸酸性下における過マンガン酸カリウムとシュウ酸の反応を化学反応式で表せ。

(5) 過マンガン酸カリウム水溶液のモル濃度を有効数字2桁で求めよ。

(21　広島大　改)

思考

185. オゾンの定量 空気A中のオゾン濃度を測定するため，次の実験を行った。

コニカルビーカーに①0.10mol/L ヨウ化カリウム水溶液を xmL 入れ，そこに 100mL の純水を加えて振り混ぜた。この水溶液に，0℃，1.013×10^5Pa で 11L の体積を占める空気Aを吹きこみ，②含まれるオゾンをすべて反応させて，ヨウ素を生成させた。このヨウ素を 0.050mol/L のチオ硫酸ナトリウム水溶液で滴定すると，終点までに 8.8mL 要した。なお，オゾン O_3，チオ硫酸イオン $S_2O_3^{2-}$ は次のように働く。

$$O_3+H_2O+2e^- \longrightarrow O_2+2OH^- \qquad 2S_2O_3^{2-} \longrightarrow S_4O_6^{2-}+2e^-$$

(1) 下線部②の変化を化学反応式で表せ。

(2) 空気Aに含まれるオゾンの体積パーセント[%]を有効数字 2 桁で答えよ。

(3) 空気A中のオゾンを完全に反応させるためには，下線部①において，少なくとも何 mL のヨウ化カリウム水溶液を入れる必要があるか。有効数字 2 桁で答えよ。

(22 芝浦工業大 改)

思考

186. 銅の定量分析 ある濃度の硫酸銅(Ⅱ)水溶液 2.00mL に純水を加えて約 50mL とし，約 2g のヨウ化カリウムを少量の純水に溶かした水溶液を加えてよく振り混ぜると，難溶性のヨウ化銅(Ⅰ)CuI の白色微粉末が分散した褐色の懸濁液となった。この懸濁液に対して 0.1000mol/L のチオ硫酸ナトリウム標準溶液による滴定を開始した。懸濁液の褐色がうすくなってからデンプン水溶液を少量加えると青紫色を呈した。さらに滴定をつづけ，懸濁液の青紫色が消えて白色となった点を終点としたところ，滴定に要したチオ硫酸ナトリウム標準溶液は 18.20mL であった。ただし，この滴定においてチオ硫酸イオン $S_2O_3^{2-}$ は酸化されて四チオン酸イオン $S_4O_6^{2-}$ になるものとする。

(1) Cu^{2+} と I^- から CuI と I_2 が生じる反応をイオン反応式で表せ。

(2) 硫酸銅(Ⅱ)水溶液の濃度を求めよ。 (21 京都大 改)

思考

187. 金属のイオン化傾向 次の記述(1)～(4)をもとに，金属A～Eをイオン化傾向の大きい方から順に並べよ。

(1) A～Eを塩酸に入れると，A，B，Eは溶けたが，C，Dは溶けなかった。

(2) A～Eを常温の水に入れると，Eのみが激しく反応した。

(3) Dの陽イオンを含む水溶液にCの小片を入れると，Cの表面にDが析出した。

(4) AとBを水でぬらして接触させておくと，単独のときよりもAが容易に腐食した。

(09 岡山理科大 改)

思考 論述

188. 鉄の防食 亜鉛を鉄にめっきしたものは(　ア　)とよばれ，鉄の腐食を防いでいる。これは，亜鉛のイオン化傾向が鉄よりも(　イ　)ため，めっきに傷がつき鉄が露出した場合でも，鉄の腐食が進行しないからである。①銅を濃硝酸に浸すと，二酸化窒素を発生しながら溶けるが，鉄を濃硝酸に浸しても溶けず，②不動態となる。

(1) (ア)，(イ)にあてはまる語句を記せ。

(2) 下線部①の酸化還元反応を化学反応式で記せ。

(3) 下線部②の状態になる理由を答えよ。 (20 九州工業大 改)

9 電池と電気分解 化学

1 電池

❶電池の構造　酸化還元反応によって放出されるエネルギーを，電流による電気エネルギーとして取り出す装置を電池という。電池の両極間の電位差を**電池の起電力**という。

(負極) M_1 | 電解質溶液 | M_2 (正極)…金属のイオン化傾向　$M_1 > M_2$

両極の反応：負極…金属M_1が陽イオンとなり，電極に電子を残す(酸化される)。

正極…周囲にある酸化剤が，電極から電子を受け取る(還元される)。

❷活物質　正極と負極でそれぞれ反応する酸化剤，還元剤。

負極活物質：極板の金属など　　正極活物質：金属の酸化物，溶液中の陽イオンなど

❸電池の種類　二次電池：充電して繰り返し使用できる。一次電池：充電できない。

種類	起電力	構造	負極(酸化)	正極(還元)
ボルタ電池❶	1V	(−)Zn | H_2SO_4aq❷ | Cu(+)	$Zn \longrightarrow Zn^{2+} + 2e^-$	$2H^+ + 2e^- \longrightarrow H_2$
ダニエル電池	1.1V	(−)Zn | $ZnSO_4$aq | $CuSO_4$aq | Cu(+)	$Zn \longrightarrow Zn^{2+} + 2e^-$	$Cu^{2+} + 2e^- \longrightarrow Cu$
乾電池(マンガン乾電池)(一次電池)	1.5V	(−)Zn | $ZnCl_2$aq，NH_4Claq | MnO_2·C(+)	$Zn \longrightarrow Zn^{2+} + 2e^-$	MnO_2 が e^- を受け取り $MnO(OH)$ に変化する
鉛蓄電池(二次電池)	2.0V	(−)Pb | H_2SO_4aq | PbO_2(+)	$Pb + SO_4^{2-} \underset{充電}{\overset{放電}{\rightleftarrows}} PbSO_4 + 2e^-$	$PbO_2 + 4H^+ + SO_4^{2-} + 2e^- \underset{充電}{\overset{放電}{\rightleftarrows}} PbSO_4 + 2H_2O$
燃料電池	1.2V	(−)Pt·H_2 | H_3PO_4aq | O_2·Pt(+)	$H_2 \longrightarrow 2H^+ + 2e^-$	$O_2 + 4H^+ + 4e^- \longrightarrow 2H_2O$

❶ボルタ電池では，放電するとすぐに起電力が低下する。このとき正極付近に活物質となる酸化剤を加えると，起電力が回復する。❷aq は多量の水を表す。

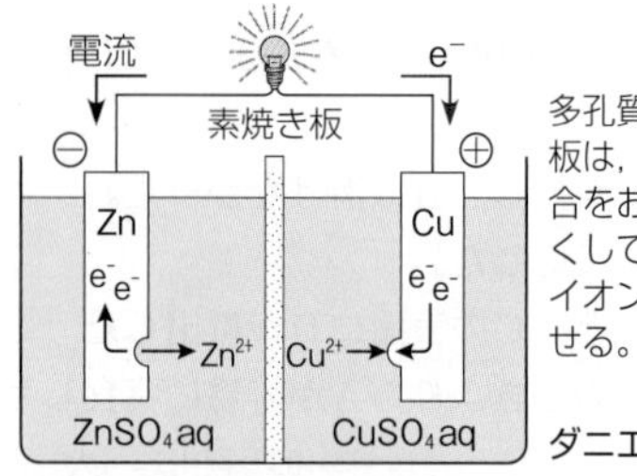

多孔質の素焼き板は，両液の混合をおこりにくくしているが，イオンを通過させる。

ダニエル電池

電流　e^-　⊖　⊕　Pb　PbO_2　$PbSO_4$　H_2SO_4aq

放電すると，難溶性の硫酸鉛(Ⅱ)が両極に付着する。

鉛蓄電池

❹その他の実用電池

種類	名称	起電力	負極活物質	電解質(主成分)	正極活物質
一次電池	酸化銀電池	**1.55V**	Zn	KOH	Ag_2O
	リチウム電池	**3.0V**	Li	$LiClO_4$	MnO_2
二次電池	ニッケル・カドミウム電池	**1.2V**	Cd	KOH	$NiO(OH)$
	ニッケル・水素電池	**1.2V**	H_2	KOH	$NiO(OH)$
	リチウムイオン電池	**3.7V**	LiC_6	Li の塩	$LiCoO_2$

2 電気分解

❶電気分解（電解） 電解質水溶液や融解液に電極を入れて直流電流を通じ，酸化還元反応をおこす操作。電池の負（正）極に接続した電極を陰（陽）極という。

陰極：電子を受け取る反応（還元）がおこる。

陽極：電子を失う反応（酸化）がおこる。

電流 正極 負極 e^-
陽極 陰極
電解質水溶液

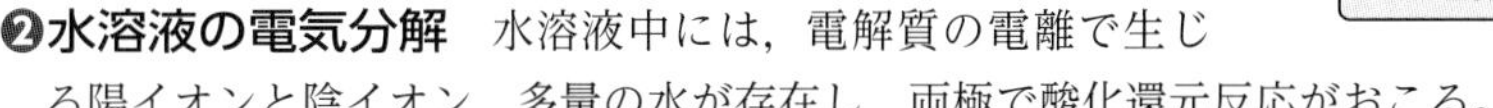

❷水溶液の電気分解 水溶液中には，電解質の電離で生じる陽イオンと陰イオン，多量の水が存在し，両極で酸化還元反応がおこる。

(a) 白金電極または炭素電極を用いたときの変化（水溶液）

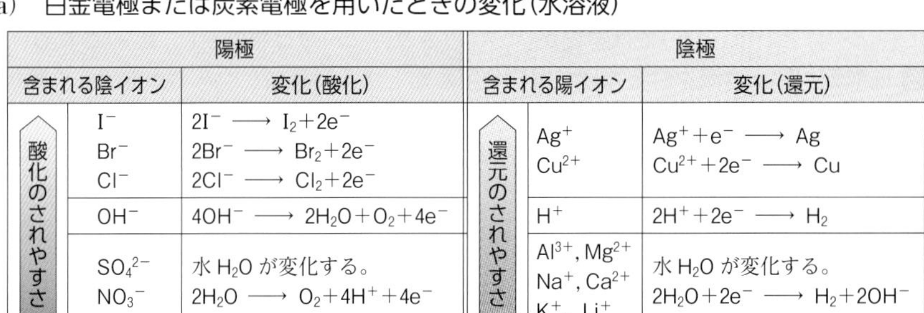

陽極			陰極		
含まれる陰イオン		変化（酸化）	含まれる陽イオン		変化（還元）
酸化のされやすさ（大）	I^- Br^- Cl^-	$2I^- \longrightarrow I_2+2e^-$ $2Br^- \longrightarrow Br_2+2e^-$ $2Cl^- \longrightarrow Cl_2+2e^-$	還元のされやすさ（大）	Ag^+ Cu^{2+}	$Ag^++e^- \longrightarrow Ag$ $Cu^{2+}+2e^- \longrightarrow Cu$
	OH^-	$4OH^- \longrightarrow 2H_2O+O_2+4e^-$		H^+	$2H^++2e^- \longrightarrow H_2$
（小）	$SO_4{}^{2-}$ $NO_3{}^-$	水 H_2O が変化する。 $2H_2O \longrightarrow O_2+4H^++4e^-$	（小）	Al^{3+}, Mg^{2+} Na^+, Ca^{2+} K^+, Li^+	水 H_2O が変化する。 $2H_2O+2e^- \longrightarrow H_2+2OH^-$

(b) **陽極の変化** 陽極に金や白金以外の金属（Ni，Cu，Ag など）を用いると，陽極自体が酸化され，陽イオンとなって溶け出す。〈例〉 $Cu \longrightarrow Cu^{2+}+2e^-$

(c) **銅の電解精錬** 粗銅（純度99%，金や銀，鉄，ニッケルなどを含む）を陽極，純銅を陰極にして，硫酸銅（II）水溶液の電解を行うと，陰極に純銅（純度99.99%）が析出する。粗銅中の金や銀は溶解せず，陽極の下に沈殿する（陽極泥（でい））。粗銅中の鉄やニッケルは，イオンとなって溶け出し，水溶液中に残る。

(d) **アルミニウムの製錬** 融解した氷晶石 Na_3AlF_6 に酸化アルミニウム Al_2O_3 を溶かし，炭素を電極にして電解を行うと，陰極にアルミニウムが析出する（溶融塩電解*）。

注 イオン化傾向が大きい金属の単体は，水溶液の電気分解では析出しない。

❸電気分解における量的関係

(a) **電気分解の法則（ファラデーの法則）**

(1) 各電極で変化するイオンや物質の物質量は，流れた電気量に比例する。

(2) 同じ電気量で変化するイオンの物質量は，そのイオンの価数に反比例する**。

(b) **ファラデー定数** 電子 1 mol のもつ電気量の絶対値。9.65×10^4 C/mol

(c) **電気量** 1 C：1 A の電流を 1 秒〔s〕間流したときの電気量

$$Q〔C〕=i〔A〕\times t〔s〕 \longrightarrow 電子の物質量=\frac{i\times t〔C〕}{9.65\times10^4\,C/mol}$$

（C：クーロン　A：アンペア）

(d) **生成量**

$Cu^{2+}+2e^- \longrightarrow Cu$　　2 mol の電子に相当する電気量で 1 mol の Cu が析出。

$2H_2O \longrightarrow O_2+4H^++4e^-$　　4 mol の電子に相当する電気量で 1 mol の O_2 が発生。

*融解塩電解ともいう。
**成り立たない反応も多い。

プロセス 次の文中の(　　)に適当な語句や数値を入れよ。

1 2種類の金属を(　ア　)の水溶液に浸して導線で結ぶと電池ができる。このとき，(　イ　)が大きい方の金属が(　ウ　)となり，電子を放出して(　エ　)される。

2 電池の負極で(　オ　)される物質を負極(　カ　)，正極で(　キ　)される物質を正極(カ)という。電池では，導線を通って負極から正極に(　ク　)が流れる。

3 構成が(－)Zn | $ZnSO_4$aq | $CuSO_4$aq | Cu(＋)で表される電池は(　ケ　)電池とよばれ，(－)Pb | H_2SO_4aq | PbO_2(＋)で表される電池は(　コ　)電池とよばれる。

4 電気分解において，電池の正極に接続した電極を(　サ　)，負極に接続した電極を(　シ　)という。(サ)では物質が(　ス　)され，(シ)では物質が(　セ　)される。

5 硫酸銅(Ⅱ)水溶液を白金電極で電気分解したとき，陽極に(　ソ　)が発生し，陰極に(　タ　)が析出する。

6 2.0A の電流を10分間通じたとき，流れる電気量は(　チ　)C である。

プロセスの解答

(ア) 電解質　(イ) イオン化傾向　(ウ) 負極　(エ) 酸化　(オ) 酸化　(カ) 活物質　(キ) 還元
(ク) 電子　(ケ) ダニエル　(コ) 鉛蓄　(サ) 陽極　(シ) 陰極　(ス) 酸化　(セ) 還元　(ソ) 酸素
(タ) 銅　(チ) 1.2×10^3

基本例題19 ダニエル電池

➡問題 190・192

図のダニエル電池について，次の各問いに答えよ。

(1)　この電池の負極は，亜鉛板と銅板のどちらか。

(2)　両極でおこる変化を，電子 e^- を用いた反応式で表せ。

(3)　素焼き板を通って，硫酸銅(Ⅱ)水溶液から硫酸亜鉛水溶液の方に移動するイオンの化学式を記せ。

(4)　亜鉛板と硫酸亜鉛水溶液の代わりにニッケル板と硫酸ニッケル(Ⅱ)水溶液を用いた。起電力はどのようになるか。

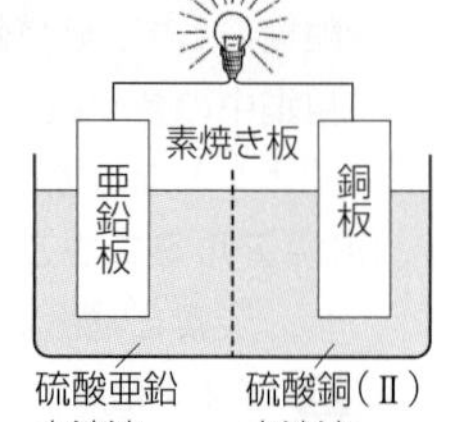

考え方

(1)　イオン化傾向の大きい金属が負極になる。

(3)　陽イオンは負極で増加し，正極で減少する。このとき，硫酸イオンが素焼き板を通り，負極に移動するため，電気的な中性が保たれる。

(4)　このような電池の電位差は，電極の金属のイオン化傾向の差が大きいほど，大きくなる。

解答

(1)　イオン化傾向の大きさは Zn＞Cu なので，Zn が負極，Cu が正極となる。　**亜鉛板**

(2)　負極：$Zn \longrightarrow Zn^{2+}+2e^-$

正極：$Cu^{2+}+2e^- \longrightarrow Cu$

(3)　素焼き板は，両水溶液を混合しにくくしているが，硫酸イオン SO_4^{2-} を負極側に，亜鉛イオン Zn^{2+} を正極側に通過させる。　**SO_4^{2-}**

(4)　イオン化傾向は Zn＞Ni＞Cu なので，Ni と Cu の電位差は，Zn と Cu の電位差よりも小さい。

小さくなる

例題
解説動画

基本例題20 燃料電池

➡問題 193

リン酸形の燃料電池の構成は，次のように表される。下の各問いに答えよ。

(−)Pt·H_2|H_3PO_4aq|O_2·Pt(+)

(1) 放電するときに，正極と負極でおこる変化を，それぞれ電子 e^- を含む式で表せ。

(2) 放電するときにおこる変化を，1つの化学反応式で表せ。

(3) 1.93×10^3C の電気量を得るために消費される水素は，0℃，1.013×10^5Pa で何 mL か。

考え方

(1) 燃料電池の正極活物質は O_2，負極活物質は H_2 である。

(2) (1)の各反応式を，電子 e^- が消えるように組み合わせる。

(3) 負極の反応式から，H_2 と e^- の物質量の関係を求める。e^- 1mol の電気量は，9.65×10^4C である。

解答

(1) 正極：$O_2+4H^++4e^- \longrightarrow 2H_2O$ …①

負極：$H_2 \longrightarrow 2H^++2e^-$ …②

(2) ①+②×2 から，放電時の変化を表す反応式が得られる。

$2H_2+O_2 \longrightarrow 2H_2O$ …③

(3) 1.93×10^3C の電気量に相当する電子の物質量は，

$$\frac{1.93\times10^3\,\text{C}}{9.65\times10^4\,\text{C/mol}}=2.00\times10^{-2}\,\text{mol}$$

②式から，2 mol の電子が流れたときに消費される水素は 1 mol なので，2.00×10^{-2}mol の電子を取り出したときに消費される水素は 1.00×10^{-2}mol である。したがって，水素の体積は，

22.4×10^3mL/mol$\times1.00\times10^{-2}$mol$=$**224 mL**

基本例題21 電気分解の量的関係

➡問題 199・200・201

白金電極を用いて，硫酸銅(Ⅱ)水溶液を 1.0A の電流で40分13秒間電気分解を行った。次の各問いに答えよ。

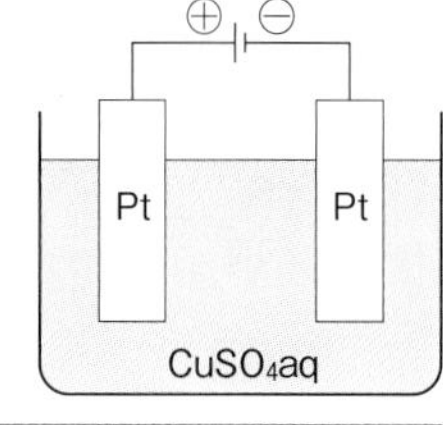

(1) 各電極でおこる変化を，それぞれイオン反応式で表せ。

(2) 流れた電気量は，何 mol の電子に相当するか。

(3) 陽極に発生する気体は，0℃，1.013×10^5Pa で何Lか。

(4) 水溶液の pH は大きくなるか，小さくなるか。

考え方

(2) i[A]の電流を t 秒間通じると，流れる電気量は $i\times t$[C]である。電子 1 mol のもつ電気量は 9.65×10^4C なので，流れた電子の物質量は，

$$\frac{i\times t\,[\text{C}]}{9.65\times10^4\,\text{C/mol}}$$

(3) 電子の物質量から変化する物質の生成量を求める。

解答

(1) 陽極：$2H_2O \longrightarrow O_2+4H^++4e^-$

陰極：$Cu^{2+}+2e^- \longrightarrow Cu$

(2) $$\frac{1.0\times(60\times40+13)\,\text{C}}{9.65\times10^4\,\text{C/mol}}=\mathbf{2.5\times10^{-2}\,mol}$$

(3) 流れた電子 1 mol で O_2 が 1/4mol 発生するので，

$$22.4\,\text{L/mol}\times\frac{1}{4}\times2.5\times10^{-2}\,\text{mol}=\mathbf{0.14\,L}$$

(4) 陽極では，水分子が電子を失う変化がおこり，H^+ を生じるので，$[H^+]$が大きくなり，**pH は小さくなる。**

例題
解説動画

基本問題

知識

189. ボルタ電池 図のボルタ電池について，次の各問いに答えよ。

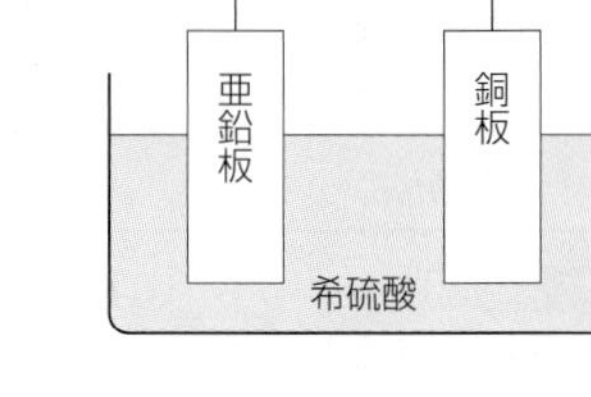

(1) 豆電球が点灯しているとき，亜鉛板と銅板の表面での変化を，それぞれ電子 e^- を用いた反応式で表せ。

(2) 豆電球が点灯しているとき，この電池で酸化される物質と還元される物質の名称をそれぞれ記せ。

(3) 亜鉛板と銅板のどちらが正極か。

(4) 豆電球が点灯しているとき，電子は導線内をどちらの向きに流れるか。

思考

190. ダニエル電池 図のダニエル電池について，次の各問いに答えよ。

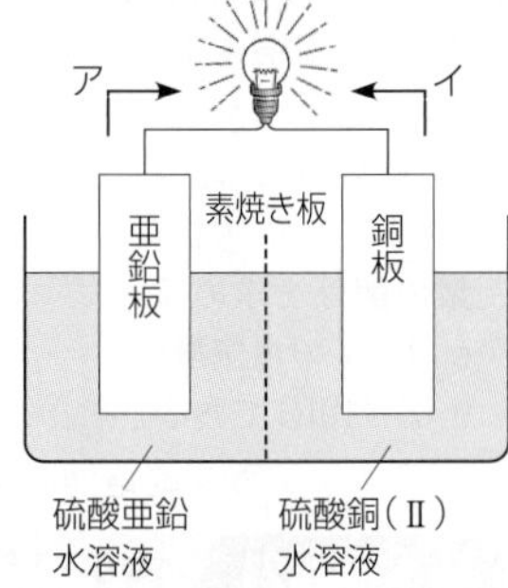

(1) 放電時に負極および正極でおこる変化を，それぞれ電子 e^- を用いた反応式で表せ。

(2) 電流の向きは，図中のア，イのどちらか。

(3) 素焼き板を通って，硫酸銅(Ⅱ)水溶液から硫酸亜鉛水溶液の方に移動するものはどれか。

① Zn　② Zn^{2+}　③ Cu
④ Cu^{2+}　⑤ H^+　⑥ SO_4^{2-}

(4) 硫酸亜鉛水溶液および硫酸銅(Ⅱ)水溶液の濃度を変えてつくった電池A～Dのうち，最も長く電流が流れるものはどれか。

水溶液	A	B	C	D
硫酸亜鉛水溶液〔mol/L〕	0.5	0.5	1	2
硫酸銅(Ⅱ)水溶液〔mol/L〕	0.5	2	1	0.5

思考

191. 鉛蓄電池 次の文を読んで，下の各問いに答えよ。

鉛蓄電池は，(　ア　)を負極，(　イ　)を正極として希硫酸に浸したもので，自動車の電源などに広く使われている。鉛蓄電池の放電，充電における変化は，次のようにまとめられる。

$$Pb + 2H_2SO_4 + PbO_2 \underset{\text{充電}}{\overset{\text{放電}}{\rightleftarrows}} 2PbSO_4 + 2H_2O$$

(1) (ア)，(イ)に適当な物質名を入れよ。

(2) 放電に伴う負極および正極での変化を電子 e^- を用いた反応式で表せ。

(3) 充電するとき，外部電池の負極につなぐのは，鉛蓄電池の正極か，負極か。

(4) 充電するとき，希硫酸の濃度はどのように変化するか。

思考

192. **電池の起電力** 次の電池①～④のうちから，起電力が最も大きいものを1つ選べ。ただし，電解質の濃度はすべて同じ(0.5mol/L)とする。

① $(-)Zn|ZnSO_4aq|FeSO_4aq|Fe(+)$　② $(-)Zn|ZnSO_4aq|NiSO_4aq|Ni(+)$

③ $(-)Zn|ZnSO_4aq|CuSO_4aq|Cu(+)$　④ $(-)Ni|NiSO_4aq|CuSO_4aq|Cu(+)$

知識

193. **燃料電池** 文中の空欄に最も適当な語句，化学式を入れよ。

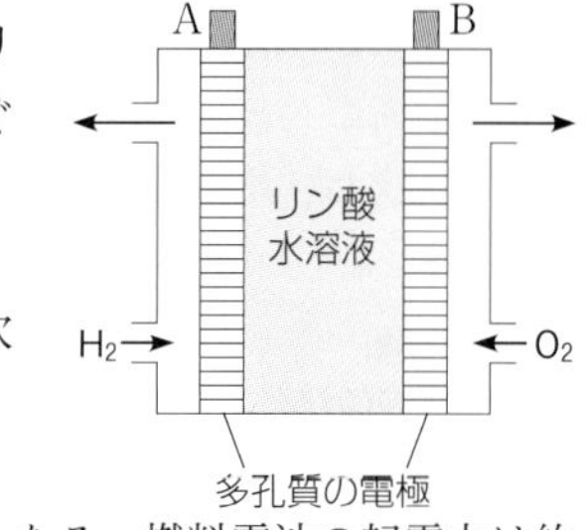

図は，水素と酸素を用いた燃料電池の模式図である。リン酸水溶液を用いて，電池の両極のA，Bを導線でつなぐと，Aでは次のような反応がおこる。

$H_2 \longrightarrow 2$［ ア ］$+2e^-$

この反応で生じた(イ)は導線を通ってBに運ばれ，次のように酸素と反応する。

O_2+4H^++4［ ウ ］$\longrightarrow 2H_2O$

したがって，Aでは(エ)反応がおこり，(オ)極となる。燃料電池の起電力は約1.2Vで，このほか，電解質に水酸化カリウムを用いたアルカリ形燃料電池などがある。

思考

194. **電池の特性** 電池に関する次の記述のうち，誤っているものを2つ選べ。

(ア) 負極が金属でできている電池では，正極が同じであれば，その起電力は負極の金属のイオン化傾向が大きいほど小さい。

(イ) マンガン乾電池のように，充電できない電池を一次電池といい，鉛蓄電池のように充電できる電池を二次電池という。

(ウ) 鉛蓄電池では，正極と負極の質量は，放電によっていずれも増加する。

(エ) ダニエル電池では，正極側の硫酸イオンの濃度が放電によって増加する。

(オ) 水素などの燃料と酸素を用いて，負極で酸化，正極で還元をおこし，化学エネルギーを電気エネルギーに変換する装置を燃料電池という。

知識

195. **実用電池** 次の表中の空欄に，最も適当な語句，化学式を入れよ。

	電池	負極	電解質	正極	起電力	利用例
一次電池	マンガン乾電池	(ア)	$ZnCl_2 \cdot NH_4Cl$	(イ)，C	1.5V	時計，リモコン
	アルカリマンガン乾電池	(ア)	(ウ)	(イ)，C	1.5V	時計，懐中電灯
	酸化銀電池	(ア)	(ウ)	Ag_2O	1.55V	時計，電子体温計
	(エ)電池	Li	$LiClO_4$	(イ)	3.0V	時計，電卓
二次電池	(オ)蓄電池	Pb	H_2SO_4	(カ)	2.0V	自動車のバッテリー
	ニッケル・(キ)電池	Cd	(ウ)	NiO(OH)	1.2V	電動工具
	ニッケル・水素電池	MH*	(ウ)	NiO(OH)	1.2V	ハイブリット車の電源
	(エ)イオン電池	LiC_6	Liの塩	$LiCoO_2$	3.7V	携帯電話，タブレット端末

＊MHは水素吸蔵合金を示す。

Ag=108

知識

196. 塩化銅(Ⅱ)水溶液の電気分解●次の文中の(　　)に適する語句を記入せよ。

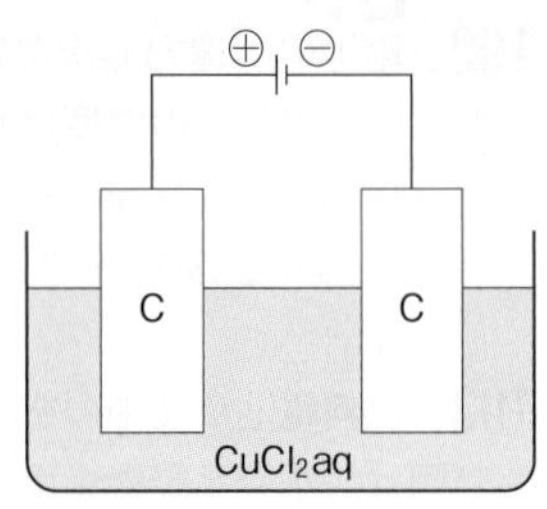

電気エネルギーを利用して，酸化還元反応を引きおこす操作を電気分解という。電気分解において，電池の負極に接続した電極を(　ア　)極，正極に接続した電極を(　イ　)極という。(ア)極では，電池から電子が流れこむので(　ウ　)反応がおこり，(イ)極では，電子が流れ出るので(　エ　)反応がおこる。

たとえば，炭素棒を電極として，塩化銅(Ⅱ) $CuCl_2$ 水溶液に電流を通じると，(ア)極では(　オ　)が析出し，(イ)極では(　カ　)が発生する。

知識

197. 電気分解による変化●表の電解質水溶液を電気分解した。各極でおこる変化を電子 e^- を用いた反応式で記せ。

電解質水溶液	陰極	変化	陽極	変化
(1)　希硫酸	Pt	(　ア　)	Pt	(　イ　)
(2)　水酸化ナトリウム水溶液	Pt	(　ウ　)	Pt	(　エ　)
(3)　硫酸銅(Ⅱ)水溶液	Pt	(　オ　)	Pt	(　カ　)
(4)　硫酸銅(Ⅱ)水溶液	Cu	(　キ　)	Cu	(　ク　)
(5)　塩化カリウム水溶液	C	(　ケ　)	C	(　コ　)

知識

198. 電気量●次の各問いに答えよ。

(1)　1.0A の電流を30分間通じたとき，流れる電気量は何Cか。

(2)　0.20A の電流を1時間20分25秒間通じたとき，流れる電気量は電子何 mol に相当するか。

(3)　0.050mol の電子に相当する電気量を流すには，1.0A の電流を何時間何分何秒間通じる必要があるか。

思考

199. 硝酸銀水溶液の電気分解●図のように，白金電極を用いて，硝酸銀 $AgNO_3$ 水溶液を1.0A の電流で1時間4分20秒間電気分解した。次の各問いに答えよ。

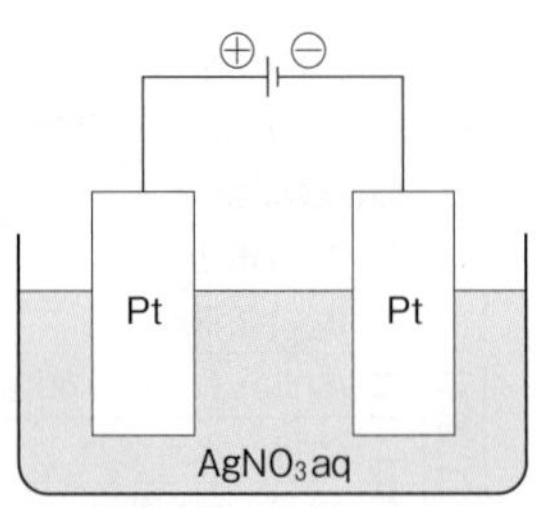

(1)　流れた電気量は何Cか。

(2)　流れた電気量は電子何 mol に相当するか。

(3)　各極での変化を電子 e^- を用いた反応式で表せ。

(4)　陰極に析出する物質の質量は何 g か。

(5)　陽極に発生する気体の体積は0℃，1.013×10^5 Pa で何 mL か。

H=1.0　O=16　Cu=64

思考
200. 硫酸銅(Ⅱ)水溶液の電気分解 白金電極を用いて，硫酸銅(Ⅱ) $CuSO_4$ 水溶液を32分10秒間電気分解すると，陽極から0℃，1.013×10^5 Pa で 336mL の気体が発生した。
(1)　各極での変化を電子 e^- を用いた反応式で表せ。
(2)　流れた電気量は何Cか。また，流れた電流は何Aか。
(3)　このとき陰極に析出する物質は何gか。

思考
201. 水酸化ナトリウム水溶液の電気分解 白金電極を用いて，うすい水酸化ナトリウム NaOH 水溶液を電気分解すると，陽極と陰極にそれぞれ気体が発生し，その体積を合わせると，0℃，1.013×10^5 Pa で 6.72L であった。次の各問いに答えよ。
(1)　各極での変化を電子 e^- を用いた反応式で表せ。
(2)　流れた電気量は何Cか。
(3)　この電気分解を 2.00A の電流で行うと，電流を何秒間通じる必要があるか。
(4)　この電気分解で発生した気体を混合し，完全に反応させたときに生じる物質の質量は何gか。

思考
202. 直列電解 図のような電解装置を組み立て，電解槽Ⅰに硫酸銅(Ⅱ)水溶液，電解槽Ⅱに硫酸ナトリウム水溶液を入れた。この装置を用いて，電流を 10A に保ちながら80分30秒間電気分解を行った。

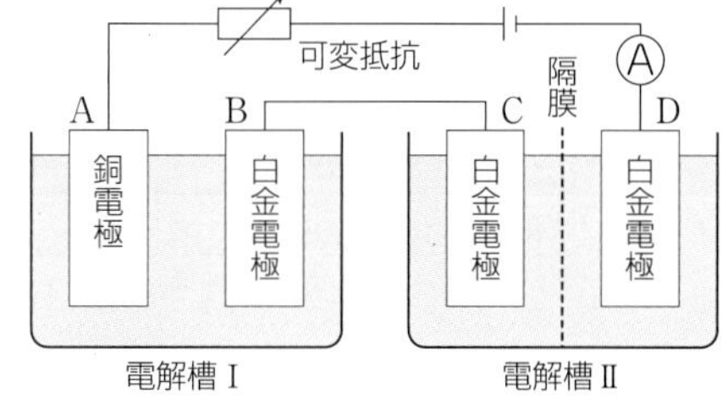

(1)　流れた電子は何 mol か。
(2)　電解槽Ⅰの電極Aにおいて，電気分解後の電極の質量変化[g]に最も近い値はどれか。
(ア) −24　(イ) −16　(ウ) −8　(エ) ±0　(オ) +8　(カ) +16　(キ) +24
(3)　電解槽Ⅱの電極Cで発生した気体は，0℃，1.013×10^5 Pa で何Lか。
(4)　電気分解後の電解槽Ⅱにおける電極D付近の水溶液は，何性を示すか。

知識
203. 銅の電解精錬 次の文中の(　　)に金属名を入れ，下の問いに答えよ。
黄銅鉱を還元して得られる銅は粗銅とよばれ，亜鉛，鉄，金，銀のような不純物を含む。図のように，粗銅を陽極，純銅を陰極にして硫酸酸性硫酸銅(Ⅱ)水溶液を電気分解すると，粗銅から銅とともに(　ア　)や(　イ　)が陽イオンとなって溶け出すが，イオン化傾向が小さい(　ウ　)や(　エ　)は，陽極泥として沈殿する。また，陰極には，銅のみが析出する。

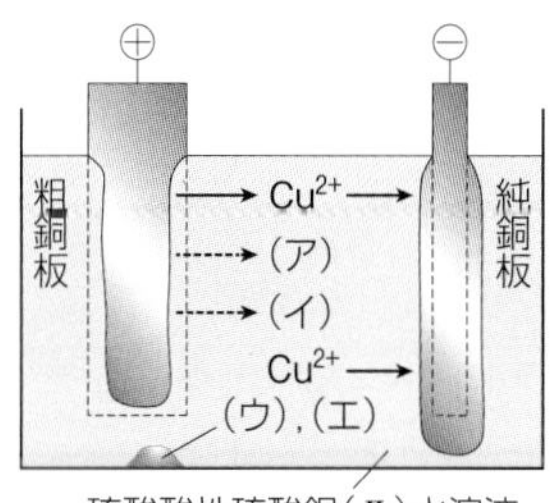

(問)　純銅 1.28g を得るためには，何Cの電気量が必要か。ただし，流れた電流はすべて銅の溶解と析出に使われるものとする。

H=1.0　O=16　S=32　Cu=63.5　Pb=207

発展例題14　鉛蓄電池

➡問題 205

次の文中の(　　)に適当な語句，数値を入れ，下の問いに答えよ。

鉛蓄電池は，希硫酸中に(　ア　)と鉛を極板として浸したものである。放電時に鉛 1 mol が完全に変化すると，(　イ　)C の電気量を取り出せ，液中の硫酸が(　ウ　)g 減少する。また，鉛蓄電池を充電するときは，鉛を外部電源の(　エ　)極に接続する。充電すると，両極板の質量は(　オ　)する。

(問)　充電時におこる変化をまとめて化学反応式で表せ。

考え方

鉛蓄電池の構造

$(-)Pb|H_2SO_4aq|PbO_2(+)$

放電によって，鉛 1 mol あたり電子 2 mol が放出される。

充電は，外部電源の正極と電池の正極，外部電源の負極と電池の負極をそれぞれ接続して行う。

解答

鉛蓄電池の放電，充電　$Pb + 2H_2SO_4 + PbO_2 \underset{充電}{\overset{放電}{\rightleftarrows}} 2PbSO_4 + 2H_2O$

1 mol の Pb の変化で e^- が 2 mol 移動するので，電気量は $(9.65 \times 10^4 \times 2)$ C になる。このとき，硫酸(モル質量 98 g/mol)は 2 mol(98×2 g)減少する。充電時には，両極板上に生じている $PbSO_4$ が Pb および PbO_2 にもどり，質量が減少する。

(ア) **酸化鉛(Ⅳ)**　(イ) **1.93×10^5**　(ウ) **196**　(エ) **負**

(オ) **減少**　(問) **$2PbSO_4 + 2H_2O \longrightarrow Pb + 2H_2SO_4 + PbO_2$**

発展例題15　並列回路による電気分解

➡問題 211

硫酸銅(Ⅱ)水溶液の入った電解槽Aと，希硫酸の入った電解槽Bに，それぞれ白金電極を浸し，図のように並列につないで 500 mA の電流を30分間流した。このとき，電解槽Aの陰極の質量が 0.127 g 増加した。電解槽Bの両極で発生した気体は，0℃，1.013×10^5 Pa で何 mL か。ただし，電気分解によって発生する気体の水への溶解は無視してよい。

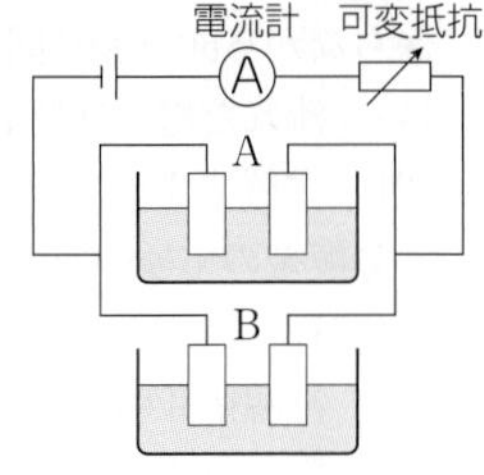

考え方

並列回路では，電解槽AとBを流れた電気量の和が回路全体を流れた電気量である。電解槽Aの陰極では，銅が析出する。

$Cu^{2+} + 2e^- \longrightarrow Cu$

また，電解槽Bでは，酸素と水素が発生する。

$2H_2O \longrightarrow O_2 + 4H^+ + 4e^-$

$2H^+ + 2e^- \longrightarrow H_2$

解答

回路全体を流れた電気量は $0.500\,A \times (60 \times 30)\,s = 900\,C$ …①

一方，電解槽Aの陰極では，1 mol の電子に相当する電気量(9.65×10^4 C)で 1/2 mol の銅が析出する。したがって，流れた電気量を x[C]とすると，

$$63.5\,g/mol \times \frac{1}{2} \times \frac{x\,[C]}{9.65 \times 10^4\,C/mol} = 0.127\,g \quad x = 386\,C \cdots②$$

電解槽Bでは，9.65×10^4 C で 1/4 mol の酸素と 1/2 mol の水素が発生し，流れた電気量は①－②なので，

$$22.4\,L/mol \times \left(\frac{1}{4} + \frac{1}{2}\right) \times \left(\frac{900 - 386}{9.65 \times 10^4}\right) mol$$

$$= 8.95 \times 10^{-2}\,L = \mathbf{89.5\,mL}$$

例題解説動画

$H=1.0$　$O=16$　$S=32$　$Mn=55$　$Zn=65$　$Pb=207$

発展問題

思考
204. 電池 電池(a)～(e)に関する次の各問いに答えよ。

(a)　$(-)Zn|H_2SO_4aq|Cu(+)$　(b)　$(-)Zn|ZnSO_4aq|CuSO_4aq|Cu(+)$

(c)　$(-)Pb|H_2SO_4aq|PbO_2(+)$　(d)　$(-)Zn|ZnCl_2aq, NH_4Claq|MnO_2 \cdot C(+)$

(e)　$(-)Pt \cdot H_2|H_3PO_4aq|O_2 \cdot Pt(+)$

(1)　電池(b)，(d)，(e)の名称として，正しいものを1つずつ選べ。

(ア)　ボルタ電池　(イ)　燃料電池　(ウ)　アルカリマンガン電池

(エ)　マンガン電池　(オ)　鉛蓄電池　(カ)　ダニエル電池

(2)　電池(a)～(c)のうち，放電したときに正極の質量のみが増加するものはどれか。

(ア)　(a)の電池のみ　(イ)　(b)の電池のみ　(ウ)　(c)の電池のみ

(エ)　(a)と(b)の電池　(オ)　(a)と(c)の電池　(カ)　(b)と(c)の電池

(3)　電池(c)を放電すると，$PbSO_4$ が両極であわせて30.3g生成した。このとき消費された硫酸は何gか。

(4)　電池(e)を放電させ，5.0Aの電流を965秒間流した。消費される水素と酸素は，0℃，1.013×10^5 Pa でそれぞれ何Lか。　(09　千葉工業大　改)

思考
205. 鉛蓄電池 電解液として質量パーセント濃度が30.0%である希硫酸300gを用いた鉛蓄電池を一定時間放電させたところ，負極の質量が1.92g増加した。

(1)　鉛蓄電池を放電させたとき，正極および負極でおこる変化を，それぞれ電子を用いた反応式で記せ。

(2)　このとき流れた電気量は何Cか。有効数字3桁で答えよ。

(3)　正極の質量は何g増加したか。有効数字3桁で答えよ。

(4)　放電後の希硫酸の質量パーセント濃度は何%か。有効数字3桁で答えよ。

(21　長崎県立大　改)

思考
206. アルカリマンガン乾電池 次の文を読み，下の各問いに答えよ。

マンガン乾電池では，下の式に示す反応によって起電力が得られる。

正極：$MnO_2 + wH_2O + xe^- \longrightarrow MnO(OH) + yOH^-$

負極：$Zn \longrightarrow Zn^{2+} + ze^-$

一方，電解液が水酸化カリウム KOH 水溶液であるアルカリマンガン乾電池では，負極で $[Zn(OH)_4]^{2-}$ が生じて溶解するため，電気抵抗を小さく保つことができる。

(1)　文中の半反応式の w，x，y，z にあてはまる数値を答えよ。

(2)　アルカリマンガン乾電池を放電したとき，負極の質量と電解液の pH はどのように変化するか。「増加」，「減少」，「変わらない」で答えよ。

(3)　268mAの電流値で1時間放電できるアルカリマンガン乾電池を作製するためには，正極と負極の合計の質量は最低で何g必要か。有効数字2桁で答えよ。ただし，電池の抵抗は変化せず，完全に放電できるものとする。　(20　九州大　改)

H=1.0 Li=6.9 O=16 S=32 Cl=35.5 Cu=64 Pb=207

思考

207. リチウムイオン電池 リチウムイオン電池は，図のような構造である。負極は，黒鉛の層間にリチウムLiを取り入れた構造でLi_xC_6と表す。正極は，コバルト酸リチウム$LiCoO_2$の結晶中から一部のリチウムイオンLi^+が抜け出た構造で，$Li_{1-x}CoO_2$($0<x\leqq1$)と表す。また，電解液は，リチウム塩を含む有機溶媒で構成されている。このリチウムイオン電池を放電すると，負極，正極では，それぞれ次の変化がおこる。

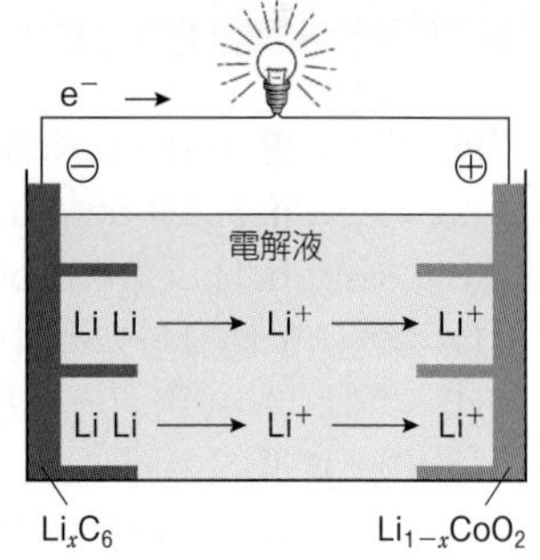

負極：$Li_xC_6 \longrightarrow C_6+xLi^++xe^-$

正極：$Li_{1-x}CoO_2+xLi^++xe^- \longrightarrow LiCoO_2$

(1) コバルト酸リチウム$LiCoO_2$中のコバルトの酸化数はいくらか。

(2) 負極の活物質Liが，放電に伴い20.7mg変化すれば，0.10Aの電流を何分取り出すことができるか。有効数字2桁で答えよ。（広島工業大 改）

思考 論述

208. ファラデー定数 図のように，2つの電解槽がコックで連結された装置を用いて，少量のフェノールフタレインを含む塩化ナトリウム水溶液を白金電極で電気分解した。0.16Aの電流を10分間通じたのち，コックを閉じたところ，陰極側に0℃，1.013×10^5Paで11.2mLの気体が捕集された。また，陰極側の電解槽の水溶液だけが赤く変色していた。

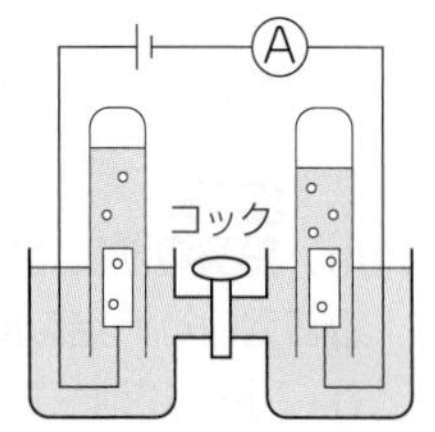

(1) 陰極および陽極でおこる変化を，それぞれ電子e^-を用いた反応式で表せ。

(2) 陰極側の電解槽の水溶液だけが赤く変色した理由を説明せよ。

(3) この実験結果から，ファラデー定数および電子1個あたりの電気量を求めよ。

（大阪医科大 改）

思考

209. 電池と電気分解 鉛蓄電池を電源として，0.10Aの電流を一定時間流して塩化銅(Ⅱ)水溶液を電気分解すると，電極Cに銅が0.32g析出した。次の各問いに答えよ。ただし，計算問題は有効数字2桁で答えよ。

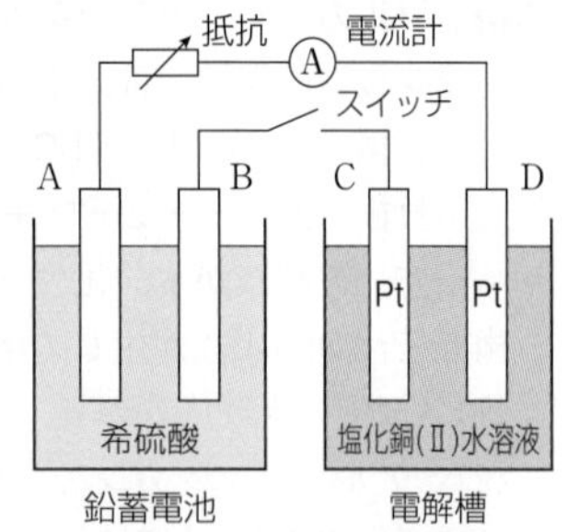

(1) 電極Aと電極Dでおこる反応をe^-を含むイオン反応式で示せ。

(2) 電気分解の前後で，電極Bの質量は増加するかまたは減少するか。また，その変化量は何gか。

(3) 電気分解を行った時間は何秒か。

(4) 電気分解の前後で，鉛蓄電池内の溶液の質量は増加するか，または減少するか。また，その変化量は何gか。（17 九州工業大 改）

Cu=63.5　Ag=108

思考

210. 直列電解 図のように，太陽電池に太陽光をあてて発生させた電流を電気分解の装置に通じて，電極で生成する物質の体積と質量を測定した。その結果，銀電極C上では0.216gの銀が生成することがわかった。次の各問いに有効数字2桁で答えよ。

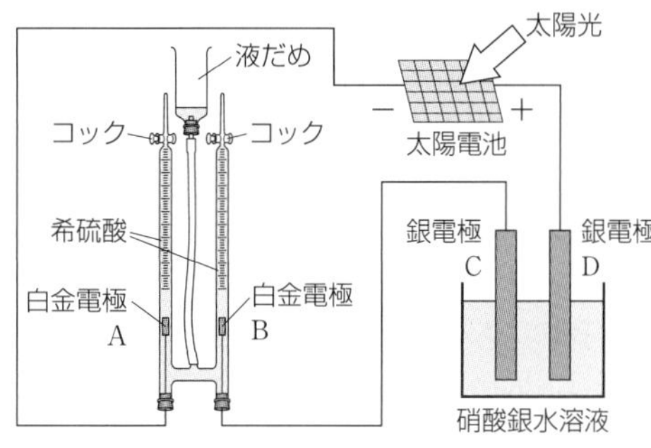

(1)　この太陽電池から発生し，電気分解装置に流れた電気量は何Cか。

(2)　電極AとBでおこる反応を，それぞれ電子 e^- を含む反応式で記せ。

(3)　電極AとBで発生する気体の0℃，1.013×10^5 Pa での体積はそれぞれ何 mL か。

(15　成蹊大)

思考

211. 並列電解 硫酸銅(Ⅱ)水溶液に2枚の銅電極を浸した電解槽Aと，希硫酸中に2枚の白金電極を浸した電解槽Bを，図のように並列につなぎ，抵抗Rを調整して0.400Aで1時間電気分解した。このとき，電解槽Aの陰極の質量が0.127g増加していた。次の各問いに答えよ。

(1)　電解槽AおよびBの陽極，陰極でおこる変化を，e^- を用いた反応式でそれぞれ記せ。

(2)　電池から流れ出た全電気量は何Cか。

(3)　電解槽AおよびBを流れた電気量はそれぞれ何Cか。

(4)　電解槽Bの両極で発生した気体は合計何 mol か。

(09　大分大　改)

思考

212. イオン交換膜法 図は，陽極に炭素，陰極に鉄を用いたイオン交換膜法による水酸化ナトリウムの工業的製法を示したものである。

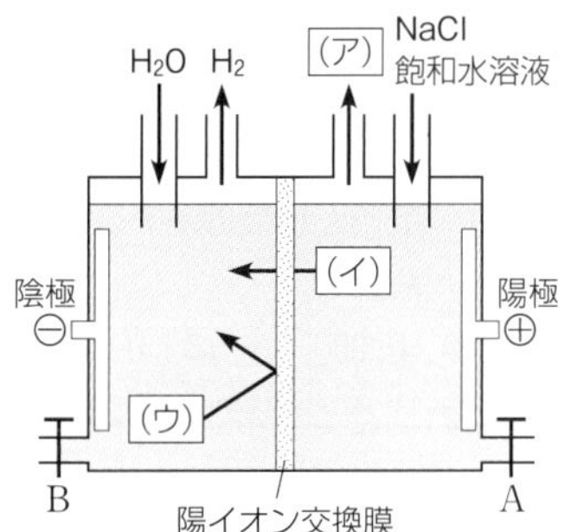

(1)　図中の(ア)～(ウ)に入れる化学式として最も適当なものを下の①～④から選べ。

	①	②	③	④
(ア)	O_2	Cl_2	O_2	Cl_2
(イ)	H^+	Cl^-	OH^-	Na^+
(ウ)	OH^-	H^+	Na^+	OH^-

(2)　水酸化ナトリウム水溶液は，図中のA，Bのいずれから取り出せるか。

(3)　3.0A の電流を9.0時間通じて電気分解した。陰極における変化を電子 e^- を用いた反応式で示し，発生する気体の0℃，1.013×10^5 Pa における体積を求めよ。

(4)　得られる水酸化ナトリウム水溶液のモル濃度と pH を求めよ。各電解槽の水溶液の体積は100L，水のイオン積は 1.0×10^{-14} $(mol/L)^2$ とする。

(明星大　改)

O=16　Mg=24　Cu=64

第Ⅱ章　共通テスト対策問題

12　原子量と化学反応式◆次の文を読み，下の各問いに答えよ。

多くの天然の元素には，複数の同位体が存在し，これらの同位体の存在割合は各元素でほぼ一定である。①元素の原子量は，その元素に存在する同位体の相対質量と同位体存在比から，その元素を構成する原子の平均相対質量として計算される。一方，同位体存在比は人工的に変えることもできる。②同位体存在比が変えられた元素の平均相対質量は，天然の元素の原子量とは異なる。

(1)　天然のルビジウム Rb(原子番号37)には中性子数が 48 と 50 の同位体が存在し，それらの存在割合は，72%と28%である。各同位体の相対質量は質量数に等しいものとして，下線部①の定義にしたがって Rb の原子量を求め，有効数字 3 桁で記せ。

(2)　天然の鉄 Fe の原子量は 55.9 である。下線部②に関して，同位体存在比を人工的に変えた Fe の 1.15g を硫酸水溶液に完全に溶かし，発生した水素をすべて捕集した。この気体を，酸素のない状態で，加熱した 2.50g の酸化銅(Ⅱ) CuO と完全に反応させたところ，CuO と Cu の混合物が 2.18g 残った。この結果から，Fe の平均相対質量を求めるといくらになるか。最も適当な数値を，次の①～⑤のうちから 1 つ選べ。

①　56.0　　②　56.5　　③　57.0　　④　57.5　　⑤　58.0

13　化学反応式と量的関係◆ある濃度の塩酸を 50mL 用い，加えるマグネシウム Mg の質量を変えて，発生する水素 H_2 の体積をそのつど測定する実験を行った。表は，加えたマグネシウムの質量と，発生した水素の体積を 0℃，1.013×10^5 Pa に換算した値を示したものである。必要に応じて，次の方眼紙を利用し，下の各問いに答えよ。

Mg の質量〔g〕	0.24	0.48	0.72	0.96	1.20	1.44
H_2 の体積〔mL〕	224	448	672	784	784	784

(1)　塩酸 50mL と過不足なく反応するマグネシウムは何 mol か。

(2)　用いた塩酸のモル濃度は何 mol/L か。最も適当な数値を，次の①～⑤のうちから 1 つ選べ。

①　0.35　　②　0.70　　③　1.1
④　1.4　　⑤　1.8

(3)　この塩酸 100mL にマグネシウムを 0.96g 加えたときに発生する水素の体積は，0℃，1.013×10^5 Pa で何 mL か。最も適当な数値を，次の①～⑤のうちから 1 つ選べ。

①　784　　②　896　　③　1120
④　1568　　⑤　1792

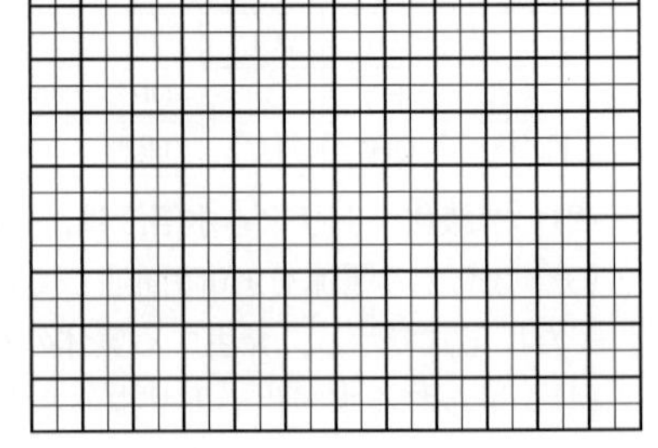

14 **トイレ用洗浄剤の中和**◆授業で，ある高校生がトイレ用洗浄剤に含まれる塩化水素の濃度を，中和滴定により求めた。次に示したものは，その報告書の一部である。

「まぜるな危険　酸性タイプ」の洗浄剤に含まれる塩化水素濃度の測定

【目的】

トイレ用洗浄剤のラベルに「まぜるな危険　酸性タイプ」と表示があった。このトイレ用洗浄剤は塩化水素を約10%含むことがわかっている。この洗浄剤（以下「試料」という）を水酸化ナトリウム水溶液で滴定し，塩化水素の濃度を正確に求める。

【試料の希釈】

滴定に際して，試料の希釈が必要かを検討した。塩化水素の分子量は36.5なので，試料の密度を 1 g/cm^3 と仮定すると，試料中の塩化水素のモル濃度は約 3 mol/L である。この濃度では，約 0.1 mol/L の水酸化ナトリウム水溶液を用いて滴定を行うには濃すぎるので，試料を希釈することとした。試料の希釈溶液 10 mL に，約 0.1 mol/L の水酸化ナトリウム水溶液を 15 mL 程度加えたときに中和点となるようにするには，試料を［ア］倍に希釈するとよい。

【実験操作】

1. 試料 10.0 mL を，ホールピペットを用いてはかり取り，その質量を求めた。
2. 試料を，メスフラスコを用いて正確に［ア］倍に希釈した。
3. この希釈溶液 10.0 mL を，ホールピペットを用いて正確にはかり取り，コニカルビーカーに入れ，フェノールフタレイン溶液を 2，3 滴加えた。
4. ビュレットから 0.103 mol/L の水酸化ナトリウム水溶液を少しずつ滴下し，赤色が消えなくなった点を中和点とし，加えた水酸化ナトリウム水溶液の体積を求めた。
5. 3 と 4 の操作を，さらにあと 2 回繰り返した。

【結果】

1. 実験操作 1 で求めた試料 10.0 mL の質量は 10.40 g であった。
2. この実験で得られた滴下量は表のとおりであった。
3. 加えた水酸化ナトリウム水溶液の体積を，平均値 12.62 mL とし，試料中の塩化水素の濃度を求めた。なお，試料中の酸は塩化水素のみからなるものと仮定した。

	加えた水酸化ナトリウム水溶液の体積〔mL〕
1 回目	12.65
2 回目	12.60
3 回目	12.61
平均値	12.62

（中略）

希釈前の試料に含まれる塩化水素のモル濃度は，2.60 mol/L となった。

4. 試料の密度は，結果 1 より 1.04 g/cm^3 となるので，試料中の塩化水素（分子量 36.5）の質量パーセント濃度は［イ］%であることがわかった。

（以下略）

問1 ［ア］に当てはまる数値として最も適当なものを，次の①～⑤のうちから1つ選べ。

① 2　② 5　③ 10　④ 20　⑤ 50

問2 別の生徒がこの実験を行ったところ，水酸化ナトリウム水溶液の滴下量が，正しい量より大きくなることがあった。どのような原因が考えられるか。最も適当なものを，次の①～④のうちから1つ選べ。

① 実験操作3で使用したホールピペットが水でぬれていた。
② 実験操作3で使用したコニカルビーカーが水でぬれていた。
③ 実験操作3でフェノールフタレイン溶液の代わりにメチルオレンジ溶液を加えた。
④ 実験操作4で滴定開始前にビュレットの先端部分にあった空気が滴定の途中で抜けた。

問3 ［イ］に当てはまる数値として最も適当なものを，次の①～⑤のうちから1つ選べ。

① 8.7　② 9.1　③ 9.5　④ 9.8　⑤ 10.3

問4 この「酸性タイプ」の洗浄剤と，次亜塩素酸ナトリウム NaClO を含む「まぜるな危険　塩素系」の表示のある洗浄剤を混合してはいけない。これは，式(1)のように弱酸である次亜塩素酸 HClO が生成し，さらに式(2)のように次亜塩素酸が塩酸と反応して，有毒な塩素が発生するためである。

$$NaClO + HCl \longrightarrow NaCl + HClO \quad (1)$$

$$HClO + HCl \longrightarrow Cl_2 + H_2O \quad (2)$$

式(1)の反応と類似性が最も高い反応は**あ**～**う**のうちのどれか。また，その反応を選んだ根拠となる類似性は**a**，**b**のどちらか。反応と類似性の組み合わせとして最も適当なものを，下の①～⑥のうちから1つ選べ。

【反応】

あ 過酸化水素水に酸化マンガン(Ⅳ)を加えると気体が発生した。

い 酢酸ナトリウムに希硫酸を加えると刺激臭がした。

う 亜鉛に希塩酸を加えると気体が発生した。

【類似性】

a 弱酸の塩と強酸の反応である。

b 酸化還元反応である。

	反応	類似性
①	あ	a
②	あ	b
③	い	a
④	い	b
⑤	う	a
⑥	う	b

（18　試行テスト　改）

15 **酸化還元反応の量的関係**◆次の化学反応式(1)に示すように，シュウ酸イオン $C_2O_4^{2-}$ を配位子として3個もつ鉄(Ⅲ)の錯イオン $[Fe(C_2O_4)_3]^{3-}$ の水溶液では，光をあてている間，反応が進行し，配位子を2個もつ鉄(Ⅱ)の錯イオン $[Fe(C_2O_4)_2]^{2-}$ が生成する。

$$2[Fe(C_2O_4)_3]^{3-} \xrightarrow{光} 2[Fe(C_2O_4)_2]^{2-} + C_2O_4^{2-} + 2CO_2 \quad (1)$$

この反応で光を一定時間あてたとき，何%の $[Fe(C_2O_4)_3]^{3-}$ が $[Fe(C_2O_4)_2]^{2-}$ に変化するかを調べたいと考えた。そこで，式(1)にしたがって CO_2 に変化した $C_2O_4^{2-}$ の量から，変化した $[Fe(C_2O_4)_3]^{3-}$ の量を求める実験Ⅰ～Ⅲを行った。この実験に関する次の問いa～cに答えよ。ただし，反応溶液のpHは実験Ⅰ～Ⅲにおいて適切に調整されているものとする。

実験Ⅰ　0.0109molの $[Fe(C_2O_4)_3]^{3-}$ を含む水溶液を透明なガラス容器に入れ，光を一定時間あてた。

実験Ⅱ　実験Ⅰで光をあてた溶液に，鉄の錯イオン $[Fe(C_2O_4)_3]^{3-}$ と $[Fe(C_2O_4)_2]^{2-}$ から $C_2O_4^{2-}$ を遊離させる試薬を加え，錯イオン中の $C_2O_4^{2-}$ を完全に遊離させた。さらに，Ca^{2+} を含む水溶液を加えて，溶液中に含まれるすべての $C_2O_4^{2-}$ をシュウ酸カルシウム CaC_2O_4 の水和物として完全に沈殿させた。この後，ろ過によりろ液と沈殿に分離し，さらに，沈殿を乾燥して4.38gの $CaC_2O_4 \cdot H_2O$(式量146)を得た。

実験Ⅲ　実験Ⅱで得られたろ液を調べると，Fe^{2+} が含まれていることがわかった。

a　(1)式に関して，説明として正しいものを，次の①～④のうちから1つ選べ。

① $[Fe(C_2O_4)_3]^{3-}$ と $[Fe(C_2O_4)_2]^{2-}$ を比較すると，鉄原子Feの酸化数は増加している。

② $[Fe(C_2O_4)_3]^{3-}$ と $[Fe(C_2O_4)_2]^{2-}$ を比較すると，炭素原子Cの酸化数は増加している。

③ $[Fe(C_2O_4)_3]^{3-}$ と $C_2O_4^{2-}$ を比較すると，炭素原子の酸化数は増加している。

④ $[Fe(C_2O_4)_3]^{3-}$ と CO_2 を比較すると，炭素原子の酸化数は増加している。

b　1.0molの $[Fe(C_2O_4)_3]^{3-}$ が式(1)にしたがって完全に反応するとき，CO_2 に変化する $C_2O_4^{2-}$ の物質量は何molか。次の①～④のうちから1つ選べ。

①　0.5mol　　②　1.0mol　　③　1.5mol　　④　2.0mol

c　実験Ⅰにおいて，光をあてることにより，溶液中の $[Fe(C_2O_4)_3]^{3-}$ の何%が $[Fe(C_2O_4)_2]^{2-}$ に変化したか。最も適当な数値を，次の①～④のうちから1つ選べ。

①　12%　　②　16%　　③　25%　　④　50%

(21　共通テスト)

H=1.0　C=12　O=16　Na=23　S=32

総合問題

実験　グラフ

213. 化学反応式と量的関係　炭酸水素ナトリウム $NaHCO_3$ と塩酸の反応は次のようになる。

$$NaHCO_3 + HCl \longrightarrow NaCl + H_2O + CO_2$$

この反応に関する実験について各問いに答えよ。

操作1　ビーカーに塩酸 50.0mL をとり，ビーカーと塩酸の合計の質量を測定したところ，m_0〔g〕であった。

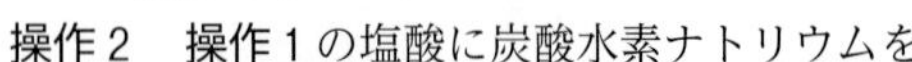

操作2　操作1の塩酸に炭酸水素ナトリウムを一定量ずつ加え，反応が完全に終わったのち，溶液とビーカーをあわせた質量 Z〔g〕を測定した。この操作を繰り返し行った。

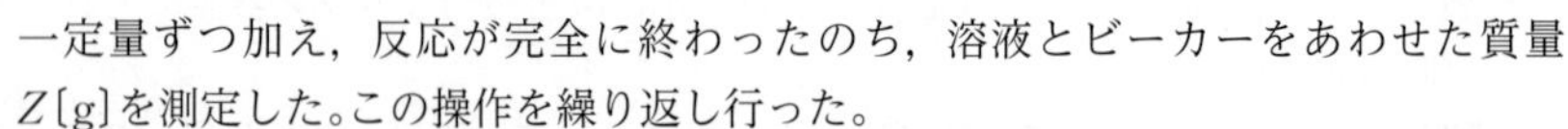

上記の実験で，加えた炭酸水素ナトリウムの質量 m〔g〕と，Z〔g〕から m_0〔g〕を引いた値 Y〔g〕の関係は，図のようになった。なお，$NaHCO_3$ の式量は84.0であり，反応中に水の蒸発はなく，発生する気体はすべてビーカーから空気中に出てしまうものとする。

(1)　50.0mL の塩酸と完全に反応する炭酸水素ナトリウムの質量は何 g か。

(2)　この塩酸のモル濃度は何 mol/L か。

(3)　この測定結果から求められる二酸化炭素の分子量を，小数第1位まで求めよ。

（10　宇都宮大　改）

実験

214. 中和滴定と物質量　次の実験1～4に関して，下の各問いに答えよ。

実験1　1.00g の金属Aを酸素と反応させ，2価の陽イオンを含む酸化物Bを得た。

実験2　酸化物Bに 1.00mol/L の塩酸 20.0mL を加えると，酸化物Bはすべて反応して，透明な溶液Cが得られた。

実験3　溶液Cを正確に二分し，その一方にフェノールフタレイン溶液を加えて，振り混ぜながら 0.500mol/L の水酸化ナトリウム水溶液を少量ずつ加えたところ，5.40mL 加えたところで<u>溶液の色が変化した</u>。

実験4　実験3で二分したもう一方の溶液Cに十分な量の希硫酸を加えたところ，金属Aはすべて硫酸塩Dとして沈殿し，その質量は 0.850g であった。

(1)　実験2で，酸化物Bと反応した塩酸中の塩化水素は何 mol か。

(2)　実験3で，水酸化ナトリウム水溶液を加えるための器具として適当なものを選べ。

（ア）コニカルビーカー　（イ）ビュレット　（ウ）メスフラスコ

（エ）メスシリンダー　（オ）ホールピペット

(3)　下線部の色の変化を例にならって記せ。　例．黄色→赤色

(4)　金属Aの原子量を整数値で記せ。

(5)　実験4で 0.850g の硫酸塩Dに含まれる硫酸イオンは何 mol か。　（広島国際大　改）

ヒント　214 実験2で酸化物Bを完全に反応させたのちに，実験3で溶液を二分していることに注意する。

I＝127

実験

215. **ヨウ素の定量**　次の文を読み，下の各問いに答えよ。

乾燥コンブ 30.0g を蒸し焼きにしてコンブ灰をつくり，乳鉢でよくすりつぶした。①これに熱湯を加えてよくかき混ぜ，ろ過した。得られたろ液を加熱して，濃縮したのち，②濃硫酸 2mL と酸化マンガン(Ⅳ) 0.5g を加えた。図のように，この溶液を蒸発皿に入れてろうとを逆さにかぶせ，おだやかに加熱すると，③ヨウ素の結晶がろうとの内壁に付着した。

脱脂綿
蒸発皿
抽出液
濃硫酸
酸化マンガン(Ⅳ)
ろうと

(1)　下線部①，③の分離操作の名称を記せ。

(2)　下線部②の操作では，酸化マンガン(Ⅳ)が次式にしたがって電子を受け取る。(ア)～(ウ)にあてはまる数を記せ。

$$MnO_2 + (\ ア\ )H^+ + (\ イ\ )e^- \longrightarrow Mn^{2+} + (\ ウ\ )H_2O$$

(3)　下線部②でおこる反応を，イオン反応式で表せ。

(4)　乾燥コンブには，質量パーセントで0.16%のヨウ化物イオンが含まれる。このヨウ化物イオンがすべてヨウ素 I_2 として集められたとすると，その物質量は何 mol になるか。

(5)　実際に得られたヨウ素を十分な量のヨウ化カリウム水溶液に溶かし，0.0500 mol/L のチオ硫酸ナトリウム水溶液で滴定したところ，終点までに 6.20mL を要した。この実験で得られたヨウ素は，乾燥コンブに含まれていたヨウ素の何%か。なお，ヨウ素とチオ硫酸ナトリウムは，次式のように反応する。

$$I_2 + 2Na_2S_2O_3 \longrightarrow 2NaI + Na_2S_4O_6$$

(09　川崎医科大　改)

やや難　実験　論述　環境

216. **COD**　化学的酸素要求量(COD)は河川や湖などの水質汚染評価の基準であり，試料 1L 中の有機物と反応する酸化剤の量を，酸素の質量〔mg/L〕に換算したものである。

操作Ⅰ　ある湖水の試料 20.0mL をフラスコにとり，水 80mL と 6 mol/L の硫酸水溶液 10mL を加え，硝酸銀水溶液数滴を加えて振り混ぜた。

操作Ⅱ　5.00×10^{-3} mol/L の過マンガン酸カリウム水溶液 10.0mL を加え，30分間加熱した。加熱後，試料水溶液の赤紫色が消えていないことを確認した。

操作Ⅲ　1.25×10^{-2} mol/L のシュウ酸ナトリウム水溶液 10.0mL を加え，振り混ぜた。このとき，二酸化炭素の発生が観察された。

操作Ⅳ　この溶液の温度を約60℃とし，5.00×10^{-3} mol/L の過マンガン酸カリウム水溶液で，わずかに赤紫色がつくまで滴定したところ 1.10mL 必要であった。

(1)　操作Ⅰで硝酸銀水溶液を加える理由を記せ。

(2)　硫酸酸性での過マンガン酸イオンとシュウ酸イオンの反応をイオン反応式で表せ。

(3)　この試料水溶液中の有機物と反応した過マンガン酸イオンの物質量を求めよ。

(4)　この試料の COD〔mg/L〕を求めよ。ただし，5.00×10^{-3} mol/L の過マンガン酸カリウム水溶液 1.00mL は，酸素の量 0.200mg に相当する。　(お茶の水女子大　改)

ヒント　216 過マンガン酸カリウムは，有機物とシュウ酸ナトリウムを酸化している。

H=1.0 O=16 S=32 Cu=63.5 Ag=108 Pb=207

発展

217. 燃料電池 次の文を読み，下の各問いに答えよ。

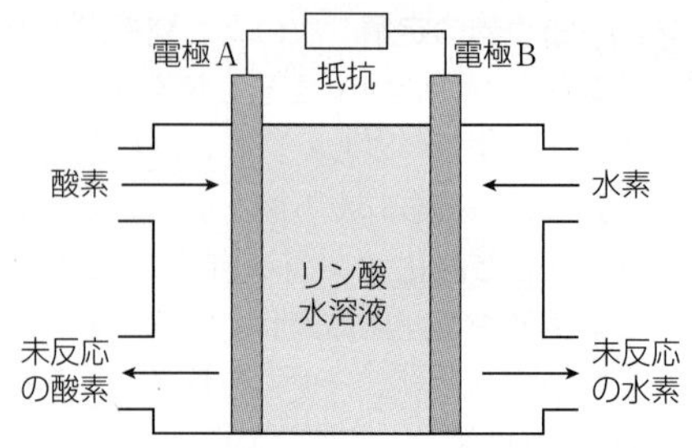

1 molの水素を完全燃焼させると，286 kJの熱が生じる。この反応に伴う熱を電気エネルギーとして取り出すように工夫したものが，図のような燃料電池である。白金触媒を含む多孔質の黒鉛を用いた2枚の電極A，Bに仕切られた容器に高濃度のリン酸水溶液を入れ，温度を190℃に保ちながら酸素と水素を送り，AとBを外部導線でつなぐと，電流が発生する。①この電池の出力は200 W，電圧は0.900 Vである。②実際にこの電池を1時間作動させたところ，180 gの水が生じた。

(1) 電極AとBでおこる反応を，それぞれ電子を含む反応式で表せ。

(2) 図の導線中を流れる電流の方向は，右向きか左向きか。

(3) 下線部①の規格の電池から1時間で得られる電気量は何Cか。ただし，1 J=1 C·V=1 W·sである。

(4) 下線部②で消費された量の水素と酸素から生じるエネルギーが，すべて電気エネルギーに変換されたとすると，1時間で得られる電気量は何Cになるか。

(5) (3)と(4)の結果から，この電池の電気エネルギーへの変換効率は何%になるか。

(10 岐阜大)

化学

218. 電池と電気分解 図に示すように電解槽Ⅰ，Ⅱを鉛蓄電池および電流計と直列に接続し，500 mAの一定電流で電気分解を行った。電解槽Ⅰにはある濃度の硫酸銅(Ⅱ)水溶液500 mLを入れ，銅板を電極とし，電解槽Ⅱには硝酸銀水溶液500 mLを入れ，白金板を電極として用いた。電気分解終了後，鉛蓄電池の両極の質量は合わせて0.80 g増加した。

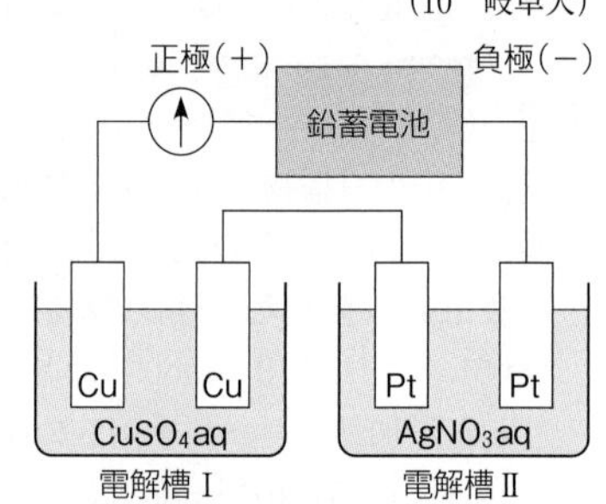

(1) 電解槽Ⅰの陽極および陰極の質量の変化は，それぞれどのようになるか。

(2) 電気分解を行った時間は何秒か。

(3) 電気分解後の電解槽Ⅱの水溶液のpHを小数第1位まで求めよ。ただし，電気分解前の水溶液のpHは7.0，$\log_{10}2.0=0.30$，水溶液の体積は変化しないものとする。

(4) 鉛蓄電池から，電子1 molに相当する電気量を取り出したとすると，鉛蓄電池の希硫酸の密度1.12 g/cm^{3}はいくらに減少するか。ただし，希硫酸の体積は1000 cm^{3}で一定とする。

(08 慶應義塾大 改)

ヒント 217 (3) 1 J=1 W·sを利用して電力量〔J〕を求め，1 J=1 C·Vを利用して電気量〔C〕を求める。
218 (4) 鉛蓄電池の放電では，H_2SO_4が減少しH_2Oが増加する。

第Ⅱ章・基本事項 セルフチェックシート

節	目標	関連問題	チェック
④	原子の相対質量と天然存在比から，元素の原子量を求められる。	73	
	分子式や組成式から，分子量，式量が求められる。	74	
	物質量から，粒子の個数が求められる。	75	
	物質量から，質量が求められる。	75	
	物質量から，標準状態における気体の体積が求められる。	75	
	物質量を介して，粒子の個数と質量の相互変換ができる。	76	
	物質量を介して，気体の体積と質量の相互変換ができる。	79	
	質量パーセント濃度から，溶液に含まれる溶質の質量を求めることができる。	80	
	モル濃度から，溶液に含まれる溶質の質量が求められる。	81	
	密度を用いて，質量パーセント濃度をモル濃度に変換できる。	82・83	
⑤	化学反応式やイオン反応式の係数を正しく求められる。	101～104	
	化学反応式の係数から，物質量の関係を求められる。	105	
	化学反応式の係数から，反応物・生成物の質量の関係を説明できる。	106～109	
	化学反応式の係数から，反応物・生成物の気体の体積の関係を説明できる。	108・109	
	反応物の質量や体積から，過不足のある反応かどうか判別できる。	110・111	
	定比例の法則と倍数比例の法則の違いを説明できる。	113	
⑥	アレニウスの酸・塩基の定義を説明できる。	125	
	ブレンステッド・ローリーの酸・塩基の定義を説明できる。	125・126	
	代表的な強酸と弱酸，強塩基と弱塩基をそれぞれ 3 つ挙げられる。	127	
	酸の水溶液のモル濃度から，水素イオン濃度を求められる。	128・129	
	水素イオン濃度と pH の関係を説明できる。	130・131	
	酸の水溶液の pH を求められる。	132	
	化学 水のイオン積を用いて，塩基の水溶液の pH を求められる。	132	
⑦	酸と塩基の中和を化学反応式で表すことができる。	139	
	塩の組成式から，もとの酸・塩基を判別できる。	140	
	塩を正塩，酸性塩，塩基性塩に分類できる。	141	
	正塩の成り立ちから，正塩の水溶液の性質を判別できる。	143	
	化学 塩の加水分解を説明できる。	144	
	弱酸の遊離，弱塩基の遊離を説明できる。	145	
	ある量の酸を中和するのに必要な塩基の量を求められる。	146	
	中和滴定に用いる器具について，名称と使用法が述べられる。	149	
	中和滴定曲線から，酸・塩基の指示薬を適切に選択できる。	151	
⑧	酸化・還元の定義を，酸素，水素，電子の授受で説明できる。	159・160	
	物質に含まれる原子の酸化数を求められる。	161	
	酸化数の変化から，酸化還元反応を説明できる。	162・164	
	酸化剤・還元剤の反応式から，イオン反応式をつくることができる。	168・170	
	酸化剤・還元剤の働きを示す反応式をつくることができる。	170	
	ある量の酸化剤とちょうど反応する還元剤の量を求められる。	171～173	
	Br_2 よりも Cl_2 の方が強い酸化作用を示すことを実験事実を挙げて説明できる。	175	
	金属をイオン化傾向の順に並べることができる。	176・177	

特集 化学と人間生活

1 金属と合金

❶金属

金属	性質	用途
鉄 Fe	反応性に富む。磁性を示す。	建築材料，機械，自動車
アルミニウム Al	軽い。表面が酸化されやすい。両性金属。	窓枠，一円硬貨，アルミ缶
銅 Cu	赤色。電気・熱伝導性が大きい。	電線，銅鍋
銀 Ag	金属のうち，電気・熱の伝導性が最大。	装飾品，食器，銀貨
チタン Ti	密度が小さい。耐食性がよい。	航空機材料，めがねのフレーム
亜鉛 Zn	青みを帯びた銀白色。両性金属。	乾電池，トタン
水銀 Hg	常温で唯一液体の金属。	温度計，蛍光灯
リチウム Li	密度が小さく，反応性に富む。	リチウムイオン電池

❷合金

金属に他の金属などを溶かし合わせてつくられる。もとの金属とは異なる性質を示す。

合金	おもな成分	性質	用途
黄銅(真鍮(しんちゅう)・ブラス)	Cu，Zn	さびにくい。展性に富む。	楽器，五円硬貨
青銅(ブロンズ)	Cu，Sn	加工性，耐食性にすぐれる。	銅像，釣り鐘
白銅	Cu，Ni	加工性，耐食性にすぐれる。	百円硬貨
ステンレス鋼	Fe，Cr，Ni	さびにくい。	工具，台所用品
ジュラルミン	Al，Cu，Mg，Mn	軽く，強度が大きい。	飛行機の機体
ニクロム	Ni，Cr	電気抵抗が比較的大きい。	電熱器

2 プラスチック

プラスチック(合成樹脂)は高分子化合物からなる。高分子化合物の原料となる小さい分子を単量体(モノマー)，高分子化合物を重合体(ポリマー)という。

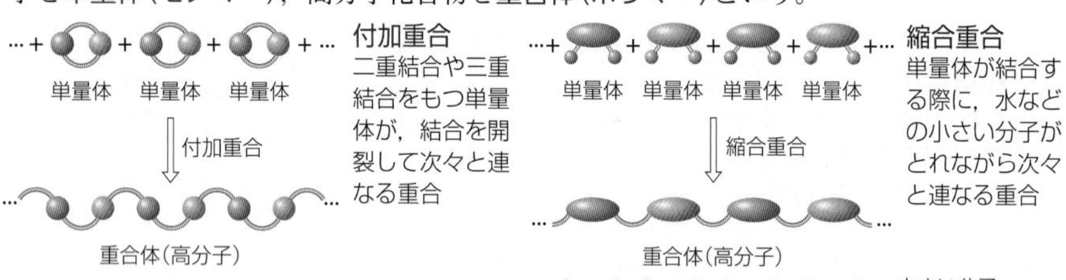

(特徴) ①大量生産が可能 ②成形しやすい ③水に溶けにくい ④薬品に強い
⑤電気絶縁性 ⑥密度が小さい ⑦腐食しにくい

ポリエチレン	ポリスチレン	ポリエチレンテレフタラート(PET)	ポリ塩化ビニル	ナイロン66
レジ袋，ごみ袋，容器	断熱容器，プラモデル	飲料用容器(ペットボトル)	パイプ，ラップ，バケツ	機械部品，合成繊維

3 身のまわりの物質

❶セッケンと合成洗剤

洗剤は，繊維に付着した油分を細かくして取り囲み，水中に分散させる(洗浄作用)。

洗剤	液性	硬水(Ca^{2+}，Mg^{2+} を多く含む水)
セッケン	弱塩基性	白色沈殿を生じ，洗浄力が低下する。
合成洗剤	中性	沈殿を生じず，洗浄力は低下しない。

親油(疎水)性
親水性
セッケン
繊維
油
油を取り囲み，水溶液中に分散させる

❷食品添加物

食品の色や味を調(ととの)えたり，長期間の保存を可能にしたりするために加える物質。

(a)　甘味料：甘みを与える物質。スクロース(砂糖)，アスパルテームなど。

(b)　酸化防止剤：酸素による酸化を防ぐ(自身が酸化される)物質。アスコルビン酸(ビタミンC)など。

(c)　保存料：細菌の繁殖を抑える物質。ソルビン酸カリウムなど。

❸酸化剤・還元剤

(a)　次亜塩素酸ナトリウム NaClO　強い酸化作用を示す。漂白剤に用いられる。

(b)　ヨウ素 I_2　弱い酸化作用を示す。うがい薬(消毒薬)などに用いられる。

(c)　鉄 Fe　酸素で酸化されて発熱する(還元剤)。使い捨てカイロに用いられる。

4 その他の物質の利用

❶無機物質

物質	用途	物質	用途
水素 H_2	ロケット燃料，燃料電池	酸素 O_2	医療用酸素吸入，燃料電池
塩素 Cl_2	水道水の殺菌	塩化水素 HCl	トイレ用洗浄剤
二酸化炭素 CO_2	冷却剤(ドライアイス)	アンモニア NH_3	虫さされの薬
水酸化ナトリウム NaOH	パイプ洗浄剤，セッケンの原料	塩化ナトリウム NaCl	調味料，生理食塩水
炭酸ナトリウム Na_2CO_3	ガラスの原料	炭酸水素ナトリウム(重曹) $NaHCO_3$	胃腸薬，ベーキングパウダー
水酸化カルシウム(消石灰) $Ca(OH)_2$	しっくい，土壌改良材	塩化カルシウム $CaCl_2$	乾燥剤，凍結防止剤(融雪剤)
酸化カルシウム(生石灰) CaO	乾燥剤，発熱剤	炭酸カルシウム $CaCO_3$	歯磨き粉，セメントの原料
ダイヤモンド C	宝石，研磨剤	黒鉛 C	鉛筆の芯，電極
ケイ素 Si	太陽電池，半導体材料	二酸化ケイ素 SiO_2	石英ガラス，光ファイバー

❷有機化合物

物質	用途	物質	用途
メタン CH_4	燃料(都市ガス)	エチレン C_2H_4	工業製品の原料
エタノール C_2H_5OH	酒類，消毒液，燃料	メタノール CH_3OH	燃料
酢酸 CH_3COOH	調味料(食酢)，食品の保存	ベンゼン C_6H_6	医薬品・染料の原料

基本問題

知識

219. 金属の利用 身のまわりにある金属に関する記述として下線部に誤りを含むものを，次の①～⑤のうちから１つ選べ。

① 白金は，化学的に変化しにくいため，宝飾品に用いられる。

② アルミニウムは，加工しやすくて軽いため，窓枠などに利用される。

③ スズは，鉄よりも酸化されやすいため，鋼板にめっきしてブリキとして利用される。

④ チタンは，軽くて耐食性にすぐれているため，めがねのフレームなどに利用される。

⑤ タングステンは極めて融点が高いため，白熱電球のフィラメントなどに利用される。

（15　センター試験追試〔化学〕　改）

知識

220. 合金の利用 次の各合金について，［成分］，［性質・用途］をそれぞれ選べ。

(1)　ジュラルミン　　(2)　黄銅(真鍮(しんちゅう))　　(3)　ニクロム　　(4)　青銅

成分　(a)　Cu，Zn　　(b)　Cu，Sn　　(c)　Al，Cu，Mg，Mn　　(d)　Ni，Cr

性質用途　(ア)　黄色で，加工しやすく，楽器や五円硬貨などに用いられる。

(イ)　電気抵抗が比較的大きく，電熱線などに用いられる。

(ウ)　軽く，強度が大きく，航空機の機体などに用いられる。

(エ)　加工性，耐食性にすぐれ，銅像などに用いられる。

知識

221. プラスチックの性質 プラスチックに関する次の記述のうち，下線部に誤りを含むものを次の①～⑤のうちから１つ選べ。

① プラスチックは，小さい分子が多数連なってできた高分子化合物である。

② プラスチックは，大量に生産され，加工や成形がしやすい特徴をもつ。

③ プラスチックの密度は，鉄や銅よりも大きい。

④ プラスチックは，電気伝導性を示さないものが多い。

⑤ プラスチックは，水に溶けにくいものが多い。

思考

222. セッケン 油をセッケン水に入れて振り混ぜると，微細な油滴となって分散する。このときのセッケン分子と油滴が形成する構造のモデル(断面の図)として最も適当なものを，下の①～⑤のうちから１つ選べ。ただし，油滴とセッケン分子を図１のように表す。

図１

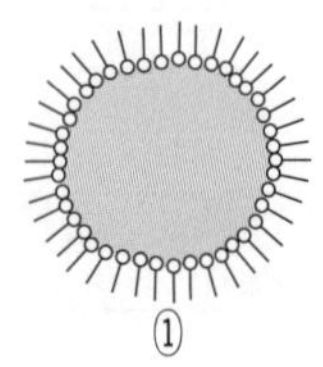
①

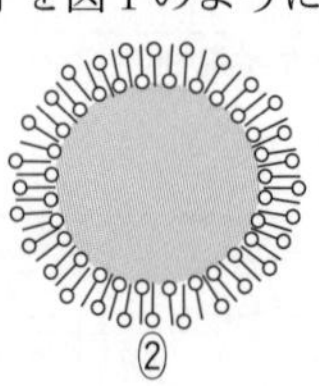
②

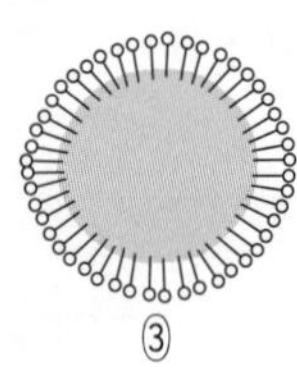
③

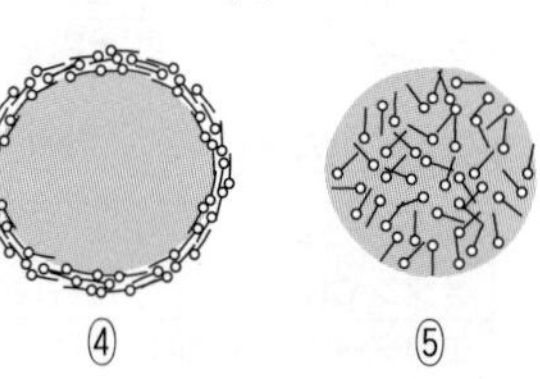
④　⑤

（08　センター試験）

知識
223. 無機物質の利用 次の各物質の利用を下の(ア)～(オ)から選び，記号で記せ。

(1) 塩化カルシウム　(2) 酸化カルシウム　(3) 炭酸カルシウム
(4) 炭酸水素ナトリウム　(5) 次亜塩素酸ナトリウム

(ア) ベーキングパウダー　(イ) セメント　(ウ) 発熱剤
(エ) 漂白剤　(オ) 凍結防止剤

知識
224. 日常生活と物質 次の(1)～(4)の記述と関連の深い物質を下から選び，記号で記せ。

(1) 共有結合の結晶であり，極めてかたく，研磨剤などに用いられる。
(2) 流し台などに用いられるステンレス鋼の主成分である。
(3) 糖類の発酵で得られ，酒類に利用されるほか，燃料や溶媒としても用いられる。
(4) イオン結晶であり，調味料として用いられる。

(ア) エタノール　(イ) 鉄　(ウ) ダイヤモンド　(エ) 塩化ナトリウム

思考
225. 身のまわりの物質 身のまわりで利用されている物質に関する記述として，下線部に誤りを含むものを，次の①～⑤のうちから１つ選べ。

① ナトリウムは炎色反応で黄色を呈する元素であるので，その化合物は花火に利用されている。
② 航空機の機体に利用されている軽くて強度が大きいジュラルミンは，アルミニウムを含む合金である。
③ 生石灰(酸化カルシウム)は，吸湿性が強いので，焼き海苔(のり)などの保存に用いられる。
④ うがい薬に使われるヨウ素には，その気体を冷却すると，液体にならずに固体になる性質がある。
⑤ 塩素水に含まれている次亜塩素酸は還元力が強いので，塩素水は殺菌剤として使われている。

(11 センター試験 改)

知識
226. 物質の利用 日常生活における化学物質の利用に関する記述として，誤りを含むものはどれか。次の①～⑤のうちから１つ選べ。

① アルミニウムは軽くてさびにくいという特徴があり，アルミニウム缶や乗り物の構造材料に広く使われている。
② 装飾品などに用いられる水晶は，ケイ素原子と酸素原子からなる共有結合の結晶である。
③ 天然の無機物質を高温で処理して得られるセラミックスは，金属材料としてエレクトロニクスや医療分野に広く用いられている。
④ ナイロンは細い糸にしても十分な強度があり，ストッキングや靴下には欠かせない材料となっている。
⑤ 食品添加物として用いられるアスコルビン酸(ビタミンC)は，食品が酸化されるのを防ぐ作用がある。

(15 金城学院大 改)

特集 実験の基本操作

1 実験器具

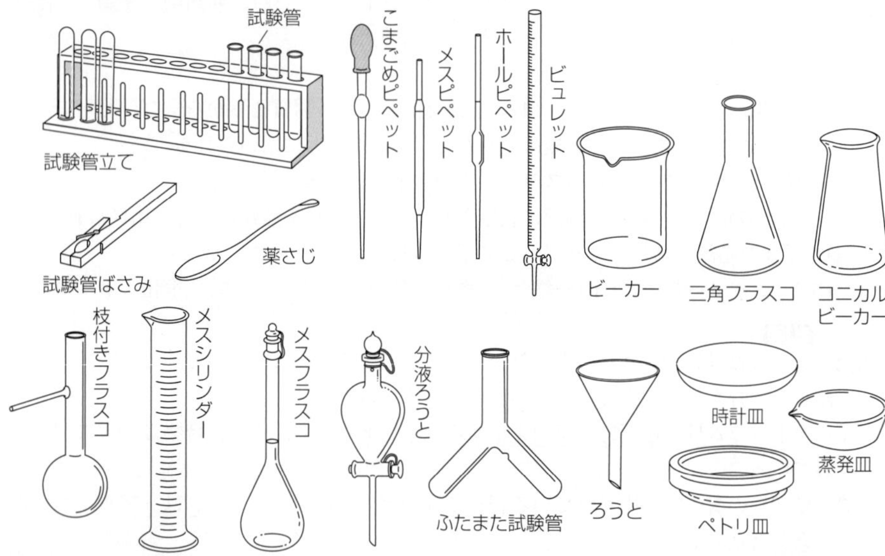

2 実験操作

●水溶液の調製

①必要な物質の質量をはかる。
②水を加えて溶かす。
③メスフラスコに入れ，水をこまごめピペットで標線まで加え，振り混ぜる。

●気体の捕集

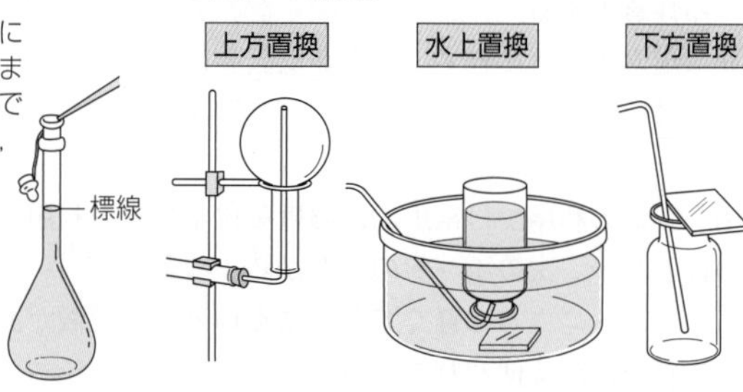

●試験管に入れた試薬の加熱

① 試験管で水溶液を加熱する場合，水溶液の量を試験管の$\frac{1}{4}$以下にする。
② 固体の加熱で水蒸気が発生する場合は，試験管の口を水平よりも低くする。

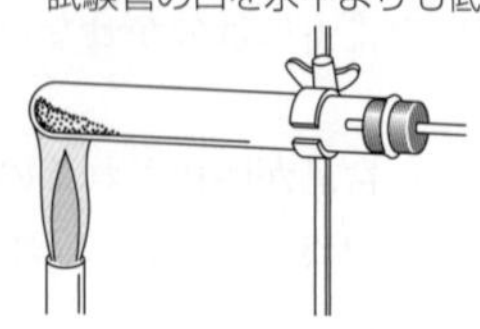

●液体の体積の測定

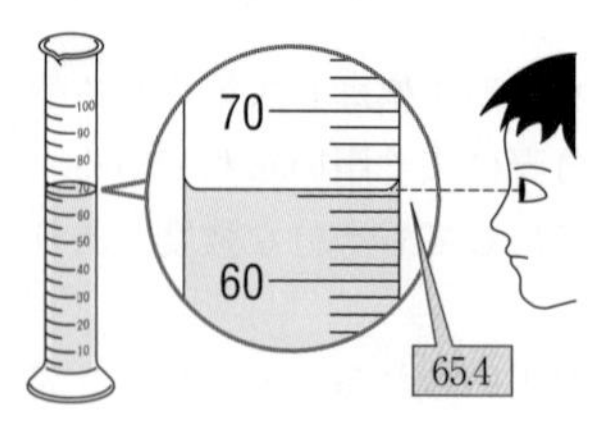

① 測定器具は，垂直に立てる。
② 液面の最も低いところの目盛りを読み取る。
③ 最小目盛りの$\frac{1}{10}$まで読み取る。

基本問題

知識

227. 試験管による加熱のしかた 試験管に水溶液を入れて，ガスバーナーで加熱する方法について，次の各問いに答えよ。

(ア)　(イ)

(1)　試験管に入れる水溶液の量は，(ア)，(イ)のどちらがよいか。

(2)　試験管は，ガスバーナーの炎にどのようにかざすとよいか。(ウ)～(オ)の記号で答えよ。

(3)　水溶液を加熱する際には，試験管をどのようにすればよいか。次の(カ)，(キ)から選べ。

(カ)　一定の位置に固定する。

(キ)　小刻みに振り動かす。

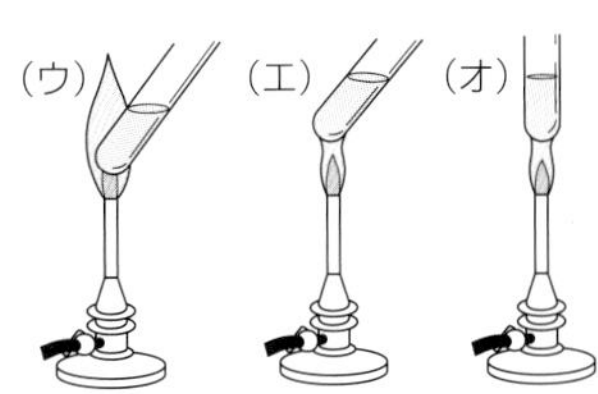

思考

228. 実験操作 化学実験の操作として正しいものを，次の①～⑤のうちから1つ選べ。

① てんびんを使って粉末状の薬品をはかり取るときには，てんびんの皿の上に直接薬品をのせる。

② 水酸化ナトリウム水溶液が皮膚についたら，ただちに大量の希塩酸で十分に洗う。

③ 加熱している液体の温度を均一にするには，液体を温度計でかき混ぜる。

④ ガスバーナーに点火するときには，空気調節ねじを開いてからガス調節ねじを開く。

⑤ 液体をホールピペットで吸い上げるときには，安全ピペッターを用いる。

思考

229. 薬品の取り扱い 実験における注意事項として誤りを含むものを，次の①～⑤のうちから2つ選べ。

① 希硫酸は，濃硫酸に純水を加えて調製する。

② ヘキサンは引火性があるので，火気がないところで取り扱う。

③ 硫化水素や塩素などの有毒ガスは，実験室にある排気装置(ドラフト)内で取り扱う。

④ 液体の入った試験管を加熱するときは，試験管の口を人のいる方に向ける。

⑤ 光によって分解しやすい薬品を保存する場合，褐色びんを用いる。

思考

230. 気体の捕集 粒状の炭酸カルシウムと希塩酸をふたまた試験管中で反応させ，二酸化炭素を発生させたい。この実験について，次の各問いに答えよ。

(1)　炭酸カルシウムを入れるのに適切な場所は，図1のA，Bのどちらか。

(2)　発生させた二酸化炭素を捕集する方法として適切なものは，図2の(ア)，(イ)のどちらか。

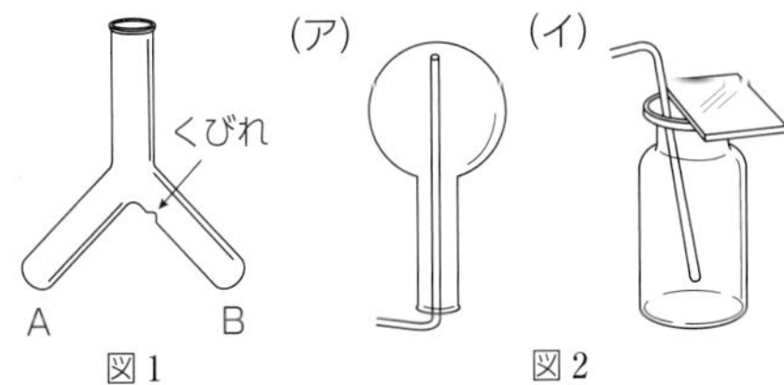

図1　図2

特集 実験の基本操作

知識

231. 実験器具と実験操作

ある物質の水溶液をホールピペットではかり取り，メスフラスコに移して，定められた濃度に純水で希釈したい。次の各問いに答えよ。

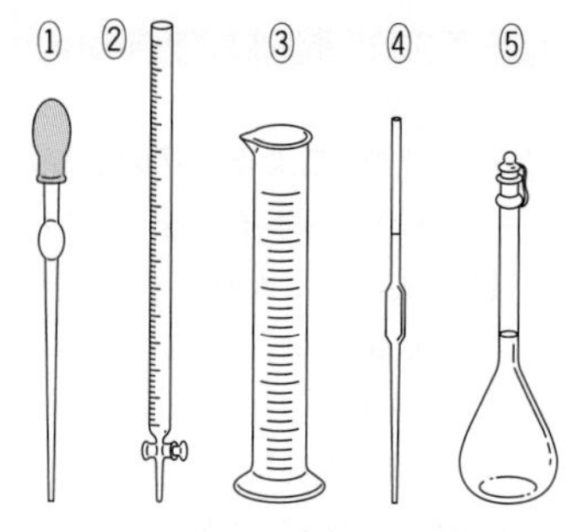

(1) ホールピペットの図として正しいものを，図の①～⑤のうちから１つ選べ。

(2) このとき行う操作Ⅰ・Ⅱの組み合わせとして最も適当なものを，下の①～④のうちから１つ選べ。

操作Ⅰ A ホールピペットは，洗浄後，内部を純水ですすぎ，そのまま用いる。

B ホールピペットは，洗浄後，内部をはかりとる水溶液ですすぎ，そのまま用いる。

操作Ⅱ C 純水は，液面の上端がメスフラスコの標線に達するまで加える。

D 純水は，液面の底面がメスフラスコの標線に達するまで加える。

	操作Ⅰ	操作Ⅱ
①	A	C
②	A	D
③	B	C
④	B	D

思考

232. アンモニアの噴水

乾いた丸底フラスコにアンモニアを一定量捕集した後，図のような装置を組み立てた。ゴム栓に固定したスポイト内の水を丸底フラスコの中に少量入れたところ，ビーカー内の水がガラス管を通って丸底フラスコ内に噴水のように噴き上がった。この実験に関する記述として誤りを含むものを，下の①～⑥のうちから１つ選べ。

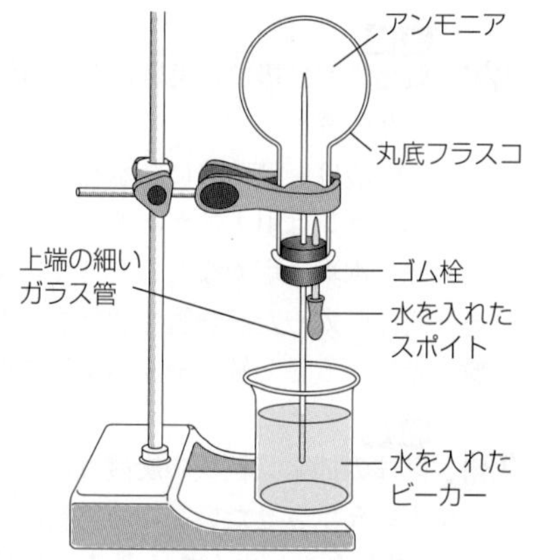

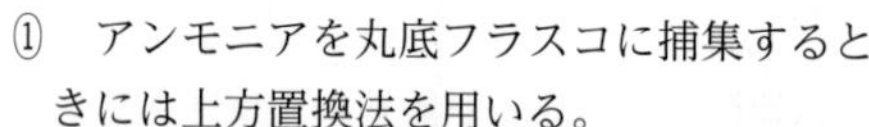

① アンモニアを丸底フラスコに捕集するときには上方置換法を用いる。

② ゴム栓がゆるんですき間があると，水が噴き上がらないことがある。

③ 丸底フラスコ内のアンモニアの量が少ないと，噴き上がる水の量が少なくなる。

④ 内側が水でぬれた丸底フラスコを用いると，水が噴き上がらないことがある。

⑤ ビーカーの水にBTB(ブロモチモールブルー)溶液を加えておくと，噴き上がった水は青くなる。

⑥ アンモニアの代わりにメタンを用いても，水が噴き上がる。 (17 センター試験)

思考

233. 塩素の精製　実験室で塩素 Cl_2 を発生させたところ，得られた気体には，不純物として塩化水素 HCl と水蒸気が含まれていた。図に示すように，2つのガラス容器(洗気びん)に濃硫酸および水を別々に入れ，順次この気体を通じることで不純物を取り除き，Cl_2 のみを得た。これらのガラス容器に入れた液体Aと液体B，および気体を通じたことによるガラス容器内の水の pH の変化の組み合わせとして最も適当なものを，下の①～④のうちから1つ選べ。ただし，濃硫酸は気体から水蒸気を除くために用いた。

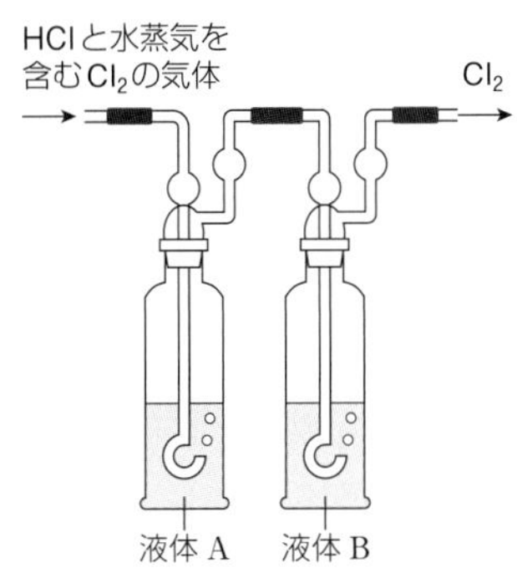

	液体A	液体B	水が入ったガラス容器内の pH
①	濃硫酸	水	大きくなる
②	濃硫酸	水	小さくなる
③	水	濃硫酸	大きくなる
④	水	濃硫酸	小さくなる

(19　センター試験　改)

思考

234. 水の沸騰と逆流　次の実験中におこる変化について，下の各問いに答えよ。

実験装置の準備：500 mL の丸底フラスコに水 250 mL と沸騰石を入れ，丸底フラスコから図のように細いガラス管を伸ばし，その先端を1Lのビーカーにためた水 500 mL の中に沈めた。

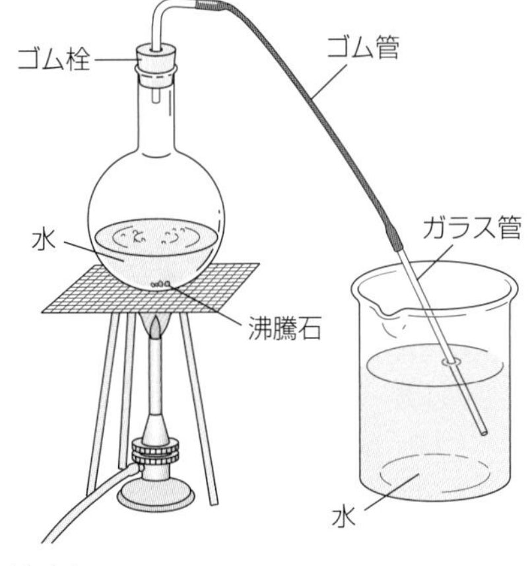

実験：ガスバーナーに点火し，丸底フラスコを加熱した。水が十分に沸騰し，フラスコ内の水が3分の1になるまで加熱を続けた。その後，バーナーの火を止め，放置して冷却した。加熱をやめると，沸騰がおさまり，ビーカーから水が逆流した。その後も観察を続けた。

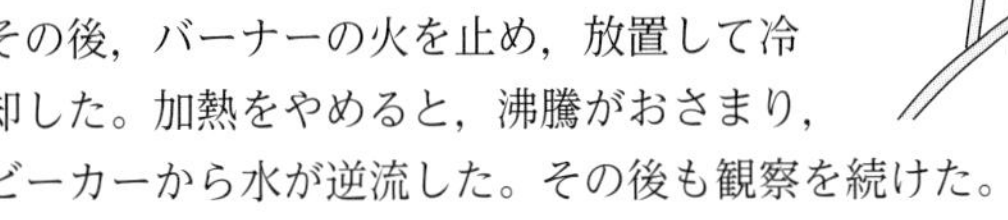

(1)　加熱中のガラス管の先端のようすとして正しいものはどれか。
　①　加熱中はずっと気泡が出続ける。
　②　加熱をはじめてしばらくは気泡が出るが，途中から気泡はほとんど出ない。
　③　加熱中に気泡は出ない。

(2)　最終的に丸底フラスコ内の水の量はどうなるか，①～③のうちから1つ選べ。
　①　もとの水量よりも少なくなる。
　②　ほぼもとの水量にもどる。
　③　フラスコ内が水でほぼ満たされる。

総合演習

1 論述問題

論述問題を解答するにあたって

「論述問題」を解答する際には，次の事項に注意する。

①「～字以内」と指示がある場合はその字数をこえないようにする。かつ，字数は少なすぎてもいけない。指示された字数に対して，少なくとも8割以上の字数で解答したい。また，「～字程度」と指示された場合は，字数を多少はこえてもかまわないが，大幅にこえると減点されることもある。字数制限のない場合にも，的確かつ簡潔に表現することが大切である。

②句点や読点は，1文字と数える。

③化学式は，特に指定がなければ，アルファベット2文字で1文字と数える。また，算用数字を用いて数値を表す場合も，2桁以上は2つの数値を1文字と数える。

④達筆である必要はないが，丁寧に読みやすい字を書くこと。

⑤キーワードとなる化学の専門用語は，可能な限り盛りこむ。

⑥誤字・脱字に注意する。特に，化学用語や化学式については，正確に表現する。

(例)　×適定→○滴定　×環元→○還元　×畜電池→○蓄電池

×製練(精練)→○製錬(精錬)　×侵透圧→○浸透圧　×凝折→○凝析

×平衝→○平衡　×緩衝液→○緩衝液　×置喚→○置換

第Ⅰ章 物質の構成

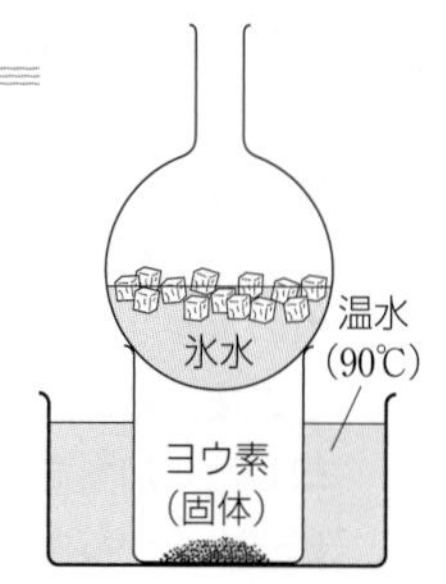

235. ★ **ヨウ素の分離**◆図に示したように，ビーカーに少量のヨウ素の固体を入れ，これに氷水の入った丸底フラスコをかぶせ，ビーカーを90℃の温水につけた。こののち，ヨウ素にどのような変化が観察されるか，図にならって結果を図示するとともに，60字程度で簡潔に説明せよ。　(08　東京大)

236. ★★ **原子の大きさ**◆第3周期の1，2，13，14族元素の原子について，原子半径が大きい順に元素記号を用いて記せ。また，その理由を70字以内で記せ。　(崇城大　改)

237. ★ **イオン結晶の電気伝導性**◆イオン結晶は，一般に電気伝導性を示さないが，ある操作を施すと，電気伝導性を示すようになる。その操作を次の[選択肢]から2つ選び，記号で答えよ。また，選んだ理由を記せ。

[選択肢]　(ア)　粉末にする　(イ)　固める　(ウ)　水溶液にする

(エ)　冷却する　(オ)　融解させる

★…基本的な問題　★★…標準的な問題　★★★…発展的な問題

★★ 化学

238. イオン結晶の融点◆イオン結晶について，次の各問いに答えよ。

(1)　ナトリウムとハロゲンの単体の反応で生成した NaF, NaCl, NaBr, NaI の結晶において，ナトリウムイオンと最も近いイオン半径をもつハロゲンのイオンはどれか。また，そのイオンがナトリウムイオンと近いイオン半径をもっている理由を説明せよ。

(2)　(1)の NaF, NaCl, NaBr, NaI の結晶を融点が高い順に並べよ。また，そのような順になる理由を説明せよ。ただし，これらの結晶はすべて同じ結晶構造である。

★★

239. 水素結合と物質の沸点◆図は，14～17族の元素の水素化合物の分子量と沸点の関係を示したものである。図を参考にして，次の各問いに答えよ。

(1)　水素結合を形成する分子を 3 つ選び，物質名で答えよ。また，その 3 つを選んだ理由を答えよ。

(2)　14族元素と水素との化合物の沸点は，分子量が大きくなるほど高くなる。この理由を簡潔に説明せよ。　(13　茨城大)

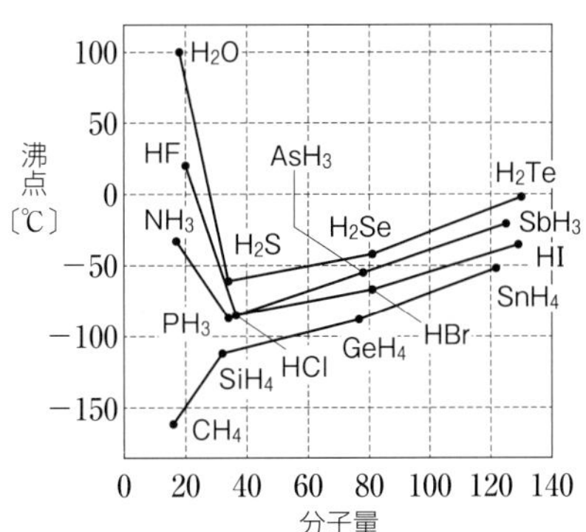

★★

240. ダイヤモンドと黒鉛の電気伝導性◆ダイヤモンドには電気伝導性はないが，黒鉛には電気伝導性がある。この理由を説明せよ。　(08　千葉大　改)

★★

241. アルカリ金属の単体の融点◆アルカリ金属の単体は，価電子の数が異なる 2 族元素の単体と比べると融点が低い。その理由を説明せよ。　(08　島根大)

★

242. 熱の伝わり方◆熱いお茶を飲む場合，陶器の湯のみ茶碗ならば手でもつことができるが，鉄のコップでは熱くてもてない。この現象を説明せよ。　(14　学習院大)

★★

243. イオン結晶と金属結晶◆塩化ナトリウムのようなイオン結晶は，金づちでたたくなどの強い衝撃によって簡単にくずれるが，金のような金属結晶は，たたくとつぶれながら延びて広がる。図は，イオン結合と金属結合のモデルである。この図を参考にして，イオン結合と金属結合の衝撃に対する変化の違いを200字程度で説明せよ。

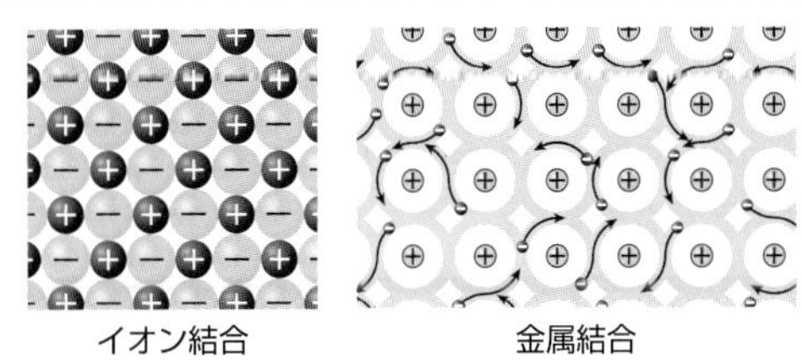

第Ⅱ章　物質の変化

★
244. 混合気体の質量◆同温・同圧・同体積で，乾燥した空気と水蒸気を含む空気では，どちらが重いか。また，根拠となる理由も記せ。ただし，乾燥した空気は，窒素と酸素が体積比 4：1 の割合で混合したものとする。（愛知学院大　改）

★★
245. 溶液の調製◆固体の炭酸ナトリウムの無水物 Na_2CO_3 を水に溶解して，1.00 mol/L の炭酸ナトリウム水溶液 100 mL を正確に調製する方法を，100字程度で説明せよ。なお，説明には使用するガラス器具の名称も記せ。（13　京都府立大）

★
246. 室内の水の変化◆部屋に置かれている水が，室内の空気と長時間接触したとする。

(1)　その水は強酸性，弱酸性，強塩基性，弱塩基性のうち，どれを示すか。

(2)　(1)のようになる理由を説明せよ。（09　愛媛大）

★★
247. 中和滴定◆濃度不明のアンモニア水を10倍に希釈し，濃度既知の塩酸を用いて中和滴定を行い，アンモニア水の濃度を決定した。次の各問いに答えよ。

(1)　中和滴定の際に使用する次の①～④のガラス器具について，それぞれの図を描き，特徴を簡潔に記せ。

①ビュレット　②ホールピペット　③メスフラスコ　④コニカルビーカー

(2)　この中和滴定において，中和点を知るためにどのような方法が考えられるか。60字程度で説明せよ。

★
248. コニカルビーカー◆中和滴定で用いるコニカルビーカーや三角フラスコは，純水で洗浄してあれば，内部がぬれた状態で使用してもかまわない。その理由を説明せよ。（13　滋賀県立大）

★★
249. 共洗い◆1本のホールピペットで，2回ずつ共洗いをしながら，物質Aを異なる濃度で含む3種類の水溶液を順番に一定体積ずつとっていきたい。物質Aの濃度があらかじめわかっている場合，濃度の低い方，高い方，いずれの方から順にとると，物質Aの量についての誤差をより少なくし，正確にとることができるか。理由とともに記せ。（滋賀県立大　改）

★★
250. 中和滴定曲線◆0.10 mol/L の酸 A および酸 B の水溶液を 10 mL ずつとり，0.10 mol/L の水酸化ナトリウム水溶液でそれぞれ滴定したところ，図のような滴定曲線が得られた。酸 A および酸 B について，わかることを理由とともに記せ。

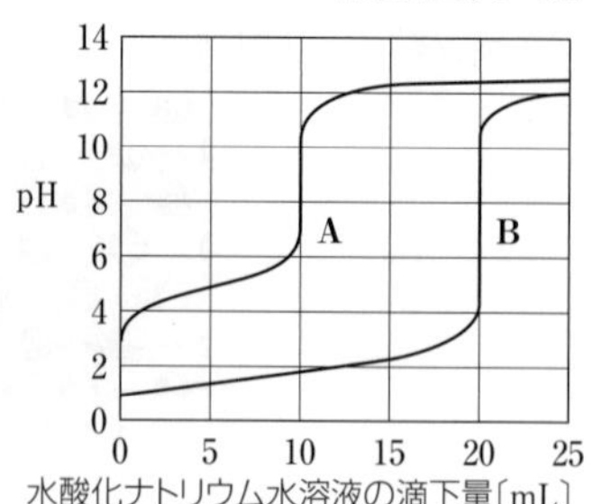

★★
251. 廃液の処理◆塩酸は強酸性を示すため，そのまま廃棄してはならない。塩酸の pH を調節するために，塩基として水酸化ナトリウムを用いてもよいが，炭酸水素ナトリウムを用いることも多い。炭酸水素ナトリウムを用いる際の利点を答えよ。

（山口東京理科大　改）

★
252. 水酸化ナトリウム◆中和滴定において用いられる，正確な濃度がわかっている溶液を標準溶液という。水酸化ナトリウム水溶液の正確な濃度は，シュウ酸水溶液などの酸の標準溶液を用いて求める必要がある。その理由を説明せよ。（19　徳島大）

★
253. ヨウ化カリウムデンプン紙◆ヨウ化カリウムデンプン紙は，ヨウ化カリウムとデンプンを溶かした溶液にろ紙を浸して乾燥させたものである。この試験紙は塩素，オゾンなどに触れると青紫色を呈する。どのような反応がおこって呈色するのか，説明せよ。

（08　奈良県立医科大）

★★
254. 酸化還元滴定◆0.0200 mol/L 過マンガン酸カリウム水溶液は（　ア　）色の水溶液である。この水溶液をビュレットに入れ，これを 0.0200 mol/L シュウ酸水溶液 30.0 mL に滴下する実験を行った。まず，<u>硫酸</u>水溶液を必要量加えて酸性としたのち，1.0 mL 滴下した時点において水溶液の色は（　イ　）色であり，溶液がわずかに（　ウ　）色になりはじめるまでに要した全滴下量は（　a　）mL であった。次の各問いに答えよ。

(1)　(ア)～(ウ)に適切な色，(a)に適切な数値を入れよ。

(2)　下線部の硫酸の代わりに硝酸を用いた場合，(a)の数値は硫酸の場合と比較して「大きくなる」，「変わらない」，「小さくなる」のいずれか。理由とともに記せ。

（東邦大　改）

★★
255. 金属樹◆0.5%の硫酸銅(Ⅱ)水溶液を調製した。この水溶液を 2 本の試験管にとり，片方に鉄線を入れ，もう片方には銀線を入れて一昼夜放置した。それぞれの試験管でどのような変化が見られたか答えよ。また，その理由を簡潔に述べよ。（08　埼玉大）

★★
256. トタンとブリキの性質◆鉄に亜鉛をめっきしたトタンは，屋根などの建築資材として使われる。一方，鉄にスズをめっきしたブリキは，かつて缶詰や玩具などに使われていた。トタンは表面に傷がついて鉄が露出してもさびにくいのに対し，ブリキはその特性が見られない。この違いを簡潔に説明せよ。（20　早稲田大）

★★
257. 鉄の製錬◆約10億年前に形成された地層の中には，縞状鉄鉱層(しまじょうてっこうそう)とよばれる地層がある。この地層は，鉄鉱石が縞模様状に堆積しており，おもに赤鉄鉱と磁鉄鉱が含まれる。われわれが日常的に使用する鉄のほとんどは，縞状鉄鉱層から採掘した鉄鉱石を原料として製造されている。鉄鉱石から鋼(こう)を製造する方法を80字以内で述べよ。

（11　首都大学東京　改）

2 長文読解問題

258. 分子の形状◆以下の文を読み，［Ⅰ］～［Ⅵ］にあてはまる最も適切な数値をそれぞれ答えよ。また，［a］～［j］にあてはまる最も適切な分子の形を[語群]から選び，それぞれ①～⓪の記号で答えよ。ただし，同じ記号を何度選んでもよい。［ア］～［コ］に各分子全体の極性の有無を記入したとき，「有」となる組み合わせとして最も適切なものを[組み合わせ群]から選び，①～⓪の記号で答えよ。

3個以上の原子から構成される分子は，さまざまな形をとる。電子は負の電荷をもつので，分子中の電子対どうしは互いに反発し合う。この電子対どうしの反発を考えると，分子の立体的な形を予想できる。具体的には，次の規則にしたがって，分子の形を推定できる。

①中心原子のまわりの電子対は，それらの反発が最も小さくなるように配置される。
②非共有電子対は共有電子対よりも空間的に広がっているので，電子対どうしの反発の力は，次の順に小さくなる。

非共有電子対どうし＞非共有電子対と共有電子対＞共有電子対どうし

Aを中心原子とし，Xを中心原子Aに結合した原子，m をその原子Xの数とする。原子Xの数mは中心原子から伸びる結合の数であり，結合が単結合の場合には，共有電子対の数と等しい。さらに，Eを中心原子A上の非共有電子対とし，n を中心原子A上の非共有電子対の数として，中心原子Aをもつ分子を $AX_m(E_n)$ と表すことにする。ただし，中心原子Aに結合したm個の原子Xはすべて同じ種類の原子で，原子Aと原子Xは電気陰性度の異なる原子であり，原子Aと原子Xの間のm本の結合はすべて同じ長さとする。

水分子 H_2O を $AX_m(E_n)$ と表す場合に，酸素原子Oが中心原子Aに，水素原子Hが中心原子に結合した原子Xに対応し，酸素原子のまわりには［Ⅰ］組の共有電子対と［Ⅱ］組の非共有電子対が存在するので，水分子は，$AX_{[Ⅰ]}(E_{[Ⅱ]})$ と表記される。ここで，水分子の形を，上記の2つの規則にしたがって推定すると，酸素原子のまわりの電子対どうしの反発が最も小さくなるように配置されるので，その形は［a］と推定できる。二酸化炭素分子 CO_2 は，分子全体として，［Ⅲ］組の共有電子対と［Ⅳ］組の非共有電子対をもつ。中心原子が炭素原子Cである二酸化炭素分子を $AX_m(E_n)$ と表す場合には $AX_{[Ⅴ]}(E_{[Ⅵ]})$ と表記され，その形は［b］と推定できる。ここで，二酸化炭素分子では，中心の炭素原子から伸びる結合が二重結合であるため，m の値［Ⅴ］は，炭素原子のまわりの共有電子対の数の $\frac{1}{2}$ になっている。

次に，$AX_m(E_n)$ と表すことができるいろいろな分子の形を，上記の2つの規則にしたがって考え，分子全体の極性の有無を推定すると，表1のようにまとめられる。

表1　$AX_m(E_n)$と表すことができるいろいろな分子の形と極性の有無

$m+n$	n	$AX_m(E_n)$	分子の形	分子全体の極性の有無
2	Ⅵ	$AX_{Ⅴ}(E_{Ⅵ})$	b	ア
3	0	$AX_3(E_0)$	c	イ
	1	$AX_2(E_1)$	d	ウ
4	0	$AX_4(E_0)$	e	エ
	1	$AX_3(E_1)$	f	オ
	Ⅱ	$AX_{Ⅰ}(E_{Ⅱ})$	a	カ
5	0	$AX_5(E_0)$	g	キ
	3	$AX_2(E_3)$	h	ク
6	0	$AX_6(E_0)$	i	ケ
	2	$AX_4(E_2)$	j	コ

ここで，中心原子Aに結合した原子Xの数mと中心原子A上の非共有電子対の数nの合計が3の化合物で，A－X結合が単結合の場合には，中心原子Aのまわりの電子の数は6になり，8個の電子をもつ安定な電子配置にはならないが，そのような化合物(たとえば三フッ化ホウ素BF_3など)も存在し，電子欠損化合物とよばれる。また，中心原子Aに結合した原子Xの数mと中心原子A上の非共有電子対の数nの合計が5や6の化合物では，中心原子Aのまわりは8個以上の電子をもつ電子配置になるが，このような化合物(たとえば，五塩化リンPCl_5や六フッ化硫黄SF_6など)も存在し，超原子価化合物とよばれる。

分子の形　a ～ j

［語群］

① 直線形　② 折れ線形　③ 正三角形

④ 正方形　⑤ 長方形　⑥ 菱形

⑦ 正四面体形　⑧ 三角錐形　⑨ 三方両錐形

⓪ 正八面体形

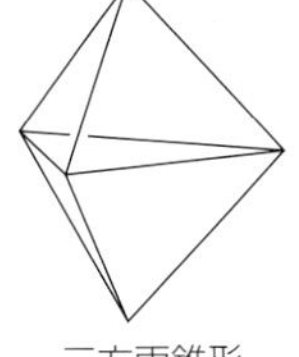
三方両錐形

正八面体形

分子全体の極性が「有」となる組み合わせ

［組み合わせ群］

① ウ，オ，カ　② ウ，オ，ク　③ ウ，オ，コ

④ ウ，カ，ク　⑤ ウ，カ，コ　⑥ ウ，ク，コ

⑦ オ，カ，ク　⑧ オ，カ，コ　⑨ オ，ク，コ

⓪ カ，ク，コ

(19　青山学院大　改)

259. 酸化数の定義◆酸化数は原子の酸化状態を示す指標である。酸化数を決定することによって酸化還元反応を正確に把握することができる。この概念は無機物質だけでなく，有機化合物にも適応することが可能である。

グリコール酸 HO－CH_2－COOH に含まれる2つの炭素の酸化数の例を図に示す。化合物を電子式で表し，それぞれの共有結合に注目する。結合している2原子の電気陰性度を比較し(電気陰性度の大きさ：F＞O＞N＞C＞H)，大きい方にその共有結合に関与する価電子がすべて移動すると考える。また，電気陰性度が同じ場合は，電子を1個ずつ平等に割り当てられると考える。価電子を1個獲得するごとに酸化数は1減少する。逆に，価電子を1個失うごとに酸化数は1増加する。最終的にすべての共有結合で価電子の移動を考え，各原子の酸化数を決定する。

−1 OH +3
H:C:C:OH
H O

Cのまわりのみ電子を示している。

多くの生物はグルコース $C_6H_{12}O_6$ を分解することでエネルギーを得ている。(a)ヒトでは，グルコースは，最終的に完全に二酸化炭素と水になって体外に排出される。これは呼吸とよばれる。一方，(b)清酒酵母では，グルコースはエタノールと二酸化炭素になる。これをアルコール発酵とよぶ。

(1) 下線部(a)の反応は下の反応式で表されるグルコースの酸化反応である。グルコース1分子から［あ］個の電子が［い］に与えられる。これについて(i)～(v)の各問いに答えよ。ただし，グルコースの炭素原子については，それぞれ C_a ～ C_f と表わして区別することにする。

グルコース ＋ ［A］O_2 ⟶ ［B］CO_2 ＋ ［C］H_2O

グルコース

(i) 下線部(a)の反応式の［A］～［C］にあてはまる係数をそれぞれ記せ。

(ii) グルコースの6個の炭素原子 C_a ～ C_f の酸化数の組み合わせとして，最も適当なものを表の選択肢①～⑥の中から選べ。

	①	②	③	④	⑤	⑥
C_a	+1	+1	+1	−1	−1	−1
C_b	+1	0	−1	+1	0	−1
C_c	+1	0	−1	+1	0	−1
C_d	+1	0	−1	+1	0	−1
C_e	+1	0	−1	+1	0	−1
C_f	−1	−1	−1	+1	+1	+1

(iii) 二酸化炭素の炭素原子の酸化数を記せ。

(iv) ［あ］にあてはまる数字として最も適当なものを下の選択肢①～⑭の中から選べ。

① 1　② 2　③ 3　④ 4　⑤ 6　⑥ 8　⑦ 12　⑧ 14
⑨ 18　⑩ 20　⑪ 24　⑫ 36　⑬ 48　⑭ 96

（v） [い] にあてはまる最も適当なものを選択肢の中から選べ。

①グルコースの炭素原子　②グルコースの酸素原子　③グルコースの水素原子

④酸素分子　⑤水　⑥二酸化炭素　⑦グルコースの炭素原子と酸素分子

⑧グルコースの酸素原子と酸素分子　⑨グルコースの水素原子と酸素分子

(2)　文章中の下線部(b)について，その反応式を次に示す。これについて，下の各問いに答えよ。ただし，エタノールの炭素原子については C_g と C_h と表し，二酸化炭素の炭素原子は C_i と表すことにする。

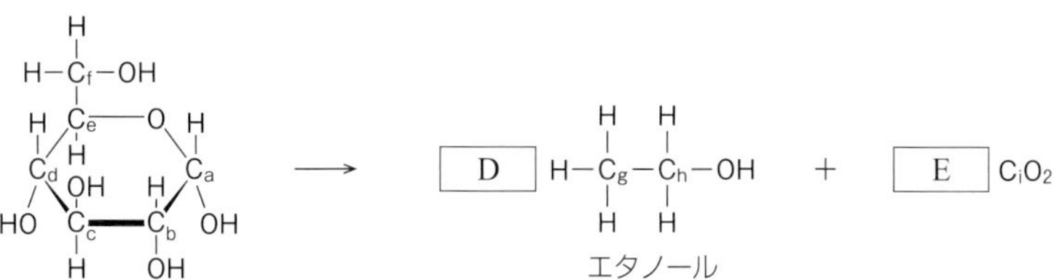

（i）　反応式中の [D] と [E] にあてはまる係数をそれぞれ記せ。

（ii）　C_g と C_h の酸化数をそれぞれ求めよ。

（iii）　グルコースの C_a，C_b の炭素は，その間の共有結合を維持したままエタノールになる。その際，C_a は C_g に，C_b は C_h になる。同様にグルコースの C_f と C_e もそれぞれエタノールの C_g と C_h になる。これら C_a，C_b，C_e，C_f の 4 個の炭素は反応前後でそれぞれ何個の電子の授受があるか。それらが酸化されたのか，還元されたのかも含め，最も適当な組み合わせを選択肢①～⑧の中から選べ。

	①	②	③	④	⑤	⑥	⑦	⑧
C_a	$2e^-$ 酸化	$4e^-$ 酸化	$2e^-$ 還元	$4e^-$ 還元	$2e^-$ 還元	$4e^-$ 還元	$2e^-$ 酸化	$4e^-$ 酸化
C_b	$1e^-$ 還元	$1e^-$ 還元	$1e^-$ 還元	$1e^-$ 還元	$1e^-$ 酸化	$1e^-$ 酸化	$1e^-$ 酸化	$1e^-$ 酸化
C_e	$1e^-$ 酸化	$1e^-$ 酸化	$1e^-$ 還元	$1e^-$ 還元	$1e^-$ 還元	$1e^-$ 還元	$1e^-$ 酸化	$1e^-$ 酸化
C_f	$4e^-$ 還元	$2e^-$ 還元	$4e^-$ 還元	$2e^-$ 還元	$4e^-$ 酸化	$2e^-$ 酸化	$4e^-$ 酸化	$2e^-$ 酸化

（iv）　グルコースの C_c，C_d の炭素は，両方とも二酸化炭素の C_i になる。このとき，グルコース 1 分子あたりの C_c，C_d から放出される電子の個数は合わせていくつか。

（v）　C_a から C_f の 6 個の炭素原子のうち，特定の炭素原子のみが ^{13}C（炭素の同位体）で，残りはすべて ^{12}C であるグルコースを考える。いま，C_a が ^{13}C のグルコース，C_f が ^{13}C のグルコース，C_a と C_f がともに ^{13}C のグルコースの 3 種類を同じ物質量で混合したグルコースで清酒をつくる。この場合，できあがった清酒に含まれるエタノールのうち C_g と C_h がともに ^{12}C であるエタノールの割合はいくらになるか。最も適当な数値を選択肢①～⑥から選べ。ただし，与えられたグルコースはすべてエタノールに変化する反応をおこしたものとする。

①　$\frac{1}{6}$　②　$\frac{2}{6}$　③　$\frac{3}{6}$　④　$\frac{4}{6}$　⑤　$\frac{5}{6}$　⑥　$\frac{6}{6}$　（20　立命館大）

付録1 原子の電子配置

周期	原子	電子配置				
		K	L	M	N	O
1	$_{1}$H	1				
	$_{2}$He	2				
2	$_{3}$Li	2	1			
	$_{4}$Be	2	2			
	$_{5}$B	2	3			
	$_{6}$C	2	4			
	$_{7}$N	2	5			
	$_{8}$O	2	6			
	$_{9}$F	2	7			
	$_{10}$Ne	2	8			
3	$_{11}$Na	2	8	1		
	$_{12}$Mg	2	8	2		
	$_{13}$Al	2	8	3		
	$_{14}$Si	2	8	4		
	$_{15}$P	2	8	5		
	$_{16}$S	2	8	6		
	$_{17}$Cl	2	8	7		
	$_{18}$Ar	2	8	8		
4	$_{19}$K	2	8	8	1	
	$_{20}$Ca	2	8	8	2	
	$_{21}$Sc	2	8	9	2	
	$_{22}$Ti	2	8	10	2	
	$_{23}$V	2	8	11	2	
	$_{24}$Cr	2	8	13	1	
	$_{25}$Mn	2	8	13	2	
	$_{26}$Fe	2	8	14	2	
	$_{27}$Co	2	8	15	2	
	$_{28}$Ni	2	8	16	2	
	$_{29}$Cu	2	8	18	1	
	$_{30}$Zn	2	8	18	2	
	$_{31}$Ga	2	8	18	3	
	$_{32}$Ge	2	8	18	4	
	$_{33}$As	2	8	18	5	
	$_{34}$Se	2	8	18	6	
	$_{35}$Br	2	8	18	7	
	$_{36}$Kr	2	8	18	8	
5	$_{37}$Rb	2	8	18	8	1
	$_{38}$Sr	2	8	18	8	2
	$_{39}$Y	2	8	18	9	2
	$_{40}$Zr	2	8	18	10	2
	$_{41}$Nb	2	8	18	12	1
	$_{42}$Mo	2	8	18	13	1
	$_{43}$Tc	2	8	18	13	2
	$_{44}$Ru	2	8	18	15	1
	$_{45}$Rh	2	8	18	16	1
	$_{46}$Pd	2	8	18	18	
	$_{47}$Ag	2	8	18	18	1
	$_{48}$Cd	2	8	18	18	2
	$_{49}$In	2	8	18	18	3
	$_{50}$Sn	2	8	18	18	4
	$_{51}$Sb	2	8	18	18	5
	$_{52}$Te	2	8	18	18	6
	$_{53}$I	2	8	18	18	7
	$_{54}$Xe	2	8	18	18	8

周期	原子	電子配置						
		K	L	M	N	O	P	Q
6	$_{55}$Cs	2	8	18	18	8	1	
	$_{56}$Ba	2	8	18	18	8	2	
	$_{57}$La	2	8	18	18	9	2	
	$_{58}$Ce	2	8	18	19	9	2	
	$_{59}$Pr	2	8	18	21	8	2	
	$_{60}$Nd	2	8	18	22	8	2	
	$_{61}$Pm	2	8	18	23	8	2	
	$_{62}$Sm	2	8	18	24	8	2	
	$_{63}$Eu	2	8	18	25	8	2	
	$_{64}$Gd	2	8	18	25	9	2	
	$_{65}$Tb	2	8	18	27	8	2	
	$_{66}$Dy	2	8	18	28	8	2	
	$_{67}$Ho	2	8	18	29	8	2	
	$_{68}$Er	2	8	18	30	8	2	
	$_{69}$Tm	2	8	18	31	8	2	
	$_{70}$Yb	2	8	18	32	8	2	
	$_{71}$Lu	2	8	18	32	9	2	
	$_{72}$Hf	2	8	18	32	10	2	
	$_{73}$Ta	2	8	18	32	11	2	
	$_{74}$W	2	8	18	32	12	2	
	$_{75}$Re	2	8	18	32	13	2	
	$_{76}$Os	2	8	18	32	14	2	
	$_{77}$Ir	2	8	18	32	15	2	
	$_{78}$Pt	2	8	18	32	17	1	
	$_{79}$Au	2	8	18	32	18	1	
	$_{80}$Hg	2	8	18	32	18	2	
	$_{81}$Tl	2	8	18	32	18	3	
	$_{82}$Pb	2	8	18	32	18	4	
	$_{83}$Bi	2	8	18	32	18	5	
	$_{84}$Po	2	8	18	32	18	6	
	$_{85}$At	2	8	18	32	18	7	
	$_{86}$Rn	2	8	18	32	18	8	
7	$_{87}$Fr	2	8	18	32	18	8	1
	$_{88}$Ra	2	8	18	32	18	8	2
	$_{89}$Ac	2	8	18	32	18	9	2
	$_{90}$Th	2	8	18	32	18	10	2
	$_{91}$Pa	2	8	18	32	20	9	2
	$_{92}$U	2	8	18	32	21	9	2
	$_{93}$Np	2	8	18	32	22	9	2
	$_{94}$Pu	2	8	18	32	24	8	2
	$_{95}$Am	2	8	18	32	25	8	2
	$_{96}$Cm	2	8	18	32	25	9	2
	$_{97}$Bk	2	8	18	32	27	8	2
	$_{98}$Cf	2	8	18	32	28	8	2
	$_{99}$Es	2	8	18	32	29	8	2
	$_{100}$Fm	2	8	18	32	30	8	2
	$_{101}$Md	2	8	18	32	31	8	2
	$_{102}$No	2	8	18	32	32	8	2
	$_{103}$Lr	2	8	18	32	32	9	2
	$_{104}$Rf	2	8	18	32	32	10	2
	$_{105}$Db	2	8	18	32	32	11	2
	$_{106}$Sg	2	8	18	32	32	12	2
	$_{107}$Bh	2	8	18	32	32	13	2
	$_{108}$Hs	2	8	18	32	32	14	2
	$_{109}$Mt	2	8	18	32	32	15	2
	$_{110}$Ds	2	8	18	32	32	17	1
	$_{111}$Rg	2	8	18	32	32	18	1
	$_{112}$Cn	2	8	18	32	32	18	2

付録2 おもな化学反応式

分野	反応	反応式
燃焼	メタン CH_4 の燃焼	$CH_4+2O_2 \longrightarrow CO_2+2H_2O$
	エタン C_2H_6 の燃焼	$2C_2H_6+7O_2 \longrightarrow 4CO_2+6H_2O$
	プロパン C_3H_8 の燃焼	$C_3H_8+5O_2 \longrightarrow 3CO_2+4H_2O$
	ブタン C_4H_{10} の燃焼	$2C_4H_{10}+13O_2 \longrightarrow 8CO_2+10H_2O$
	H_2 の燃焼	$2H_2+O_2 \longrightarrow 2H_2O$
	Mg の燃焼	$2Mg+O_2 \longrightarrow 2MgO$
	Al の燃焼	$4Al+3O_2 \longrightarrow 2Al_2O_3$
中和	NaOH と HCl	$NaOH+HCl \longrightarrow NaCl+H_2O$
	NH_3 と HCl	$NH_3+HCl \longrightarrow NH_4Cl$
	$Ba(OH)_2$ と H_2SO_4	$Ba(OH)_2+H_2SO_4 \longrightarrow BaSO_4\downarrow+2H_2O$
	$Ba(OH)_2$ と CO_2	$Ba(OH)_2+CO_2 \longrightarrow BaCO_3\downarrow+H_2O$
弱酸・弱塩基の遊離	$CaCO_3$ に塩酸 HClaq	$CaCO_3+2HCl \longrightarrow CaCl_2+H_2O+CO_2\uparrow$
	CH_3COONa と HCl	$CH_3COONa+HCl \longrightarrow CH_3COOH+NaCl$
	NH_4Cl と $Ca(OH)_2$	$2NH_4Cl+Ca(OH)_2 \longrightarrow CaCl_2+2H_2O+2NH_3\uparrow$
揮発性の酸の遊離	NaCl に濃硫酸	$NaCl+H_2SO_4 \longrightarrow NaHSO_4+HCl\uparrow$
	$NaNO_3$ に濃硫酸	$NaNO_3+H_2SO_4 \longrightarrow NaHSO_4+HNO_3\uparrow$
酸性酸化物の反応	水に CO_2 を通じる	$CO_2+H_2O \rightleftarrows H_2CO_3$
	水に SO_3 を通じる	$SO_3+H_2O \longrightarrow H_2SO_4$
	水に NO_2 を通じる	$3NO_2+H_2O \longrightarrow 2HNO_3+NO$
塩基性酸化物の反応	Na_2O に水を加える	$Na_2O+H_2O \longrightarrow 2NaOH$
	CaO に水を加える	$CaO+H_2O \longrightarrow Ca(OH)_2$
酸化還元	Cu を加熱	$2Cu+O_2 \longrightarrow 2CuO$
	CuO と C の反応	$2CuO+C \longrightarrow 2Cu+CO_2$
	CuO と H_2 の反応	$CuO+H_2 \longrightarrow Cu+H_2O$
	H_2 と Cl_2 の反応	$H_2+Cl_2 \longrightarrow 2HCl$
イオン化傾向	Na の酸化	$4Na+O_2 \longrightarrow 2Na_2O$
	Na と水の反応	$2Na+2H_2O \longrightarrow 2NaOH+H_2\uparrow$
	Ca と水の反応	$Ca+2H_2O \longrightarrow Ca(OH)_2+H_2\uparrow$
	Mg と熱水	$Mg+2H_2O \longrightarrow Mg(OH)_2+H_2\uparrow$
	Fe と高温の水蒸気	$3Fe+4H_2O \longrightarrow Fe_3O_4+4H_2\uparrow$
	Mg に塩酸 HClaq	$Mg+2HCl \longrightarrow MgCl_2+H_2\uparrow$
	Al に塩酸 HClaq	$2Al+6HCl \longrightarrow 2AlCl_3+3H_2\uparrow$
	Fe に塩酸 HClaq	$Fe+2HCl \longrightarrow FeCl_2+H_2\uparrow$
	Cu と希硝酸の反応	$3Cu+8HNO_3 \longrightarrow 3Cu(NO_3)_2+4H_2O+2NO\uparrow$
	Cu と濃硝酸の反応	$Cu+4HNO_3 \longrightarrow Cu(NO_3)_2+2H_2O+2NO_2\uparrow$
	Cu と熱濃硫酸の反応	$Cu+2H_2SO_4 \longrightarrow CuSO_4+2H_2O+SO_2\uparrow$

↑は気体の発生，↓は沈殿の生成を表す。

付録3 常用対数

$M>0$ で，$M=10^n$ とするとき，あるMに対する n の値がただ1つ定まる。この値をMの常用対数といい，次のように表す。

$$\boldsymbol{n=\log_{10}M}$$

〈例〉 $\log_{10}1000=\log_{10}10^3=3$ 　　$\log_{10}0.001=\log_{10}10^{-3}=-3$

●常用対数の性質

$M>0$，$N>0$ で，r を実数として，次の関係が成立する。

$$\log_{10}1=\log_{10}10^0=0 \qquad \log_{10}10=\log_{10}10^1=1$$

$$\log_{10}MN=\log_{10}M+\log_{10}N \qquad \log_{10}\frac{M}{N}=\log_{10}M-\log_{10}N$$

$$\log_{10}M^r=r\log_{10}M$$

〈例〉 $\log_{10}0.0018=\log_{10}(18\times10^{-4})=\log_{10}(2\times3^2\times10^{-4})=\log_{10}2+\log_{10}3^2+\log_{10}10^{-4}$
$=\log_{10}2+2\log_{10}3-4$

「化学」では，常用対数は pH の計算に用いられることが多い。常用対数を用いると，非常に小さい数値や，非常に大きい数値を簡便に取り扱うことができる。

〈例〉 水素イオン濃度[H^+]が 2.0×10^{-5} mol/L の水溶液の pH は次のように求められる。

$$\mathrm{pH}=-\log_{10}[H^+]=-\log_{10}(2.0\times10^{-5})=-\log_{10}2.0-\log_{10}10^{-5}=5-\log_{10}2.0$$

一般に，$\log_{10}2.0$ や $\log_{10}3.0$ などの値は，対数表などを用いて求められる。
$\log_{10}2.0=0.30$ であり，上記の水溶液の pH は，$5-0.30=4.70$ と求められる。

ドリル 次の各問いに答えよ。

A 次の常用対数の値を求めよ。ただし，$\log_{10}2=0.30$，$\log_{10}3=0.48$ とする。

(1) $\log_{10}1$ 　(2) $\log_{10}100$ 　(3) $\log_{10}4$ 　(4) $\log_{10}9$

(5) $\log_{10}6$ 　(6) $\log_{10}\dfrac{3}{2}$ 　(7) $\log_{10}5$

B 次の各数値の常用対数を求めよ。ただし，$\log_{10}2=0.30$，$\log_{10}3=0.48$ とする。

(1) 0.001 　(2) 100 　(3) 6 　(4) 5

C 次の各水溶液の pH を小数第1位まで求めよ。ただし，$\log_{10}2.0=0.30$，$\log_{10}3.0=0.48$ とする。

(1) $[H^+]=1.0\times10^{-2}$ mol/L の水溶液

(2) $[H^+]=3.0\times10^{-4}$ mol/L の水溶液

(3) $[H^+]=5.0\times10^{-3}$ mol/L の水溶液

計算問題の解答

20. (4) 17190年前

62. (2) (a) $\frac{\sqrt{3}}{4}l$ (b) $\frac{\sqrt{2}}{4}l$ (3) (a) 67.9
(b) 73.8

64. (3) Na^+：0.115nm　Cs^+：0.189nm

65. (2) 8.5×10^{22} 個

72. (1) 9.0 (2) 2.3倍

73. (1) 63.6 (2) 550個

74. (1) 28 (2) 36.5 (3) 34 (4) 96 (5) 61
(6) 250

75. (イ) 10 (ウ) 3.0×10^{23} (エ) 11 (カ) 0.20
(キ) 8.0 (ケ) 0.15 (コ) 9.0×10^{22} (サ) 3.4

76. (1) 54g, 6.0mol (2) 0.10mol, 0.40g
(3) 0.20mol, 3.6×10^{23}個 (4) 1.0mol, 48g

77. (1) (ア) 50% (イ) 40% (2) 55

78. (ア)

79. (1) 4.0g, 5.6L (2) 19.2g (3) 30.0
(4) 8.0

80. (1) 10% (2) 6.0g (3) 14%

81. (1) 0.25mol/L (2) 5.0×10^{-2}mol, 2.0g
(3) 25mL (4) 0.18mol/L

82. (ア) 1.20×10^3 (イ) 4.38×10^2 (ウ) 12.0
(エ) 12.0 (オ) 1.04×10^3 (カ) 73.0 (キ) 7.02

83. (1) 18.4mol/L (2) 1.87%

84. (ア) $x\times\frac{10}{100}$ (イ) 4.9 (ウ) $x\times\frac{10}{100}=4.9$g
(エ) 49

85. (1) $\frac{adN_A}{n}$ (2) $\frac{wV_m}{M}$, $\frac{wN_A}{M}$ (3) $\frac{w}{MV}$

87. (1) 31% (2) 32g (3) 38g (4) 43g

88. (1) ^{63}Cu：75%　^{65}Cu：25%

89. (1) 2.0×10^{-23}g (2) 1.008
(4) 1.0：2.3×10^{-4}

90. (1) $\frac{vw}{MV}$ (2) $\frac{S}{S_1}$ (3) $\frac{MSV}{vwS_1}$ (4) $\frac{vw}{dSV}$

91. (1) $\frac{AM_o}{B-A}$ (2) 40.0

92. (1) 1.2×10^{-2} (2) 0.93%

94. (1) 18.4mol/L (2) 濃硫酸：48.9mL
水：264g

95. 5.7×10^{-2}mg

96. (1) 23 (2) 9.1g/cm^3

97. (2) 6.00×10^{-8}cm (3) 1.8g/cm^3

98. (2) 4.1g/cm^3

99. (2) 240個 (3) 1.7g/cm^3

100. (1) 8個 (2) $r=\frac{\sqrt{3}}{8}a$ (3) $\frac{8M}{a^3N_A}$

106. (ア) 30 (イ) 0.40 (ウ) 3.5 (エ) 1.4
(オ) 45 (カ) 0.80 (キ) 35 (ク) 1.2
(ケ) 22

107. (ア) 5.0×10^{-2} (イ) 5.0×10^{-2}
(ウ) 5.0×10^{-2} (エ) 3.7 (オ) 4.8
(カ) 0.10 (キ) 1.5 (ク) 1.0 (ケ) 1.5
(コ) 23 (サ) 48 (シ) 27

108. (1) 酸素：0.25mol　水：0.50mol (2) 3.2g
(3) 2.80L

109. (2) 6.5g (3) 1.1g

110. (1) 2.0mol (2) HCl, 0.10mol
(3) Zn, 1.5×10^{-2}mol

111. (2) 酸素, 4.0g (3) CO_2：6.7L　H_2O：2.7g

112. (1) 6.7×10^{-2}mol (2) 90%

115. (2) 7.5%

116. (2) X：0.90　Y：1.1 (3) 1.5Y

117. ④

118. (1) 2.0g (2) 18%

119. (1) ⑤ (2) 0.500mol/L

120. (2) 85%

121. (2) 13%

122. (2) C_2H_4：C_2H_2=3：2 (3) 3.1×10^2L

123. (2) 0.250mol, 5.60L (3) 28.0L
(4) 0.500mol (5) CH_4：0.300mol
C_2H_6：0.200mol (6) 32.5L

124. (2) 0.79mol (3) 0.15mol (4) 6.0×10^{-2}mol

128. (ア) 5.0×10^{-2} (イ) 5.0×10^{-2} (ウ) 0.10
(エ) 5.6×10^2 (オ) 5.0×10^{-2} (カ) 0.25

129. (1) 5.0×10^{-3}mol/L (2) 2.0×10^{-3}mol/L
(3) 1.0×10^{-13}mol/L (4) 5.0×10^{-12}mol/L

132. (1) 2.0×10^{-2} (2) 10 (3) 1.4 (4) 1.7

136. (1) 1.2×10^{-3}mol/L (2) 0.70倍

137. (1) 3 (2) 1 (3) 2

138. ④

146. (1) 20mL (2) 2.5mL (3) 25mL
(4) 2.5×10^2mL

147. (1) 1.0×10^2mL (2) 15mL

150. (3) 7.20×10^{-2}mol/L (4) 4.3%

151. (3) 4.2×10^{-2}mol/L

152. (1) 5.00×10^{-2}mol/L (2) 2.45×10^{-1}mol/L
(3) 7.60×10^{-1}mol/L

154. (2) 1.2×10^{-3}mol (3) 2.8×10^{-3}mol

156. (1) NH_3：5.0×10^{-2}mol/L
$Ba(OH)_2$：5.0×10^{-2}mol/L (2) 2.0×10^{-2}

157. (2) 0.12mol/L (3) 5.0×10^{-2}mol
(4) 40%

158. (3) NaOH：6.6×10^{-2}mol/L
Na_2CO_3：1.4×10^{-2}mol/L

171. (1) 0.15mol (2) 0.45mol

172. (1) 4.0×10^{-2}mol (2) 5.0×10^{-3}mol

173. (1) 4.0×10^{-2}mol/L

174. (2) 4.0×10^{-4}mol

180. (2) $\frac{2}{3}x$

183. (4) 0.100mol/L

184. (1) 5.9×10^{-2}mol/L (5) 1.5×10^{-2}mol/L

185. (2) 0.045% (3) 4.4mL

186. (2) 0.910mol/L

198. (1) 1.8×10^{3}C (2) 1.0×10^{-2}mol
(3) 1時間20分25秒

199. (1) 3.9×10^{3}C (2) 4.0×10^{-2}mol
(4) 4.3g (5) 2.2×10^{2}mL

200. (2) 5.79×10^{3}C, 3.00A (3) 1.92g

201. (2) 3.86×10^{4}C (3) 1.93×10^{4}秒
(4) 3.60g

202. (1) 0.50mol (2) (イ) (3) 2.8L

203. 問 3.86×10^{3}C

204. (3) 9.80g (4) 水素：0.56L 酸素：0.28L

205. (2) 3.86×10^{3}C (3) 1.28g (4) 29.0%

206. (3) 1.2g

207. (2) 48分

208. (3) 9.6×10^{4}C/mol, -1.6×10^{-19}C

209. (2) +0.48g (3) 9.7×10^{3}秒 (4) −0.80g

210. (1) 1.9×10^{2}C (3) A：22mL B：11mL

211. (2) 1.44×10^{3}C (3) A：3.86×10^{2}C
B：1.05×10^{3}C (4) 8.19×10^{-3}mol

212. (3) 11L (4) 1.0×10^{-2}mol/L, 12

213. (1) 2.10g (2) 0.500mol/L (3) 44.4

214. (1) 1.46×10^{-2}mol (4) 137
(5) 3.65×10^{-3}mol

215. (4) 1.9×10^{-4}mol (5) 82%

216. (3) 5.50×10^{-6}mol (4) 11.0mg/L

217. (3) 8.00×10^{5}C (4) 3.18×10^{6}C
(5) 25.2%

218. (1) ⊕−0.32g ⊖+0.32g (2) 1.9×10^{3}秒
(3) 1.7 (4) 1.04g/cm^3

新課程版　セミナー化学基礎

2022年1月10日　初版　第1刷発行
2025年1月10日　初版　第4刷発行

編　者　第一学習社編集部
発行者　松本 洋介
発行所　株式会社 第一学習社

広島：広島市西区横川新町7番14号　〒733-8521　☎082-234-6800
東京：東京都文京区本駒込5丁目16番7号　〒113-0021　☎03-5834-2530
大阪：吹田市広芝町8番24号　〒564-0052　☎06-6380-1391

札　幌☎011-811-1848　仙台☎022-271-5313　新　潟☎025-290-6077
つくば☎029-853-1080　横浜☎045-953-6191　名古屋☎052-769-1339
神　戸☎078-937-0255　広島☎082-222-8565　福　岡☎092-771-1651

訂正情報配信サイト 47239-04
利用に際しては，一般に，通信料が発生します。

https://dg-w.jp/f/354ce

47239－04

■落丁，乱丁本はおとりかえいたします。

ISBN978-4-8040-4723-2

ホームページ
https://www.daiichi-g.co.jp/

表紙写真提供：pedrosala/iStock/Getty Images Plus

重要事項のまとめ

原子

● 原子の表記　$^{12}_{6}C$（左上の数：質量数＝陽子の数＋中性子の数，左下の数：電子の数＝陽子の数＝原子番号）

● 同位体　原子番号が同じで質量数(中性子の数)の異なる原子どうし

● 原子の大きさ　約 1×10^{-10}～5×10^{-10} m(原子核の大きさ…約 1×10^{-15} m)

● 電子殻	K殻	L殻	M殻	N殻	……	
(最大収容電子数)	2個	8個	18個	32個	……	$2n^2$

結晶

● 結晶の種類　イオン結晶，共有結合の結晶，分子結晶，金属結晶

● イオン結晶	陽イオンの数	陰イオンの数	配位数
塩化ナトリウム型格子	4個	4個	6
塩化セシウム型格子	1個	1個	8

● 金属結晶　体心立方格子，面心立方格子，六方最密構造

物質量

● 元素の原子量　各同位体の相対質量と天然存在比から求めた平均値。$^{12}_{6}C$ が基準

● 分子量・式量　分子式や組成式にもとづく構成元素の原子量の総和

● **1 mol⇔N_A〔個〕⇔M〔g〕⇔22.4L(0℃，1.013×10^5 Pa)**

$$n=\frac{N}{N_A}=\frac{w}{M}=\frac{V_0}{22.4\text{L/mol}}$$

$N_A=6.0\times10^{23}$/mol：アボガドロ定数
M：モル質量〔g/mol〕　n：物質量〔mol〕
N：粒子数〔個〕　w：質量〔g〕
V_0：気体の体積〔L〕

濃度

● 質量パーセント濃度　$P〔\%〕=\dfrac{w}{w+W}\times100$

● モル濃度　$c〔\text{mol/L}〕=\dfrac{n}{V}$

w：溶質の質量〔g〕
W：溶媒の質量〔g〕
n：溶質の物質量〔mol〕
V：溶液の体積〔L〕

酸・塩基

● 中和　$a\times c\times V=a'\times c'\times V'$

a，a'：酸，塩基の価数
c，c'：酸，塩基のモル濃度〔mol/L〕
V，V'：酸，塩基の水溶液の体積〔L〕

● 強酸：HCl，H_2SO_4，HNO_3　強塩基：NaOH，KOH，$Ca(OH)_2$，$Ba(OH)_2$

▶ 水のイオン積　$K_W=[H^+][OH^-]=1.0\times10^{-14}(\text{mol/L})^2$　(25℃)

▶ 水素イオン指数　$pH=-\log_{10}[H^+]$，$pOH=-\log_{10}[OH^-]$，$pH+pOH=14$

● 正塩：NaCl，$CuSO_4$　酸性塩：$NaHCO_3$，$NaHSO_4$　塩基性塩：MgCl(OH)

● 正塩の水溶液の性質
(強酸＋強塩基)の塩 ⟶ 中性
(強酸＋弱塩基)の塩 ⟶ 酸性(加水分解)
(弱酸＋強塩基)の塩 ⟶ 塩基性(加水分解)

酸性塩：$NaHSO_4$ ⟶ 酸性
$NaHCO_3$ ⟶ 塩基性

電池・電気分解

● 金属のイオン化列　(大) Li K Ca Na Mg Al Zn Fe Ni Sn Pb (H_2) Cu Hg Ag Pt Au (小)

▶ 電池　正極：還元(電子 e^- の受け取り)　負極：酸化(電子 e^- の放出)

▶ 電気分解　陽極：酸化(電子 e^- の放出)　陰極：還元(電子 e^- の受け取り)
$Cl^->OH^->SO_4^{2-}$，NO_3^-　Ag^+，$Cu^{2+}>H^+>Na^+$，Ca^{2+}

▶ 電気量〔C〕＝電流の強さ〔A〕×電流の流れた時間〔s〕
電子 1 mol のもつ電気量＝9.65×10^4 C

▶ ファラデーの法則　①電極で変化したり，生成したりするイオンや物質の物質量は，流れた電気量に比例
②同一の電気量で変化するイオンの物質量は，その価数に反比例

▶は選択「化学」の学習内容